零基础学
Java
项目开发

聚慕课教育研发中心　编著

清华大学出版社
北京

内容简介

本书采取"项目基础→项目实战→移动项目→智能项目→项目管理"的结构和"由浅入深，由深到精"的学习模式编写而成。

全书分为 5 篇，共 17 章。首先讲解项目基础，包括软件设计与架构、软件接口设计和软件数据库架构等内容；其次讲解项目实战，包括坦克大战游戏、桌面监控系统、企业财务管理系统和酒店管理系统等内容；再次讲解移动项目，包括在线考试系统、网上商城购物系统和"书博士教育"微信小程序等内容；接着讲解智能项目，包括人工智能——人脸识别系统、人工智能——图像识别系统、航空订票系统、电子邮件系统和智能停车管理系统等内容；最后讲解项目管理，其中包括软件测试与发布、软件版本管理与加密技术等内容。

本书的目的是从多角度、全方位地帮助读者快速掌握软件开发技能，构建从高校到社会与企业的就职桥梁，让有志于从事软件开发行业工作的读者轻松步入职场。

本书适合从事 Java 软件开发的读者阅读，也适合正在做软件专业毕业设计的大学生及大专院校和培训机构相关专业的学生参考选用。

图书在版编目（CIP）数据

零基础学 Java 项目开发/聚慕课教育研发中心编著. —北京：清华大学出版社，2021.10
ISBN 978-7-302-58560-2

Ⅰ．①零…　Ⅱ．①聚…　Ⅲ．①JAVA 语言－程序设计　Ⅳ．①TP312.8

中国版本图书馆 CIP 数据核字（2021）第 132321 号

责任编辑：张　敏
封面设计：杨玉兰
责任校对：胡伟民
责任印制：丛怀宇

出版发行：清华大学出版社
　　　　　网　　址：http://www.tup.com.cn, http://www.wqbook.com
　　　　　地　　址：北京清华大学学研大厦 A 座　　邮　　编：100084
　　　　　社 总 机：010-62770175　　　　　邮　　购：010-83470235
　　　　　投稿与读者服务：010-62776969, c-service@tup.tsinghua.edu.cn
　　　　　质量反馈：010-62772015, zhiliang@tup.tsinghua.edu.cn
印 装 者：天津安泰印刷有限公司
经　　销：全国新华书店
开　　本：185mm×260mm　　　印　　张：21.5　　字　　数：585 千字
版　　次：2021 年 12 月第 1 版　　印　　次：2021 年 12 月第 1 次印刷
定　　价：99.00 元

产品编号：089232-01

本书内容

全书分为 5 篇，共 17 章。采用"项目基础→项目实战→移动项目→智能项目→项目管理"的结构和"由浅入深，由深到精"的学习模式进行讲解。

第 1 篇（第 1～3 章）为项目基础篇，主要讲解软件设计与架构、软件接口的设计、软件数据库架构等知识内容。读者在学完本篇后将会了解项目开发所需要的知识和基本的概念。

第 2 篇（第 4～7 章）为项目实战篇，主要讲解坦克大战游戏、桌面监控系统、企业财务管理系统、酒店管理系统等项目的开发。通过本篇的学习，读者将对使用 Java 语言开发项目进行深入学习，为后面的自行开发项目奠定基础。

第 3 篇（第 8～10 章）为移动项目篇，主要讲解在线考试系统、网上商城购物系统、"书博士教育"微信小程序等项目的开发。在学完本篇后，读者会对 SSH、MySQL 数据库及使用 Java 开发小程序等内容有系统的了解，并会对移动类项目开发的综合能力有一定提升。

第 4 篇（第 11～15 章）为智能项目篇，主要讲解人工智能——人脸识别系统、人工智能——图像识别系统、航空订票系统、电子邮件系统、智能停车管理系统 5 个智能实战项目。通过本篇的学习，读者将对 Java 语言开发项目及 Spring MVC + MyBatis 框架在项目开发中的应用拥有深刻体会，为日后进行软件开发积累下项目管理及实践开发经验。

第 5 篇（第 16～17 章）为项目管理篇，主要讲解项目完成后需要对项目进行测试及发布、项目版本的管理和加密等知识内容。

本书不仅融入了作者丰富的工作经验和多年的开发心得，还提供了大量来自工作现场的实例，具有较强的实战性和可操作性。读者系统学习后可以掌握 Java 项目开发的知识，拥有全面的编写框架能力、优良的团队协同技能和丰富的项目实战经验。编写本书的目标就是让初学者快速成长为一名合格的中级程序员，通过演练积累项目开发经验和团队合作技能，在未来的职场中获取一个较高的起点，并能迅速融入软件开发团队中。

本书特色

1. 结构科学，易于自学

本书在内容组织和范例设计中充分考虑到读者的特点，由浅入深、循序渐进地讲解。无论读者是否接触过项目开发，都能从本书中找到最佳的起点。

2. 大量实用、专业的范例和实践项目

本书结合实际工作中的内容讲解 Java 项目开发的各种知识和技术。在第 2～4 篇以不同领域项目来总结讲解 Java 的开发内容，使读者在实践中掌握知识，轻松拥有项目开发经验。

3. 随时检测自己的学习成果

每章首页中均提供了"本章概述"和"知识导读"，以指导读者重点学习及学后检查。读者可以随时检测自己的学习成果，做到融会贯通。

4. 专业创作团队和技术支持

本书由聚慕课教育研发中心编著和提供在线服务。读者在学习本书过程中遇到任何问题，可加入图书读者服务 QQ 群（661907764）进行提问，作者和资深程序员将会在线答疑。

本书附赠超值王牌资源库

本书附赠极为丰富的超值王牌资源库，具体内容如下。

（1）王牌资源 1：随赠本书"配套学习与教学"资源库，提升读者的学习效率。

- 12 个大型项目案例及源码。
- 配套上机实训指导手册和全书学习、授课与教学 PPT 课件。

（2）王牌资源 2：随赠"职业成长"资源库，用以突破读者职业规划与发展瓶颈。

- 求职资源库：100 套求职简历模板库。
- 面试资源库：程序员面试技巧、200 道求职常见面试（笔试）真题与解析。
- 职业资源库：100 套岗位竞聘模板、MySQL 数据库开发技巧查询手册、程序员职业规划手册、开发经验及技巧集、软件工程师技能手册。

（3）王牌资源 3：随赠"软件开发"资源库，拓展读者学习本书的深度和广度。

- 案例资源库：80 套经典案例库。
- 项目资源库：80 套大型完整项目资源库。
- 软件开发文档模板库：10 套 8 大行业项目开发文档模板库。
- 编程水平测试系统：计算机水平测试、编程水平测试、编程逻辑能力测试、编程英语水平测试。
- 软件学习必备工具及电子书资源库：类库查询电子书、常用快捷键电子书、使用技巧电子书、Java 基本知识点汇总、程序员职业规划电子书、常见错误及解决方案汇总、开发经验及技巧大汇总。

关于资源获取及使用

注意： 由于本书不配光盘，故所有资源均需通过网络下载使用。

1. 获取资源

采用以下任意途径，均可获取本书所附赠的超值王牌资源库。

（1）加入本书微信公众号"聚慕课 jumooc"，下载资源或咨询关于本书的任何问题。

（2）加入本书图书读者服务 QQ 群（661907764），读者可以打开群"文件"中对应的 Word 文件，获取网络下载地址和密码。

2. 资源使用

读者可以通过以下途径学习、使用本书微视频和资源。

（1）通过计算机端、手机及平板端微信学习本书微视频。

（2）将本书资源下载到本地硬盘，根据学习需要，读者可以进行选择性使用。

本书适合哪些读者阅读

本书非常适合以下读者阅读。

- 有任何 Java 框架基础的初学者。
- 有一定的 Java 语言开发基础，想精通编程的人员。
- 有一定的 Java 语言开发基础，没有项目实践经验的人员。
- 正在进行软件专业相关毕业设计的学生。
- 大中专院校及培训学校的教师和学生。

创作团队

本书由聚慕课教育研发中心组织编写，谢欣任主编，高淼、刘宇晨任副主编。其中第 1 章～第 7 章由谢欣老师编写，第 8 章～第 13 章由高淼编写，第 14 章～第 17 章由刘宇晨编写。参与本书编写、资料整理及程序调试工作的人员还有李良、陈梦、裴垚、冯成等。

在本书编写过程中，我们尽己所能将最好的讲解呈现给读者，但也难免有疏漏和不妥之处，敬请读者不吝指正。

编　者

第1篇 项目基础

第 2 篇　项目实战

第3篇 移动项目

第 4 篇　智能项目

第 5 篇　项目管理

第1篇
项目基础

本篇是 Java 零基础核心编程的项目基础篇。本篇从软件设计与架构、开发软件的接口如何设计、项目的数据库如何设计等内容讲起，带领读者快速了解搭建框架的基础知识，为后面更深入地研发 Java 项目打下坚定的基础。

第1章

软件设计与架构

本章概述

　　Java 是一门面向对象的编程语言，不仅吸收了 C++语言的各种优点，还摒弃了 C++中难以理解的多继承、指针等概念，因此 Java 语言具有功能强大和简单易用两个特征。Java 语言作为静态面向对象编程语言的代表，很大程度上实现了面向对象理论，允许程序员以便捷的思维方式进行复杂的编程。

知识导读

　　本章要点（已掌握的在方框中打钩）
　　☐ 软件架构流程
　　☐ 系统总体结构设计
　　☐ 系统架构中的数据分布式设计
　　☐ 系统架构中的数据集成设计
　　☐ 应用集成设计
　　☐ 接口设计

1.1　软件架构流程

　　软件架构（Software Architecture）是指一系列相关的抽象模式，用于指导大型软件系统各个方面的设计。软件架构可以看作是一个系统的"草图"，软件体系结构是构建计算机软件的实践基础。软件架构所描述的对象由直接的系统抽象组件构成。连接系统的各个组件需要做到将组件之间所存在的通信以比较明确且相对细致的方式进行描述。当处于相应的系统实现环节时，那么就会细化这些抽象组件成为现实的组件。

　　软件架构为软件系统提供了一个将结构、行为和属性融合为一体的高级抽象，它由构件的描述、构件的相互作用、指导构件集成的模式和这些模式的约束组成。软件架构不仅明确了软件需求和软件结构之间的对应关系，而且指定了整个软件系统的组织和拓扑结构，并提供了一些设计决策的基本原理。

1.1.1　业务分析

业务分析是面向业务的一门分析学科，它通常可以采取逻辑分析和概念分析两种方法论。逻辑分析是指进行部件解析；概念分析则是综合性地从概念所处的上下文背景环境入手进行分析。简单来说，业务分析主要针对目标行业的业务战略、蓝图、业务功能及流程进行分析。在此期间，提出部分功能以信息化的手段进行处理，通过分析最终得出信息化要解决的问题。

业务分析作为一种实践，通过战略分析与利益相关者合作，定义业务需求，从而有助于促进组织变革。业务分析是一个识别业务需求并确定业务问题解决方案的研究学科。解决方案通常包括软件系统开发组件，但也可能包括流程改进、组织变更、战略规划和政策制定。执行此任务的人称为业务分析师或 BA。

以下是四种类型的业务分析。

（1）识别组织的业务需求和业务机会。

（2）业务模型分析。定义组织的政策和市场方法。

（3）流程设计。标准化组织的工作流。

（4）系统分析。技术系统的业务规则和要求的解释。

1.1.2　解决方案架构

解决方案架构属于"技术性"架构，它包括软件、数据和 IT 基础架构等各种技术元素。解决方案架构是解决系统问题的主要蓝图，其中涉及主要的工作步骤和采用的技术方法等。

解决方案，即提出解决问题的方案，主要用于解决已经出现或可预期的问题、缺陷、需求等，同时确保解决方案能够有效执行。解决方案包括明确的对象、施行的范围和领域。

解决方案是多个项目的集合，一个项目的输出一般对应一个程序集。解决方案的输出构成了一个应用程序，根据项目数量的不同，其可以是单个文件或多个文件。

1.1.3　系统功能设计

系统功能设计是根据系统分析的结果，运用系统科学的思想和方法，设计出可以最大限度满足所有要求目标的过程。系统设计流程为：确定系统功能、设计方针和方法，提出理想系统并做出草案→通过收集信息对草案做出修正，形成可选设计方案→将系统分解为若干子系统，进行子系统和总系统的详细设计并评价→对系统方案进行论证并做出性能效果预测。

在进行系统设计时，必须把所要设计的对象系统和围绕该对象系统的环境共同考虑。前者称为内部系统，后者称为外部系统。内部系统和外部系统结合起来，称为总体系统。内部系统与外部系统之间存在着相互支持和相互制约的关系，因此，在设计系统时必须采用内部设计与外部设计相结合的方式，从总体系统的功能、输入、输出、环境、程序、人为因素、物质媒介各方面综合考虑，设计出整体最优的系统。进行系统设计应当采用分解、综合与反馈的工作方法。无论多复杂的系统，首先要分解为若干子系统，分解可从结构要素、功能要求、时间序列、空间配置等方面进行，并将其特征和性能标准化，综合成最优子系统，然后将最优子系统进行总体设计，从而得到最优系统。在这一过程中，从设计计划开始到设计出满意系统为止，都要进行分阶段及总体综合评价，并以此对各项工作进行修改和完善。整个设计阶段是一个综合性反馈过程。

系统设计通常应用两种方法：一种是归纳法；另一种是演绎法。应用归纳法进行系统设计的过程是：首先尽可能地收集现有的和过去同类系统的设计资料，接着在对这些系统的设计、制造和运行状况进行分析、研究的基础上，根据所设计系统的功能要求进行多次选择，然后对少数几个同类系统做出相应修正，最终得到一个理想的系统。演绎法是一种公理化方法，即先从普遍的规则和原理出发，根据设计人员的知识和经验，从具有一定功能的元素集合中选择符合系统功能要求的多种元素，然后将这些元素按照一定形式进行组合，从而创造出具有所需功能的新系统。在系统设计的实践中，这两种方法往往是并用的。

1.1.4　系统架构设计

系统架构设计主要针对某一系统的支撑表达、层次化关系表达及功能、技术核心元素进行设计。

系统架构设计是指根据一个系统的"草图"，描述构成系统的抽象组件及各个组件之间是如何进行通信的，这些组件在实现过程中会被细化为实际的组件，例如类或对象。在面向对象领域中，组件之间的关联通常是面向接口实现的。

"架构"一词最早来自建筑学，原意为建筑物设计和建造的艺术。但是在软件工程领域，软件架构并不是一个新名词，只是在早期的著作中人们常将软件架构称为软件体系架构。

1.1.5　技术体系设计

技术体系设计主要针对系统的接口、数据存储、技术路线、部署及实现抽象进行设计。

体系架构通常会建立一个共有的远景。然而，仅有简单的设定远景是远远不够的，必须与构建人员、客户、其他相关人员进行沟通以达成共识。在构建过程中要维护该体系架构。体系架构可以定义为一种可行的、有条理的部件集合的结构化形式，该架构通过这些部件以一种精确的方式为用户提供远景支持。IT 行业使用"体系架构"这一个概念的历史不是很长，但它与其他行业在体系结构使用的方法上有相同的应用愿景，即体系架构的实现连接了具体的需求和远景战略规划。

从 IT 规划角度看，企业 IT 体系架构往往与软件系统架构、应用程序架构混为一谈。确切来讲，企业 IT 体系架构的概念比软件系统架构的概念更为宽泛，它指明了通过 IT 系统支持业务目标的方向。在企业 IT 体系架构中，其中较为关键的部分就是技术体系架构。之所以技术体系结构重要，是因为它对 IT 规划的实现起着支撑作用。从本质上讲，技术体系架构定义了组织为了获得商业利润而构建与使用的信息技术平台。

技术体系架构包含以下几点内容。

（1）描述和定义所交付业务系统采用的技术环境结构。

（2）建立和维护一套评价技术项目的核心技术标准。

（3）建立技术实现决策的框架。

（4）建立一个技术与业务系统有机结合的有效方法。

（5）为组织内技术环境保持良好的发展态势提供管理架构。

1.1.6　体系结构设计原则

体系结构设计原则有以下几点。

1. 合适性

合适性是指体系结构是否契合软件的"功能性需求"和"非功能性需求"。高水平的设计师能设计出恰好满足客户需求的软件，并且使开发方和客户方均获取到最大的利益，而不是不惜代价设计出最先进的软件。

2. 结构稳定性

详细设计阶段的工作（如用户界面设计、数据库设计、模块设计、数据结构与算法设计等）都是在体系结构确定后开展的，而编程和测试则是更靠后面的工作，因此体系结构应在一定的时间内保持稳定。

软件开发过程中最怕的就是需求变化，但"需求会发生变化"是个无法逃避的现实。开发人员等希望在需求发生变化时最好只对软件做些简单的修改，而不需要改动软件的体系结构。如果需求发生变化时，程序员必须去修改软件的体系结构，那么这表示该软件的系统设计是失败的。

高水平的设计师应当能够分析需求文档，判断出哪些需求是稳定不变的、哪些需求是可能变动的。于是，便可以根据那些稳定不变的需求设计体系结构，而根据那些可变的需求设计软件的"可扩展性"。

3. 可扩展性

可扩展性是指软件扩展新功能的容易程度。可扩展性越好，表示软件适应"变化"的能力越强。

4. 可复用性

由经验可知，通常在一个新系统中，大部分的内容是成熟的，只有小部分内容是创新的。一般可以相信成熟的事物总是比较可靠的（即具有高质量），而大量成熟的工作可以通过复用来快速实现（即具有高生产率）。

可复用性是设计出来的，而不是偶然碰到的。要使体系结构具有良好的可复用性，设计师应当分析应用域的共性问题，然后设计出一种通用的体系结构模式。这样的体系结构才可以被复用。

1.2　系统总体架构设计

一款软件随着功能越来越多，整个软件系统内存等逐渐呈碎片化。这种情况下，如果不采取有效措施，软件系统就会越来越无序，最终甚至出现无法维护和扩展的局面。所以说，软件在经过一段时间的"生长"后，我们就需要对其及时干预，以避免越来越无序。架构的本质就是对软件系统进行有序化重构，使软件系统不断进化，这时就需要给系统做一个架构设计。

系统总体架构设计在开发时起着重要作用，但在系统架构模式表达上略有不同。下面将介绍几种常用的系统架构模式。

1.2.1　ASSF 模式

ASSF（Access-Service(biz)-Standard-Fundation）模式：其对系统架构各个层均有表达，但部署应用模式需要有单独说明，如图 1-1 所示。

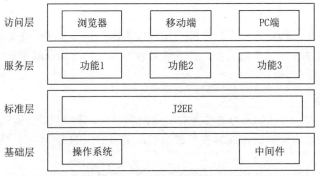

图 1-1   ASSF 组织架构

1.2.2   Location 模式

Location 模式：适合集团应用，其对应用逻辑表达较为清晰，如图 1-2 所示。

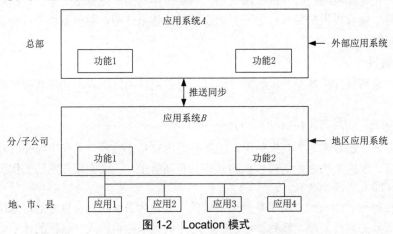

图 1-2   Location 模式

1.2.3   Management-level 模式

Management-level 模式：表明从决策层、管理层到操作层各个层所使用的功能，如图 1-3 所示。其对于系统功能表达较为清晰，对与客户达成一致性理解有较好的效果。

图 1-3   Management-level 模式

1.3   系统架构中的数据分布式设计

系统架构中的数据分布式设计是支持分布式处理的软件设计，即在通信网络互连的多处体系结构上执行任务的系统设计。在分布式设计中，分布式操作系统、分布式程序设计语言及其编译系统、分布式文件系统、分布式数据库系统等,这些都是分布式的关键技术。下面将介绍数据分布式设计的相关内容。

1. 独立 Schema 式模式设计

独立 Schema,简单来说,就是一个大系统由相关的多个小系统组成,且不同小系统具有互不相同的数据库 Schema 定义。独立模式可管理性高,通信开销小。

我们在学习数据库 SQL 的过程中,会遇到一个模糊的 Schema 概念。Schema 就是数据库对象的集合,这个集合包含各种对象,如表、视图、存储过程、索引等。为了区分不同的集合,就需要为不同的集合命名。默认情况下,一个用户对应一个集合,用户的 Schema 名同于用户名,所以 Schema 集合看上去像用户名。

如果把 DataBase 看作是一个仓库,该仓库内有很多房间(Schema),一个 Schema 代表一个房间,那么 Table 可以被看作是每个房间中的储物柜,User 是每个 Schema 的用户并有操作数据库中每个房间的权利。也就是说,每个数据库映射的 User 有每个 Schema(房间)的钥匙。访问一个表时,如果没有指明该表属于哪一个 Schema 中,系统就会自动在表上添加默认的 Schema 名。在数据库中,一个对象的完整名称为 schema.object,而不是 user.object。

在 MySQL 中创建一个 Schema 和创建一个 DataBase 的效果是一样的,但是在 SQL Server 和 Oracle 数据库中效果是不同的。

在 SQL Server 2005 中,为了向后兼容,当使用存储过程创建一个用户的时候,SQL Server 2005 同时也创建了一个与用户名相同的 Schema。当使用 CREATE USER 命令创建数据库用户时,可以用该用户指定一个已经存在的 Schema 作为默认的 Schema;如果不指定,则该用户所默认的 Schema 即为 DBO Schema。我们将 DBO 房间(Schema)比作一个大的公共房间,在当前登录用户没有默认 Schema 的前提下,如果在大仓库中进行一些操作(如创建表),但没有指定特定的房间(Schema),那么物品就会放在公共的 DBO 房间中。但是如果当前登录用户有默认的 Schema,那么所执行的操作都是在默认的 Schema 上进行。

在 Oracle 数据库中不能直接新建一个 Schema,如果要想创建一个“Schema”,只能通过创建一个用户的方法实现。在创建一个用户的同时,为这个用户创建一个与用户名同名的 Schema,并作为该用户的默认 Schema。此时,Schema 的个数与 User 的个数相同,而且 Schema 名与 User 名一一对应并相同。

下面简单介绍 Schema 的基础知识。

1)关于 Schema 的表

(1)设计数据的表、索引及表与表的关系。

(2)在数据建模的基础上将关系模型转为数据库表。

(3)在满足业务模型需要的基础上,根据数据库和应用特点来优化表结构。

2)关于 Schema 程序功能与性能

(1)满足业务功能需求。

(2)同性能密切相关。

(3)满足周边需求(统计、迁移等)。

(4)数据库扩展性。

3)关于 Schema 的索引

(1)正确使用索引。

(2)更新尽可能使用主键或唯一索引。

（3）主键尽可能使用自增 ID 字段。

（4）核心查询使用覆盖索引。

（5）建立联合索引，避免回收表数据。

2. 集中式模式设计

集中式模式设计是指一个大系统必须支持来自不同地方的访问，或者该系统由多个不同的小系统组成，对数据进行集中化、统一格式存储。该模式可管理性、数据一致性都比较高。

互联网的技术架构正在经历"集中式→分布式→云平台"的发展历程。这 3 种技术架构的产生过程是一个迭代发展过程。从技术和优势来说，这也是一个逐渐演进过程；从业务需求和架构成熟度来说，这是一个愈加递增、健壮的发展过程。

目前，集中式架构主要集中在传统 IT 行业，分布式和云平台技术架构主要集中在需求演变快速的互联网行业，但这并不能表明满足低并发、扩展性差的集中式架构就落后了。对于传统行业来说，在业务压力不大、并发要求和扩展性不高、公司技术人员能力迭代更新延迟的前提下，集中式三层架构依旧有其优势和价值。

3. 分区式模式设计

分区主要分为水平分区与垂直分区。当系统为"地域分布广泛的用户"提供相同服务时，常常使用水平分区策略。垂直分区为字段分隔，一般较少使用。采用分区方式，可伸缩性较好。

（1）分区式模式是将记录进行分类（即分片、分区或分箱），它不关心记录的顺序。

（2）分区式模式的目的是将数据中相似的数据记录成不同的、更小的数据。

（3）分区式模式的适用范围就是指必须提前知道有多少个分区，例如按年、月、日等分区。

（4）分区式模式的结构中对数据是通过分区器进行分区的，所以需要自定义分区器（partitioner）函数来确定每条记录应该被分在哪个分区。

4. 复制式模式设计

复制式模式设计是指在整个分布式系统中保存多个副本，并且以某种机制保持多个数据副本之间的数据一致性。复制式可有效提升数据的可靠性。

5. 子集式模式设计

子集式模式设计是指某节点因功能或非功能考虑而保持全体数据的一个相对固定的子集。子集式是复制式的特殊方式。

6. 重组式模式设计

重组式模式设计是指不同数据节点因要支持的功能不同，而以不同的 Schema 保存数据，但本质上数据是同源的，并以"重新组织"的格式进行传递和保存。

1.4 系统架构中的数据集成设计

在系统架构设计中，经常会面临多个业务系统数据集成共享的问题。下面主要介绍数据集成设计的相关内容。

1.4.1 数据物理集中

数据物理集中主要就是将全部数据放在一起，由一个统一的数据库服务器管理，实现数据统一访问。其优点是访问效率高，适合大数据量查询的决策分析应用；其缺点是实时性较差、风险大、用时长。

1.4.2 数据逻辑集中

数据逻辑集中主要是指业务系统分布在多个地方，由统一的整合平台实现各物理分布数据之间的数据共享。其优点是可实时访问分布在各处的数据，实施速度快；其缺点是受网络传输影响，不适合字节较长的数据。

例如：在销售行业的客户信息集成中，如果是逻辑集中，那就是客户数据依然存在于各个地方，但是可以通过统一的数据整合平台进行访问；而如果是物理集中，则可以通过集中的数据库进行访问。

在实践应用中推荐结合逻辑集中与物理集中各自的优势，在实施初期采用逻辑集中以快速实现统一访问与数据共享，而对访问量大、实时性要求不高的数据逐步实现物理集中，从而提高访问效率。这类似于 BI 技术中的自顶向下与自底向上相结合的数据集成策略。

1.4.3 数据联邦模式

数据联邦（Data Federation）模式就是将分布的数据进行逻辑集中，应用端通过访问整合平台的虚拟数据库进行数据访问，数据在不同数据库实例中。此时，数据整合平台相当于数据访问通道，如图 1-4 所示。

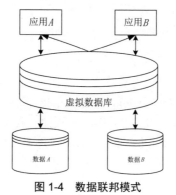

图 1-4 数据联邦模式

1.4.4 数据复制模式

数据复制（Data Replication）模式主要通过数据一致性服务实现多个数据源的数据一致性，各数据库均保留共享数据备份。数据复式模式示意图如图 1-5 所示。

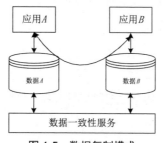

图 1-5 数据复制模式

1.4.5 基于接口的数据集成模式

基于接口的数据集成模式就是系统间通过接口适配器方式共享数据的模式。它比较适合实时性较高且数据量较小的应用场景，适合分区及独立模式的数据集成。基于接口的数据集成模式示意图如图 1-6 所示。

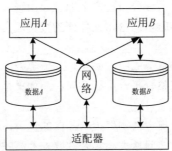

图 1-6　基于接口的数据集成模式

在实际应用中，可以根据特点，灵活选用相应的策略。

1.5　应用集成设计

在系统架构设计中，多个系统经常需要进行应用交互，这时就需要进行应用集成设计。下面将介绍几种常用的应用集成概念。

1.5.1 EAI 集成设计

EAI（Enterprise Application Integration，企业应用集成）是指将基于各种不同平台、用不同方案建立异构应用集成的一种方法和技术。EAI 通过建立底层结构来联系横贯整个企业的异构系统、应用、数据源等，以满足在企业内部的 ERP、CRM、SCM、数据库、数据仓库及其他重要的内部系统之间无缝地共享和交换数据的需要。有了 EAI，企业就可以将企业核心应用和新的 Internet 解决方案结合在一起。

1.5.2 MOM 集成设计

MOM（Message Oriented Middleware，面向消息的中间件）是指利用高效、可靠的消息传递机制进行与平台无关的数据交流，并基于数据通信来进行分布式系统的集成。MOM 交互策略示意图如图 1-7 所示。

图 1-7　MOM 交互策略示意图

1.5.3　SOA 集成设计

SOA（Service Oriented Architecture，面向服务的体系结构）是一个组件模型，它将应用程序的不同功能单元（称为服务）通过这些服务之间定义良好的接口和契约联系起来。接口是采用中立的方式进行定义的，它应该独立于实现服务的硬件平台、操作系统和编程语言，这使得构建在各种这样的系统中的服务可以以一种统一和通用的方式进行交互。

常用的应用集成交互策略如图 1-8 所示。

集成代码分离	2. 协调器模式：使用传统 EAI 作为协调器实现交互	4. 总线模式：SOA 交互策略
集成混在代码中	1. 直接交互模式：在交互系统中，使用硬编码方式，实现互相调用	3. 桥模式：MOM 交互策略

图 1-8　常用的应用集成交互策略

在实际应用过程中，只有最适合的策略，没有最好的策略，需要综合考虑实施的复杂度。理论上来说，总线模式是比较优良的应用交互策略，可以实现完全的平台无关性与服务重用。但是相对来说，改造及维护难度较大，无意中也增加了应用集成的复杂度。因此，在选择过程中需要谨慎评估集成规模及集成策略的适用性。如果企业中只有两个系统需要进行交互，采用硬编码的方式也有可能是非常适用的策略。

1.6　接口设计

软件的未来其实在很大程度上要看软件接口的前景如何。我们知道，计算机世界里的"接口"一词具有两种众所周知的含义：其一是指软件本身的狭义"接口"，如各种软件开发 API 等；其二则是指人与软件之间的交互界面。

接口设计一般出现在软件开发的概要设计阶段，概要设计要根据需求划分模块，而模块之间的联系就是通过定义接口实现的。例如有模块 A 和模块 B，两者互相不知道对方实现的细节，当模块 A 要用到模块 B 中的功能时，就要使用模块 B 提供的外部接口（接口可以理解为一些功能函数的原型，包括函数名、参数列表和返回值）；同样，模块 A 内可以定义内部接口，供模块 A 内部的函数调用。当各个模块中的接口完全设计好并通过评审后，各个模块就可以进行独立的详细设计及编码了。下面将详细地讲解接口设计的六大原则内容。

1.6.1　单一职责原则

单一职责原则（Single Responsibility Principle），简称 SRP。就一个类而言，应该仅有一个引起它变化的原因。要避免一个类实现多个功能，否则当发生更改时会影响其他功能而致使复用成为不可能。使用的时候应该根据实际业务情况而定。实际使用时，类很难做到职责单一，但是接口的职责应该尽量单一。

1.6.2　依赖倒置原则

依赖倒置原则（Dependence Inversion Principle，DIP）。程序设计应该依赖抽象接口，而不应该依赖具体实现，即为接口编程思想。接口是稳定的，实现是不稳定的，一旦接口确定，就不应该再进行修改了。根据接口的实现，可以根据具体问题和情况，采用不同的手段去实现。

依赖倒置原则的定义需注意以下 3 点。

（1）高层模块不应该依赖低层模块，两者都应该依赖其抽象。

（2）抽象不应该依赖细节。

（3）细节应该依赖抽象。

依赖的 3 种写法如下。

（1）构造函数传递依赖对象。

（2）Setter 方法传递依赖对象。

（3）接口声明依赖对象。

最佳实践：

（1）每个类尽量都有接口或抽象类，或者抽象类和接口两者都具备。

（2）任何类都不应该从具体类派生。

（3）尽量不要覆写基类的方法。

（4）结合里氏替换原则使用。

（5）变量的表面类型应尽量是接口或抽象类。

1.6.3　迪米特法则

迪米特法则（Law of Demeter，LOD）又称最少知识原则（Least Knowledge Principle，简称LKP）。它表示一个实体应当尽可能少地与其他实体之间发生相互作用。

低耦合要求：

（1）朋友类是一种出现在成员变量、方法的输入和输出参数中的类。方法体内部的类不属于朋友类。

（2）迪米特法则要求类"内敛"一点，尽量不要对外公布太多的 public 方法和非静态的 public变量，多使用 private、protected、package-private 等访问权限。

（3）如果一个方法放在本类中，既不增加类之间的关系，也对本类不产生负面影响，就放置在本类中。

（4）谨慎使用 Serializable。

1.6.4　里氏替换原则

里氏替换原则（Liskov Substitution Principle，LSP）。子类对象能够替换其父类对象被调用，即在程序中，任何调用父类对象实现的功能都可以调用子类对象来替换。

所有引用父类的位置必须能透明地使用其子类的对象，里氏替换原则为确保子类良好地继承父类定义了以下规范。

（1）子类必须完全实现父类的方法。

（2）子类可以有自己的"个性"（属性和方法）。

（3）覆写或实现父类的方法时输出结果可以被缩小。

（4）覆盖或实现父类的方法时输入参数可以被放大。

提示：在类中调用其他类时务必要使用父类或接口，如果不能使用父类或接口，则说明类的设计已经违背了 LSP 原则。

1.6.5　接口隔离原则

接口，这里是指用 interface 关键字定义的接口，使用多个隔离接口比使用单个接口要好。经常提到的降低耦合、降低依赖主要也是通过接口隔离原则来达到的。

接口隔离原则的定义需注意以下两点。

（1）客户端不应该依赖它不需要的接口。

（2）类之间的依赖关系应该建立在最小的接口上。

概括地说，即建立单一接口，不要建立臃肿、庞大的接口。通俗来讲，接口尽量细化，同时接口中的方法尽量少。

保障接口的纯洁性有以下 4 点需要注意。

（1）接口要尽量小。

（2）定制服务。

（3）接口要高内聚。

（4）接口的设计是有限度的。

最佳实践：

（1）一个接口只服务于一个子模块或业务逻辑。

（2）通过业务逻辑压缩接口中的 public 方法，尽量让接口简单、代码不繁杂。

（3）对于已经被污染的接口，应尽量去修改。若变更的风险较大，则采用适配器模式进行转化处理。

（4）了解环境，拒绝盲从。每个项目或产品都有特定的环境因素，设计时不要盲从或跟从别人的设计，而要根据业务逻辑进行较佳的接口设计。

1.6.6　开闭原则

开闭原则表示的是程序的设计应该不约束扩展（即扩展开放），但又不能修改已有功能（即修改关闭）。

软件实体包括以下几个部分。

（1）项目和软件产品中按照一定的逻辑规则划分的模块。

（2）抽象和类。

（3）方法。

变化的 3 种类型如下。

（1）逻辑变化。

（2）可见视图变化。

（3）子模块变化。

1.7　本章小结

　　人们在软件工程实践中，逐步认识到软件架构的重要性，从而开辟了一个崭新的研究领域。软件架构的研究内容主要涉及软件架构描述、软件架构设计、软件架构风格、软件架构评价和软件架构的形成方法等。

　　软件设计人员学习软件架构知识旨在站在较高的层面上，整体地解决好软件的设计、复用、质量和维护等方面的实际问题。

第 2 章

软件接口设计

本章概述

接口泛指实体把自己提供给外界的一种抽象化物，由内部操作分离出外部沟通方法，使其能被内部修改而不影响外界其他实体与其交互的方式。本章将详细地介绍软件接口设计，其中包括接口的定义、接口的类型、接口设计规范、接口安全控制策略等内容。

知识导读

本章要点（已掌握的在方框中打钩）
☐ 什么是接口
☐ 软件项目接口类型
☐ 软件接口设计规范
☐ 接口的安全控制策略

2.1　什么是接口

硬件类接口是指同一计算机不同功能层之间的通信规则。软件类接口是指程序中具体负责不同模块之间传输、接收数据的类或函数。接口指定必须由类提供的成员或实现它的其他接口来负责。与类相似，接口可以包含方法、属性、索引器和事件作为成员。

接口一般来讲分为以下两种。

（1）程序内部的接口：当方法与方法、模块与模块之间交互时，程序内部所抛出的接口。例如登录发帖，发帖就必须要登录，发帖和登录这两个模块之间就要有交互，因此会抛出一个接口来进行内部系统调用。

（2）系统对外的接口：从他人的网站或服务器上获取资源或信息，对方不会提供数据库共享，只会提供一个写好的方法来完成数据获取。例如购物网站和第三方支付之间，在购物网站进行支付时可以选择第三方支付方法，但第三方不会提供自己的数据库给购物网站，只会提供一个接口以供购物网站进行调用。

2.2 软件项目接口类型

在开发项目的过程中我们需要了解项目接口的类型，例如人机接口、软件—硬件接口、软件间接口及通信接口等。

2.2.1 人机接口

人机接口是指人与计算机之间建立联系、交换信息所需输入/输出设备的接口，这些设备包括键盘、显示器、打印机、鼠标等。

人机接口是计算机和人机交互设备之间的交接界面，通过接口可以实现计算机与外设之间的信息交换。人机接口与人机交互设备一起完成以下两个任务。

（1）信息形式的转换。

（2）信息传输的控制。

人机交互的主要优点如下。

（1）操作简单。

（2）利于提高工作效率。

（3）操作安全。出现误操作时，用户界面会提示。

2.2.2 软件—硬件接口

软件—硬件接口是指软件系统中软件与硬件之间的接口。例如，软件与接口设备之间的接口。

（1）硬件：计算机的硬件是计算机系统中各种设备的总称。计算机的硬件应包括 5 个基本部分，即运算器、控制器、存储器、输入设备、输出设备。上述各基本部件的功能各异，例如：运算器应能进行加、减、乘、除等基本运算；存储器不仅能存放数据，而且能存放指令，计算机应能区分是数据还是指令；控制器应能自动执行指令；操作人员可以通过输入、输出设备与主机进行通信。计算机内部采用二进制来表示指令和数据。操作人员将编好的程序和原始数据送入主存储器中，然后启动计算机开始进行工作，计算机应在无须干预的情况下完成逐条取出指令和执行指令的任务。

（2）软件：计算机的外观、主机内的元件都是看得见的，一般称它们为计算机的硬件，那么计算机的软件是什么呢？即使打开主机，也看不到软件在哪里。既看不见也摸不到，听起来好像很抽象。如果没有软件，计算机就像变成"植物人"一样，空有躯体，却无法行动。当你启动计算机时，计算机会执行开机程序，并且启动系统，然后你可能会启动 Word 程序，并打开文件来编辑文件，或是使用 Excel 来制作表格、使用 IE 浏览器来上网等。以上所提到的操作系统、打开的程序和文件及浏览器等，都属于计算机的软件。

软件的主要分类如下。

①应用软件：应用程序包、面向对象的程序设计语言等。

②系统软件：操作系统、语言编译/解释系统和服务性程序等。

硬件和软件是一个完整的计算机系统中互相依存的两大部分，它们的关系主要体现在以下几个方面。

（1）硬件和软件互相依存。硬件是软件赖以工作的物质基础，软件的正常工作是硬件发挥作用的唯一途径。计算机系统必须要配备完善的软件系统才能正常工作，且充分发挥其硬件的各种功能。

（2）硬件和软件协同发展。计算机软件随硬件技术的迅速发展而发展，而软件的不断发展与完善又促进硬件的更新，两者密切地交织发展，缺一不可。

（3）硬件和软件无严格界线。随着计算机技术的发展，在许多情况下计算机的某些功能既可以由硬件实现，也可以由软件来实现。因此，在一定意义上说，硬件与软件没有绝对严格的界线。

硬件产品和软件产品的区别如下。

（1）结构组成不同。

（2）研发流程不同。

（3）研发和生产成本不同。

（4）赢利模式不同。

（5）产品研发模式侧重点不同。

2.2.3　软件间接口

软件间接口是软件系统中程序之间的接口，包括软件系统与其他系统或子系统之间的接口、程序模块之间接口、程序单元之间的接口等。

我们把人与软件之间的接口称为"用户界面"，也就是"UI"。这里要重点讨论软件不同部分之间的交互接口，通常就是指API——应用程序编程接口，其表现的形式是源代码。API 的发明和发展极大地促进了计算机产业的进步，同时 API 几乎决定着日常计算机运算的各个方面。

大多数程序员秉承为软件用户设计优秀用户界面的思想，这一点早已深入内心。但如何实现合理的软件 API 却只为少数人所重视。历史证明，所有在应用体验上获得成功的软件或 Web 应用程序无一不是首先在 API 的设计上满足了用户的需求，哪怕用户几乎从不直接使用这些API。

2.2.4　通信接口

通信接口（Communication Interface）是指中央处理器和标准通信子系统之间的接口。下面将会介绍几种常见的通信接口。

1. 标准串行接口 RS-232

RS-232 接口的通信线路简单，只要一根交叉线即可与 PC 主机进行点对点双向通信，并且线缆成本低，但传输速率慢，不适于长距离通信。消费类 PC 也逐渐取消了该接口，其多存在于工控机及部分通信设备中。

2. GPIB 接口

GPIB 接口最大的特点是可用一条总线连接若干个仪器，组成一个自动测试系统。该接口通信速率较低，常用于发送控制类命令，适用于电气干扰轻微的实验室或生产现场。由于普通的PC 及工控机中较少提供 GPIB 接口，因此用户需要购买专用的控制卡并安装驱动程序后才能实现与仪器通信。

3. 以太网接口

目前大多数设备都配有 LAN 网络接口，俗称"水晶头"。它具有可灵活组网、多点通信、传输距离不限、高传输速率等优点，使其成为主流的通信接口方式。

该接口本身的作用主要是用于路由器与局域网进行连接。局域网类型是多种多样的，所以这就决定了路由器的局域网接口类型也可能是多样化的。不同的网络有不同的接口类型，常见的以太网接口主要有 AUI、BNC 和 RJ-45 接口，还有 FDDI、ATM、光纤接口。在仪器行业或系统集成行业，大多数的工程师也会选择通过网口写入命令对仪器进行控制。

4. USB 接口

作为常用的接口，USB 接口只有 4 根线（两根电源线，两根信号线），信号是串行传输的，因此 USB 接口也称为串行口。USB 接口的 4 根线一般是按下面这样的对应关系分配的，即黑线—GND、红线—VCC、绿线—Data+、白线—Data-。USB 接口的主要作用是对设备内的数据进行存储或者设备通过 USB 接口对外部信息进行读取识别；除此以外，USB 接口也是做二次开发的有效接口。虽然 USB 3.0 的技术已经在笔记本电脑等领域应用得非常成熟，但是在仪器领域，受处理速度和架构的影响，多见的还是 USB 2.0 的技术。

5. 无线接口

除了常见的通信接口外，无线连接也是一种非常重要的通信方式。其特点是无实体线连接，传输速率快。有很多仪器设备内部都直接内置了 802.11 无线接口。可以将仪器与无线路由相连接，或连接到手机的 WiFi 热点形成组网。

6. 多机同步接口

其实多机同步接口不同于上文提到的 USB、LAN 等常见通信接口，而是功率分析仪类的设备为保证同时测量得到通道数多设计的接口。通过线缆连接两台仪器即可同时测试多路型号，保证信号测试的同步性。

总结：

（1）在对通信速率要求不高、不需要长距离通信、只存在一台主机、一台仪器的场合下，使用串口可以更快地开始测量。

（2）在需要与校准源、信号发生器等仪器同时连接，且它们均提供 GPIB 接口时，可以将设备的通信方式改为 GPIB，组成小型网络。

（3）以太网接口是我们所推荐的连接方式。短距离通信时，可以用一根双绞线直接与工控机或笔记本电脑相连。远距离通信时，还可以增加交换机，实现一台主机控制多个仪器。

（4）在某些特殊场合下不具备进行有线通信的条件时，可以使用致远 PA2000 mini、PA8000 系列功率分析仪所特有的无线通信接口。例如，某同事与客户在动车牵引车内测量时，就是将功率分析仪、PC 主机同时连接到手机 WiFi 热点上，然后在 PC 主机上远程无线操作仪器。

（5）PA 系列功率分析仪内置 FTP 服务器，在以太网或无线连接建立后，可以通过 PC 主机或手机的浏览器进行访问，将仪器内存储的测量数据直接下载到 PC 主机硬盘或手机存储空间中。

2.3 软件接口设计规范

软件接口在设计时需要遵循一定的规范，才能保证接口被设计得更加合格、更加符合标准。下面学习软件接口设计的规范。

接口设计规范的基础内容有以下几点。

（1）接口的名称标识。

（2）接口的功能定义。

（3）各个接口的数据特性。

（4）接口在该软件系统中的地位和作用。

（5）接口在该软件系统中与其他程序模块和接口之间的关系。

（6）接口的规格和技术要求，包括它们各自适用的标准、协议或约定。

（7）各个接口的资源要求，包括硬件支持、存储资源分配等。

（8）接口程序的数据处理要求。

（9）接口的特殊设计要求。

（10）接口对程序编制的要求。

2.4　接口的安全控制策略

在设计开放平台接口过程中，往往会涉及与接口传输安全性相关的问题。本节对接口加密及签名等的相关知识做了总结，以期分享给读者作为参考。

2.4.1　安全评估

安全评估的基本概念有以下几点。

1. 基本目标

安全评估与测试用以实现以下目标。

（1）衡量系统和能力开发进展。

（2）为协助在开发、生产、运营和维护系统性能过程中的风险管理提供相应的知识。

（3）专长就是对系统生命周期在开发过程中提供系统强度和弱点的初期认知。

（4）能够在部署系统前识别技术的操作和系统的缺陷，以便及时纠正行为。

（5）安全评估和测试包含广泛的现行和基于时间点的测试方法，用于确定脆弱性及其相关风险。

2. 策略

评估和测试策略的内容包括获取/开发流程、提供的能力要求及技术驱动所需要的能力。

（1）审计需求：符合相关法律、法规的要求。

（2）合规：等级保护、分级保护。

（3）业务驱动：提升核心竞争力、减少开支和更快速地部署、应用新的应用功能。组织常更新外包服务商的监控流程及管理与外包的风险。

3. 安全评估内容

（1）确定测试的范围：评估的网络范围是多少？

（2）是否需要查看用户的相关操作，如密码、文件和日志条目或用户行为。

（3）评估哪些信息的机密性、完整性和可用性。

（4）涉及哪些隐私问题。

（5）如何评估流程及评估到什么程度。

4. 评估流程

评估流程如图 2-1 所示。

图 2-1　评估流程

审计团队可以分为内部审计和外部审计。下面对内部审计和外部审计的优缺点进行依次介绍。

1）内部审计

优点：

（1）熟悉组织的内部运转。

（2）工作效率高。

（3）评估工作更加灵活，随时可开始工作。

（4）可实现持续改进的安全态势。

缺点：

（1）手段和技术受限。

（2）可能存在利益冲突，致使对有些问题不愿意进行披露。

2）外部审计

优点：

（1）经验丰富。

（2）不了解内部组织目标和政治，易于保持客观、中立的主场。

缺点：

（1）成本高。

（2）对系统不了解，需要花费时间去熟悉。

（3）仍然需要处理增加的资源来组织并监督其工作。

2.4.2　访问控制

访问控制就是将系统中的所有功能标识出来，并组织、托管起来，然后提供一个简单的、唯一的接口。这个接口的一端是应用系统，另一端是权限引擎。权限引擎主要是检测谁是否对某资源具有实施某个动作（计算）的权限，返回的结果有 3 种：有、没有、权限引擎异常。

访问控制是网络安全防范和保护的主要策略，主要任务是保证网络资源不被非法使用。也可以说，它是保证网络安全最重要的核心策略之一。其访问控制是指按用户身份及其所归属的某项定义组来限制用户对某些信息项的访问，或限制对某些控制功能使用的一种技术。

访问控制涉及以下 3 个基本概念。

（1）主体：主体是一个主动的实体，它包括用户、用户组、终端、主机或一个应用程序等。主体可以访问客体。

（2）客体：客体是一个被动的实体，对客体的访问要受控。它可以是一个字节、字段、记录、程序、文件，或者是一个处理器、存储器、网络节点等。

（3）访问授权：访问授权是指对主体访问客体的允许。访问授权对每一对主体和客体来说是给定的。例如，访问授权有读写、执行，读写客体是直接进行的，而执行是指搜索文件、执行文件等。用户的授权访问是由系统的安全策略决定的。

访问控制的常用技术控制手段及策略如下。

1）入网访问控制

（1）权限控制。

（2）属性安全控制。

（3）目录级安全控制。

（4）服务器安全控制。

2）访问控制策略

（1）自主访问控制。

（2）强制访问控制。

（3）基于角色的访问控制。

2.4.3　入侵检测

通过收集和分析网络行为、安全日志、审计数据，检查网络或系统中是否存在违反安全策略的行为和被攻击的迹象，这种操作称为入侵检测（Intrusion Detection）。入侵检测也是一种安全防护技术，它提供了对内部攻击、外部攻击和误操作的实时保护，提前拦截和响应入侵以保护网络系统不受伤害。入侵检测可以在不影响网络性能的情况下对网络进行监测，因此，入侵检测被认为是继防火墙之后的第二道安全之门。入侵检测通过执行以下任务来实现。

（1）监视、分析用户及系统活动。

（2）系统构造和弱点的审计。

（3）识别反映有攻击意向的活动模式并向相关人士报警。

（4）异常行为模式的统计分析。

（5）评估重要系统和数据文件的完整性。

（6）操作系统的审计跟踪管理，并识别用户违反安全策略的行为。

入侵检测联合防火墙一起帮助系统对付来自外部的网络攻击，扩展了系统管理员的安全管理能力（包括安全审计、监视、进攻识别和响应），提高了信息安全结构的完整性。入侵检测主要从计算机网络系统中的若干关键点收集并分析信息，查看网络中是否有违反安全策略的行为和遭到袭击的迹象。

入侵检测技术用于检测计算机网络中违反安全策略的行为，它是为保证计算机系统的安全而设计与配置的一种能够及时发现并报告系统中未授权或异常现象的技术。入侵检测技术依赖于入侵检测系统。入侵检测系统所采用的技术可分为特征检测和异常检测两种。

1. 特征检测

特征检测（Signature-based Detection）可以将已有的入侵方法检查出来，但对新的入侵方法无能为力。特征检测系统的目标是检查主体活动是否符合某些模式，以及如何设计该模式既能够检测"入侵"现象又不会将正常的活动检测出来。

2. 异常检测

异常检测（Anomaly Detection）是假设入侵者活动异常于正常主体的活动。根据这一假设建立主体应有的正常活动，将当前主体的活动状况与主体应有的正常活动相比较，当违反其统计规律时，认为该活动可能是"入侵"行为。

2.4.4　动态口令认证

动态口令认证系统是一种采用时间同步技术的系统，它采用了基于时间、事件和密钥 3 变量而产生的一次性密码来代替传统的静态密码。

每个动态密码卡都有唯一的密钥，该密钥同时存放在服务器端。每次认证时，动态密码卡与服务器分别根据同样的密钥、同样的随机参数（时间、事件）和同样的算法计算认证的动态密码，以确保密码的一致性，从而实现了用户的认证。因每次认证时的随机参数不同，所以每次产生的动态密码也不同。由于每次计算时参数的随机性保证了每次密码的不可预测性，从而在最基本的密码认证这一环节保证了系统的安全性。例如，解决因口令欺诈而导致的重大损失、防止恶意入侵者或人为破坏、解决由口令泄密导致的入侵问题等。

随着信息化进程的深入和计算机技术的发展，网络化已经成为企业信息化的发展大趋势。人们在享受信息化带来的众多好处的同时，网络安全问题已成为信息时代人类共同面临的挑战，应对网络信息安全问题已成为当务之急。为了解决这些安全问题，各种安全机制、策略和工具等纷纷被研究和应用。然而，即使在使用了现有的安全工具和机制的情况下，网络的安全仍然存在很大隐患。

这些安全隐患主要可以归结为以下几点。

（1）每一种安全机制都有一定的应用范围和应用环境。

（2）安全工具的使用受到人为因素的影响。

（3）系统的后门是传统安全工具难于考虑到的地方。

（4）黑客的攻击手段在不断地更新。

2.4.5　安全审计

信息安全审计主要是指对系统中与安全有关活动的相关信息进行识别、记录、存储和分析。信息安全审计的记录用于检查网络上发生了哪些与安全有关的活动，谁（用户）对这个活动负责。

安全审计（Security Audit）是一个新概念，它是指由专业审计人员根据有关的法律法规、财产所有者的委托和管理当局的授权，对计算机网络环境下的有关活动或行为进行系统的、独立的检查验证，并做出相应评价。安全审计是通过测试公司信息系统对一套确定标准的符合程度来评估其安全性的系统方法。

安全审计涉及 4 个基本要素：控制目标、安全漏洞、控制措施和控制测试。其中，控制目标是指企业根据具体的计算机应用，结合单位实际制定出的安全控制要求；安全漏洞是指系统的安全薄弱环节、容易被干扰或破坏的地方；控制措施是指企业为实现其安全控制目标所制定的安全控制技术、配置方法及各种规范制度；控制测试是指将企业的各种安全控制措施与预定的安全标准进行一致性比较，确定各项控制措施是否存在、是否得到执行、对漏洞的防范是否有效，以评价企业安全措施的可依赖程度。显然，安全审计作为一个专门的审计项目，要求审计人员必须具有较强的专业技术知识与技能。

2.4.6　防止恶意代码

恶意代码是一种程序，它通过把代码在不被察觉的情况下镶嵌到另一段程序中，从而达到破坏被感染计算机数据、运行具有入侵性或破坏性的程序、破坏被感染计算机数据的安全性和完整性的目的。

恶意代码的危害主要表现在以下几个方面。

（1）破坏数据：很多恶意代码发作时直接破坏计算机的重要数据，所利用的手段有格式化硬盘、改写文件分配表和目录区、删除重要文件或者用无意义的数据覆盖文件等。

（2）占用磁盘存储空间：引导型病毒的侵占方式通常是病毒程序本身占据磁盘引导扇区，被覆盖扇区的数据将永久性丢失、无法恢复。文件型的病毒利用一些 DOS 功能进行传染，检测出未用空间后把病毒的传染部分写进去，所以一般不会破坏原数据，但会非法侵占磁盘空间，文件会不同程度的加长。

（3）抢占系统资源：大部分恶意代码在动态下都是常驻内存的，必然抢占一部分系统资源，致使一部分软件不能运行。恶意代码总是修改一些有关的中断地址，在正常中断过程中加入病毒体，干扰系统运行。

（4）影响计算机运行速度：恶意代码不仅占用系统资源、覆盖存储空间，还会影响计算机运行速度。例如，恶意代码会监视计算机的工作状态，伺机传染激发；还有些恶意代码会为了保护自己，对磁盘上的恶意代码进行加密，致使 CPU 要多执行解密和加密进程，额外执行了上万条指令。

为了确保系统的安全与运行畅通，现已有多种恶意代码的防范技术，如恶意代码分析技术、误用检测技术、权限控制技术和完整性技术等。恶意代码分析是一个多步过程，它深入研究恶意软件结构和功能，有利于对抗措施的发展。按照分析过程中恶意代码的执行状态，可以把恶意代码分析技术分成静态分析技术和动态分析技术两大类。

1. 静态分析技术

静态分析技术是指在不执行二进制程序的条件下，利用分析工具对恶意代码的静态特征和功能模块进行分析的技术。该技术不仅可以找到恶意代码的特征字符串、特征代码段等，而且可以得到恶意代码的功能模块和各个功能模块的流程图。由于恶意代码从本质上是由计算机指令构成的，因此根据分析过程是否考虑构成恶意代码的计算机指令语义，可以把静态分析技术分成以下两种。

（1）基于代码特征的分析技术。在基于代码特征的分析过程中，不考虑恶意代码的指令意义，而是分析指令的统计特性、代码的结构特性等。例如在某个特定的恶意代码中，这些静态数据会在程序的特定位置出现，并且不会随着程序复制副本而变化，所以完全可以使用这些静态数据和其出现的位置作为描述恶意代码的特征。当然有些恶意代码在设计过程中，考虑到信息暴露的问题而将静态数据进行拆分，甚至不使用静态数据，这种情况就只能通过语义分析或者动态跟踪分析得到具体信息了。

（2）基于代码语义的分析技术。基于代码语义的分析技术要求考虑构成恶意代码的指令含义，通过理解指令语义建立恶意代码的流程图和功能框图，进一步分析恶意代码的功能结构。因此，在该技术的分析过程中，首先使用反汇编工具对恶意代码执行体进行反汇编，然后通过理解恶意代码的反汇编程序了解恶意代码的功能。从理论上讲，通过这种技术可以得到恶意代码的所有功能特征。但是，基于语义的恶意代码分析技术主要还是依靠人工来完成。人工分析的过程中需要花费分析人员的大量时间，对分析人员本身的要求也很高。

采用静态分析技术来分析恶意代码最大的优势在于，可以避免恶意代码执行过程对分析系统的破坏。但是它本身存在以下两个缺陷。

（1）由于静态分析本身的局限性，导致出现问题的不可判定。

（2）绝大多数静态分析技术只能识别出已知的病毒或恶意代码，对多态变种和加壳病毒则无能为力。无法检测未知的恶意代码是静态分析技术的一大缺陷。

2. 动态分析技术

动态分析技术是指在恶意代码执行的情况下，利用程序调试工具对恶意代码实施跟踪和观察，确定恶意代码的工作过程，对静态分析结果进行验证。根据分析过程中是否需要考虑恶意代码的语义特征，将动态分析技术分为以下两种。

（1）外部观察技术。外部观察技术是利用系统监视工具观察恶意代码运行过程中系统环境的变化，通过分析这些变化判断恶意代码功能的一种分析技术。

通过观察恶意代码运行过程中系统文件、系统配置和系统注册表的变化就可以分析恶意代码的自启动实现方法和进程隐藏方法：由于恶意代码作为一段程序在运行过程中通常会对系统造成一定的影响，所以有些恶意代码为了保证自己的自启动功能和进程隐藏的功能，通常会修改系统注册表和系统文件，或者会修改系统配置。

通过观察恶意代码运行过程中的网络活动情况可以了解恶意代码的网络功能。恶意代码通常会有一些比较特别的网络行为，例如：通过网络进行传播、繁殖和拒绝服务攻击等破坏活动；通过网络进行诈骗等犯罪活动；通过网络将搜集到的机密信息传递给恶意代码的控制者，或者在本地开启一些端口、服务等后门等待恶意代码控制者对受害主机的控制访问。

虽然通过观察恶意代码执行过程对系统的影响可以得到的信息有限，但是这种分析方法相对简单且效果明显，已经成为分析恶意代码的常用手段之一。

（2）跟踪调试技术。跟踪调试技术是通过跟踪恶意代码执行过程使用的系统函数和指令特征分析恶意代码功能的技术。在实际分析过程中，跟踪调试可以采用以下两种方法。

①单步跟踪恶意代码执行过程，即监视恶意代码的每一个执行步骤，在分析过程中也可以在适当的时候执行恶意代码的一个片段。这种分析方法可以全面监视恶意代码的执行过程，但是分析过程相当耗时。

②利用系统 hook 技术监视恶意代码执行过程中的系统调用和 API 使用状态来分析恶意代码的功能，这种方法经常用于恶意代码检测。

3. 误用检测技术

误用检测也被称为基于特征字的检测。它是目前检测恶意代码最常用的技术，主要源于模式匹配的思想。其检测过程中根据恶意代码的执行状态又分为静态检测和动态检测。静态检测是指在脱机状态下对计算机上存储的所有代码进行扫描；动态检测则是指实时对到达计算机的所有数据进行检查扫描，并在程序运行过程中对内存中的代码进行扫描检测。

误用检测的实现过程为：①根据已知恶意代码的特征关键字建立一个恶意代码特征库；②对计算机程序代码进行扫描；③与特征库中的已知恶意代码关键字进行匹配比较，从而判断被扫描程序是否感染恶意代码。

4. 权限控制技术

恶意代码要实现入侵、传播和破坏等，必须具备足够权限。首先，恶意代码只有被运行才能实现其恶意目的，所以恶意代码进入系统后必须具有运行权限。其次，被运行的恶意代码如果要修改、破坏其他文件，则它必须具有对该文件的写权限，否则会被系统禁止。另外，如果恶意代码要窃取其他文件信息，它也必须具有对该文件的读权限。

权限控制技术通过适当地控制计算机系统中程序的权限，使程序仅仅具有完成正常任务的最小权限。即使该程序中包含恶意代码，该恶意代码也不能或不能完全实现其恶意目的。

5. 完整性技术

恶意代码感染、破坏其他目标系统的过程也是破坏这些目标完整性的过程。完整性技术就是通过保证系统资源（特别是系统中重要资源）的完整性不受破坏来阻止恶意代码对系统资源的感染和破坏。

校验和法是完整性控制技术对信息资源实现完整性保护的一种手段。它主要通过 Hash 值和循环冗余码来实现，即首先将为未被恶意代码感染的系统生成检测数据，然后周期性地使用校验方法检测文件的改变情况，只要文件内部有一个比特发生了变化，校验和值就会改变。运用校验和法检查恶意代码有 3 种方法。

（1）在恶意代码检测软件中设置校验和法。为检测的对象文件计算正常状态的校验和，并将其写入被查文件中或检测工具中，而后进行比较。

（2）在应用程序中嵌入校验和法。将文件正常状态的校验和写入文件本身中，每当应用程序启动时，比较现行校验和与原始校验和，实现应用程序的自我检测功能。

（3）将校验和程序常驻内存。每当应用程序开始运行时，自动比较检查应用程序内部或别的文件中预留保存的校验和。

校验和法能够检测未知恶意代码对目标文件的修改，但存在以下两个缺点。

（1）校验和法实际上不能检测目标文件是否被恶意代码感染，它只是查找文件的变化，而且即使发现文件发生了变化，既无法将恶意代码消除，又不能判断所感染的恶意代码类型。

（2）校验和法常被恶意代码通过多种手段欺骗，使检测失效，而误判断文件没有发生改变。

在恶意代码对抗与反对抗的发展过程中，还存在其他一些防御恶意代码的技术和方法。例如常用的有网络隔离技术和防火墙控制技术，以及基于生物免疫的病毒防范技术、基于移动代理的恶意代码检测技术等。

2.4.7　接口加密

加密主要分为对称加密和非对称加密，下面简单对它们进行介绍。

（1）对称加密：它的特点是文件加密和解密使用相同的密钥，即加密密钥也可以用作解密密钥。这种方法在密码学中称为对称加密算法，例如 AES。

（2）非对称加密：它的特点是加密和解密使用的是不同的密钥，即公钥加密则私钥解密，私钥加密则公钥解密，例如 RSA。

采取非对称加密的优缺点如下。

优点：相对于对称加密，非对称加密安全性远远高于对称加密，能够保证在数据传输中数据被劫持后不易被破解。

缺点：非对称加密的密钥为 1024bit 时最多只能加密 117 个字符，而且加解密相对于对称加密速度会慢。目前接口和 App 交互数据较多时，只能采取分段加密后再拼装的方式，解密时也需要分段解密，该加密方法不适合当前的使用场景。

签名、验签的加密方式：签名是指数据加密时加入数据的特性，根据算法进行计算；验签是指当数据解密时，根据相同的算法重新计算此数据的特性，计算后将其与加密时生成的唯一特性进行比较，如果相同，证明数据是正确的，没有损坏或篡改。

　　加密方式还可以采用非对称加密、对称加密和签名组合一起的方式，这是因为签名用于验证数据是否完整（不可少），而非对称加密对数据内容大小有限制且效率没有对称加密效率高，但是安全性高。应用该组合加密方式的具体流程是：对数据先进行对称加密，再进行签名，把数据加密的密钥进行非对称加密；在进行数据解密时，先进行非对称解密，还原出对数据加密的密钥，再用此密钥解密加密数据。

2.5　本章小结

　　在经济快速发展的今天，计算机软件已经广泛地应用于各个领域中，并发挥着重要的作用。伴随着其蓬勃发展，社会中出现了各种应用性能的计算机软件。一些客户或厂商为了使计算机软件能够满足需求，会将多种计算机软件结合在一起应用。在这种情况下，计算机软件数据接口发挥重要作用，它能够有效地将不同的计算机软件连接，实现合理地应用。

　　当今社会都在谈"共享"，我们接触的很多 App 中，要完成所有的业务流程几乎都需要与第三方产品进行对接，使用第三方已完成的功能。那么，使用第三方的应用程序等就需要使用接口，它会使我们在使用 App 时更加便捷。

第3章

软件数据库架构

本章概述

本章学习数据库架构。数据库的设计要经过需求分析、概念结构设计、逻辑结构设计、物理结构设计、数据库实施和数据库运行与维护 6 个阶段，还要经过两次抽象，将现实世界中的事物及事物之间的联系转换为数据库中应用的数据模型。数据库架构就是用于设计数据库、开发及实现维护数据库的一种体系结构。

知识导读

本章要点（已掌握的在方框中打钩）
☐ 软件数据库类型
☐ 软件项目数据库架构特性
☐ 软件项目数据库设计

3.1 软件数据库类型

通俗地说，数据库就是一个存放计算机数据的"仓库"。这个"仓库"是按照一定的数据结构（数据结构是指数据的组织形式或数据之间的联系）来对数据进行组织和存储的，我们可以通过数据库提供的多种方法来管理其中的数据。

按照早期的数据库理论，数据库模型分为层次式数据库、网状数据库和关系型数据库。如今，最常用的数据库模型主要有两种，即关系型数据库和非关系型数据库。

3.1.1 MySQL 数据库管理系统

MySQL 是关系型数据库管理系统，由瑞典 MySQL AB 公司开发而成，现在属于 Oracle 公司。MySQL AB 公司于 2008 年被 Sun 公司收购，此后 Sun 公司又被 Oracle 公司收购。目前 MySQL 被广泛地应用在互联网的小、中、大型网站中，这是由于其体积小、速度快、总体拥有成本低，尤其是具有开放源码这一特点的缘故。关系型数据库将数据保存在不同的表中，而不是将所有数据全部堆放在一起，这样就提升了速度并提高了灵活性。

MySQL 数据库主要应用于互联网领域，如小/中/大型网站、游戏公司及电商平台等。

1. 优点

MySQL 数据库的优点有以下几点。

（1）MySQL 性能卓越，服务稳定，很少出现异常宕机的情况。

（2）MySQL 开放源代码，不需要支付额外的费用，并且无版权制约，自主性强，使用成本较低。

（3）MySQL 支持大型的数据库，可以处理拥有上千万条记录的大型数据库。

（4）MySQL 支持使用标准的 SQL 数据语言形式。

（5）MySQL 支持多种操作系统，提供了多种 API 接口，并且对 PHP 有很好的支持。PHP 是一种流行的 Web 开发语言。除了支持 PHP，还支持其他多种语言，这些编程语言包括 C、C++、Python、Java、Perl 等。

（6）MySQL 软件体积小，安装、使用简单，易于维护，并且安装及维护成本较低。

（7）MySQL 采用了 GPL 协议，并支持自行定制，用户可以通过修改源码来开发自己的 MySQL 系统。

（8）MySQL 历史悠久，社区及用户非常活跃，遇到相关问题可以及时寻求帮助。

2. 缺点

MySQL 数据库的缺点有以下几点。

（1）不支持热备份。

（2）没有一种存储过程语言。对于企业级数据库的程序员来说，这是很大的限制。

（3）MySQL 的价格随平台和安装方式的变化而变化。Linux 操作系统下的 MySQL 如果由用户自己或系统管理员安装则是免费的；如果由第三方安装则必须付许可费。同样地，UNIX 或 Linux 操作系统如果自行安装则免费；如果由第三方安装则也会收费。

3.1.2　SQL Server 数据库管理系统

Microsoft SQL Server 是由微软公司开发的关系型数据库系统。SQL Server 功能十分全面、效率较高，可以作为中型企业或单位的数据库平台。SQL Server 可以与 Windows 操作系统紧密集成，无论是应用程序开发速度还是系统事务处理运行速度，都能得到较大的提升。对于在 Windows 平台上开发的各种企业级信息管理系统来说，无论是 C/S（客户机/服务器）架构还是 B/S（浏览器/服务器）架构，SQL Server 都是一个很好的选择。SQL Server 的缺点是只能在 Windows 操作系统下运行。

SQL Server 数据库主要应用于部分电商企业及使用 Windows 服务器平台的企业。

1. 优点

SQL Server 数据库的优点有以下几点。

（1）具有易用性、适合分布式组织的可伸缩性、用于决策支持的数据库功能、与许多其他服务器软件紧密关联的集成性、良好的性价比等。

（2）为数据管理与分析带来了灵活性，允许单位在快速变化的环境中从容响应，从而获得竞争优势。从数据管理和分析角度看，将原始数据转换为商业智能和充分利用 Web 带来的机会非常重要。

（3）作为一个完备的数据库和数据分析包，SQL Server 为快速开发新一代企业级商业应用程序、为企业赢得核心竞争优势打开了胜利之门。

（4）作为重要的基准测试可伸缩性和速度的纪录保持者，SQL Server 是一款完全具备 Web 支持能力的数据库产品，提供了对可扩展标记语言（XML）的核心支持及在互联网上和防火墙外进行查询的能力。

2. 缺点

SQL Server 数据库的缺点有以下几点。

（1）开放性：SQL Server 只能在 Windows 操作系统上运行，没有丝毫开放性。

（2）伸缩性与并行性：SQL Server 并行实施和共存模型逐渐成熟，但处理日益增多用户数和数据卷伸缩性有限。

（3）安全性：没有获得任何安全证书。

（4）性能：多用户状态时，SQL Server 性能不佳。

（5）客户端支持及应用模式：SQL Server 基于 C/S 结构，只支持 Windows 客户用 ADO、DAO、OLEDB、ODBC 连接。

（6）使用风险：SQL Server 完全重写的代码经历了长期测试，不断延迟，许多功能需要时间来证明，并不十分兼容早期产品。

3.1.3 Oracle 数据库管理系统

Oracle 数据库管理系统是由知名的 Oracle（甲骨文）公司开发的数据库产品，业内常简称为 Oracle。Oracle 也属于关系型数据库系统，它采用标准的结构化查询语言，并支持多种数据类型，提供面向对象的数据支持，具有第四代语言开发工具，支持 UNIX、Windows 等多种平台。Oracle 公司的产品非常丰富，包括 Oracle 服务器、Oracle 开发工具和 Oracle 应用软件等。其中最著名的就是 Oracle 数据库。

1. 优点

Oracle 数据库的优点有以下几点。

（1）开放性：Oracle 能在所有的主流平台（包括 Windows 操作系统）上运行，完全支持所有工业标准，采用完全开放策略使客户选择适合的解决方案。

（2）可伸缩性与并行性：Oracle 并行服务器通过使组节点共享同组工作来扩展 Windows NT 的能力，以提供高可用性和高伸缩性等的解决方案；Windows NT 操作系统能满足用户迁移数据库的要求，UNIX Oracle 并行服务器对各种 UNIX 平台集群机制都有着相当高的集成度。

（3）安全性：获得最高认证级别的 ISO 标准认证。

（4）性能：Oracle 性能保持开放平台下 TPC-D 和 TPC-C 的世界纪录。

（5）客户端支持及应用模式：Oracle 经多层次网络计算，支持多种工业标准，可用 ODBC、JDBC、OCI 等网络客户连接。

（6）使用风险：Oracle 在长时间开发下因完全向下兼容而得到广泛应用，并且风险低。

2. 缺点

Oracle 数据库的缺点有以下几点。

（1）对硬件的要求较高。

（2）价格比较昂贵。

（3）管理维护比较麻烦。

（4）操作比较复杂，需要技术含量较高。

3.1.4 MongoDB 数据库管理系统

MongoDB 介于关系型数据库和非关系型数据库之间，是非关系型数据库当中功能最丰富、最像关系型数据库的，同时它也是面向文档的开源数据库。MongoDB 支持的数据结构非常松散，类似于 JSON 的 BSON 格式，因此可以存储比较复杂的数据类型。在 C++中，MongoDB 可以用作文件系统；在 MongoDB 中，使用 JavaScript 作为查询语言。

MongoDB 最大的特点是：它支持的查询语言非常强大，其语法类似于面向对象的查询语言，几乎可以实现类似关系数据库单表查询的绝大部分功能，而且还支持对数据建立索引。

1. MongoDB 的特点

MongoDB 的特点还有以下几点。

（1）提供高性能。

（2）自动分片。

（3）运行在多个服务器上。

（4）支持主从复制。

（5）数据以 JSON 格式文档的形式存储。

（6）索引文档中的任何字段。

（7）由于数据被放置在碎片中，因此它具有自动负载平衡配置。

（8）支持正则表达式搜索。

（9）在失败的情况下易于管理。

2. 优点

与其他数据库相比，MongoDB 的优点如下。

（1）易于安装。

（2）MongoDB Inc 为客户提供专业支持。

（3）支持临时查询。

（4）高速数据库。

（5）无模式数据库。

（6）横向扩展数据库。

（7）性能非常高。

3. 缺点

与其他数据库相比，MongoDB 的缺点如下。

（1）不支持连接。

（2）数据量大。

（3）嵌套文档的数量有限。

（4）运行过程中会增加不必要的内存使用。

3.1.5 Redis 数据库管理系统

Redis 是一款高性能的 key-value 数据库。与 Memcached 类似，它支持存储的 value 类型相对更多，包括 string（字符串）、list（链表）、set（集合）和 hash（散列）等类型。在此基础上，Redis 还支持各种不同方式的排序。与 Memcached 一样，为了保证效率，数据都是缓存在内存中。区别是：Redis 会周期性地把需要更新的数据写入磁盘或者把要修改的操作写入追加的记录文件，并且在此基础上实现了 master-slave（主从）同步。

Redis 支持主从同步。数据可以从主服务器向任意数量的从服务器上同步，从服务器可以是关联其他从服务器的主服务器，这使得 Redis 可以执行单层树复制。存盘可以有意无意地对数据进行写操作。由于完全实现了发布/订阅机制，从数据库在任何地方同步树时，可以订阅一个频道并接收主服务器完整的消息发布记录。同步对读取操作的可扩展性和数据冗余很有帮助。

另外，Redis 还支持多种编程语言，包括 Java、C/C++、C#、PHP、JavaScript、Perl、Object-C、Python、Ruby 及 Erlang 等。

1. Redis 与其他数据库相比有以下 3 个特点

（1）Redis 支持数据的持久化，可以将内存中的数据保存在磁盘中，重启的时候可以再次加载进行使用。

（2）Redis 不仅支持对简单的 key-value 类型数据的存储，同时还支持对 list、set 及 hash 等数据结构的存储。

（3）Redis 支持数据的备份，即 master-slave 模式的数据备份。

2. Redis 与其他数据库相比有以下不同点

（1）Redis 有着更为复杂的数据结构并且提供对它的原子性操作，这是一个不同于其他数据库的进化路径。Redis 的数据类型都是基于基本数据结构的同时对程序员透明，无须进行额外的抽象。

（2）Redis 运行在内存中，可以持久化到磁盘，在对不同数据集进行高速读写时需要权衡内存，因为数据量不能大于硬件内存。在内存方面数据库的另一个优点是，相比在磁盘上相同的复杂数据结构，在内存中操作起来非常简单，这样 Redis 可以做许多内部复杂性很强的工作。同时，在磁盘格式方面，它是紧凑的以追加方式产生的，因为它并不需要进行随机访问。

3.2 软件项目数据库架构特性

每一种数据库架构模式都有它自己的特点，选择正确的数据库架构模式来满足需求功能和质量特性是非常重要的。本节总结了数据库架构的共同特性。

3.2.1 实现数据共享

数据共享就是让在不同地方使用不同计算机、不同软件的用户能够读取他人的数据并进行各种操作运算和分析。数据共享包括所有用户可同时存取数据库中的数据，也包括用户可以各种方式通过接口来使用数据库，并提供数据共享。

实现数据共享可以使更多的人更充分地使用已有数据资源，减少资料收集、数据采集等重复劳动和相应费用，而把精力重点放在开发新的应用程序及系统集成上。不同用户提供的数据可能来自不同的途径，其数据内容、数据格式和数据质量千差万别，因而给数据共享带来了很大困难，有时甚至会遇到数据格式不能转换或数据转换格式后丢失信息的棘手问题，严重地阻碍了数据在各部门和各软件系统中的流动与共享。

3.2.2 减少数据的冗余度

数据冗余是指数据之间的重复，也可以说是同一数据存储在不同数据文件中的现象。数据冗余会妨碍数据库中数据的完整性，也会造成存储空间的浪费。尽可能地降低数据冗余度是数据库设计的主要目标之一。

同文件系统相比，由于数据库实现了数据共享，避免了用户各自建立应用文件，因此减少了大量重复数据和数据冗余，维护了数据的一致性。

为了减少数据冗余，可以使用以下方法。

（1）重复存储或传输数据以防止数据的丢失。

（2）对数据进行冗余性的编码来防止数据的丢失、错误，并提供对错误数据进行反变换得到原始数据的功能。

（3）为简化流程所造成的数据冗余（例如，向多个目的发送同样的信息、在多个地点存放同样的信息），不对数据进行分析而减少工作量。

（4）为加快处理过程而将同一数据在不同地点存放。例如，并行处理同一信息的不同内容，或用不同方法处理同一信息等。

（5）为方便处理而使同一信息在不同地点有不同的表现形式。例如，一本书的不同语言版本。

（6）对大量数据的索引，一般在数据库中经常使用。

3.2.3 数据的独立性

数据的独立性是数据库系统最基本的特征之一。数据独立性是指应用程序和数据结构之间相互独立，互不影响。在三层模式体系结构中，数据独立性是指数据库系统在某一层次模式上的改变不会使它的上一层模式也发生改变的能力。三级模式间的两层映像保证了数据库系统中的数据具有较高的数据独立性。数据独立性包括数据逻辑独立性和数据物理独立性。

（1）物理独立性是指用户的应用程序与存储在磁盘上的数据库中数据是相互独立的。即数据在磁盘上怎样存储由 DBMS 管理，用户程序不需了解，应用程序要处理的只是数据的逻辑结构。这样，当数据的物理存储改变时，应用程序不用改变。

为了实现数据库系统模式与内模式的联系和转换，在模式与内模式之间提供了映像，即模式/内模式映像。通过模式与内模式之间的映像，把描述全局逻辑结构的模式与描述物理结构的内模式联系起来。由于数据库只有一个模式，也只有一个内模式，因此，模式/内模式映像也只有一个。通常情况下，模式/内模式映像放在内模式中描述。

有了模式/内模式映像，当内模式改变（如存储设备或存储方式有所改变）时，只要对模式/内模式映像做相应的改变，可使模式保持不变，则应用程序就不受影响，从而保证了数据与程序之间的物理独立性，称为存储数据独立性。

（2）逻辑独立性是指用户的应用程序与数据库的逻辑结构是相互独立的，即当数据的逻辑结构改变时，用户程序也可以不变。

为了实现数据库系统的外模式与模式的联系和转换，在外模式与模式之间建立映像，即外模式/模式映像。通过外模式与模式之间的映像，把描述局部逻辑结构的外模式与描述全局逻辑结构的模式联系起来。由于一个模式与多个外模式对应，因此对于每个外模式，数据库系统都有一个外模式/模式映像，它定义了该外模式与模式之间的对应关系，这些映像定义通常包含在各自外模式的描述中。

有了外模式/模式映像，当模式改变（如增加新的属性、修改属性的类型）时，只要对外模式/模式的映像做相应的改变，可使外模式保持不变，则以外模式为依据编写的应用程序就不受影响，从而应用程序不必修改，保证了数据与程序之间的逻辑独立性，也就是逻辑数据独立性。

3.2.4　数据的集中控制

数据的集中控制是指在组织中建立一个相对稳定的控制中心，由控制中心对组织内外的各种信息进行统一的加工处理，发现问题并提出问题的解决方案。这种形式的特点是所有的信息（包括内部、外部）都流入中心，由控制中心集中加工处理，且所有的控制指令也全部由控制中心统一下达，因此可以全面保证数据的完整性、可用性和机密性。

在文件管理方式中，数据处于一种分散的状态，不同的用户或同一用户在不同处理中其文件之间毫无关系。利用数据库可以对数据进行集中控制和管理，并通过数据模型表示各种数据的组织及数据间的联系。

数据库集中控制的优势如下。

（1）可以降低存储数据的冗余度。

（2）有更高的数据一致性。

（3）存储数据可以共享。

（4）能够实现数据的安全性。

（5）便于维护数据的完整性。

（6）建立数据库所遵循的标准。

3.2.5　数据的一致性和可维护性

数据库一致性是指事务执行的结果必须是使数据库从一个一致性状态转变到另一个一致性状态。保证数据库一致性是指当事务完成时，必须使所有数据都具有一致的状态。在关系型数据库中，所有的规则必须应用到事务的修改上，以便维护所有数据的完整性。

可维护性是衡量一个系统的可修复（恢复）性和可改进性的难易程度。所谓可修复性，是指在系统发生故障后能够排除（或抑制）故障予以修复，并返回到原来正常运行状态的可能性。而可改进性则是系统具有接受对现有功能的改进，增加新功能的可能性。

可维护性实际上也是对系统性能的一种不可缺少的评价体系。它主要包括两个方面：首先是评价一个系统在实施预防型和纠正型维护功能时的难易程度，其中包括对故障的检测、诊断、修复及能否将该系统重新进行初始化等功能；其次是衡量一个系统能接受改进，甚至为了进一步适应外界（或新的）环境而进行功能修改的难易程度。

数据的一致性和可维护性可以确保数据的安全性和可靠性。其主要包括对以下几个方面的控制。

（1）安全性控制：防止数据丢失、错误更新和越权使用。

（2）完整性控制：保证数据的正确性、有效性和相容性。

（3）并发控制：使在同一时间周期内，允许对数据实现多路存取，又能防止用户之间的不正常交互作用。

3.2.6　数据的故障恢复

由数据库管理系统提供的方法可以及时地发现故障和修复故障，从而防止数据被破坏。数据库系统能尽快恢复数据库系统运行时出现的故障，这种故障可能是物理上或是逻辑上的错误，例如由对系统误操作造成的数据错误等。

数据库的故障恢复处理有以下 3 种方法。

1. 事务故障恢复

事务故障由系统自动完成，对用户是透明的。

DBMS 执行恢复操作的步骤如下。

（1）反向扫描日志文件（即从最后向前扫描日志文件），查找该事务的更新操作。

（2）对该事务的更新操作执行逆操作，即将日志记录中"更新前的值"写入数据库。

（3）继续反向扫描日志文件，做同样处理。

（4）如此处理下去，直至读到此事务的开始标记，该事务故障的恢复就完成了。

2. 系统故障恢复

系统故障可能会造成数据库处于不一致性状态。

（1）未完成事务对数据库的更新可能已写入数据库。

（2）已提交事务对数据库的更新可能还留在缓冲区，没来得及写入数据库。

因此，恢复操作就是要撤销故障发生时未完成的事务，重做已完成的事务。

系统故障的恢复步骤如下。

（1）正向扫描日志文件，找出在故障发生前已经提交的事务队列（REDO 队列）和未完成的事务队列（UNDO 队列）。

（2）对撤销队列中的各个事务进行 UNDO 处理。进行 UNDO 处理的方法是，反向扫描日志文件，对每个 UNDO 事务的更新操作执行逆操作，即将日志记录中"更新前的值"写入数据库。

（3）对重做队列中的各个事务进行 REDO 处理。进行 REDO 处理的方法是，正向扫描日志文件，对每个 REDO 事务重新执行日志文件登记的操作，即将日志记录中"更新后的值"写入数据库。

3. 介质故障恢复

介质故障是最严重的一种故障。恢复方法是重装数据库，然后重做已完成的事务。介质故障的具体恢复步骤如下。

（1）DBA 装入最新的数据库后备副本（离故障发生时刻最近的转储副本），使数据库恢复到转储时的一致性状态。

（2）DBA 装入转储结束时刻的日志文件副本。

（3）DBA 启动系统恢复命令，由 DBMS 完成恢复功能，即重做已完成的事务。

3.3　软件项目数据库设计

数据库设计是指对于一个给定的应用环境，构造最优的数据库模式，建立数据库及其应用系统，使其能够有效地存储数据，满足各种用户的信息要求和处理要求。

数据库设计包括需求分析、概念结构设计、逻辑结构设计、物理结构设计、数据库的实施及数据库的运行和维护 6 个阶段。

3.3.1　需求分析

需求分析也称为软件需求分析或系统需求分析，是开发人员经过深入细致地调研和分析，准确理解用户和项目的功能、性能、可靠性等具体要求，将用户非形式的需求表述转换为完整的需求定义，从而确定系统必须做什么的过程。

需求分析是在用户调查的基础上，通过分析，逐步明确用户对系统的需求，包括数据需求和围绕这些数据的业务处理需求。同时，需求分析是软件生存周期中的一个重要环节，该阶段主要是分析系统在功能上需要"实现什么"，而不是考虑如何去"实现"。

需求分析主要表现在以下 3 个方面。

（1）功能性需求。功能性需求即软件必须完成哪些事、必须实现哪些功能，以及为了向其用户提供有用的功能所需执行的动作。功能性需求是软件需求的主体。开发人员需要亲自与用户进行交流，核实用户需求，从软件帮助用户完成事务的角度上充分描述外部行为，形成软件需求规格说明书。

（2）非功能性需求。作为对功能性需求的补充，软件需求分析的内容中还应该包括一些非功能性需求，主要包括软件使用时对性能方面的要求、运行环境要求，以及软件设计时必须遵循的相关标准和规范、用户界面设计的具体细节、未来可能的扩充方案等。

（3）设计约束。一般也称为设计限制条件，通常是对一些设计或实现方案的约束说明。例如，要求待开发软件必须使用 Oracle 数据库系统完成数据管理功能，运行时必须基于 Linux 环境等。

3.3.2　概念结构设计

概念结构设计的任务是在需求分析阶段产生的需求说明书基础上，按照特定的方法把它们抽象为一个不依赖于任何具体机器的数据模型，即概念模型。概念模型使设计者的注意力能够从复杂的实现细节中解脱出来，而只集中在最重要信息的组织结构和处理模式上。

概念数据模型主要在系统开发的数据库设计阶段使用，是按照用户的观点来对数据和信息进行建模，利用实体关系图来实现的。它描述系统中的各个实体及相关实体之间的关系，是系统特性和静态描述。数据字典也将是系统进一步开发的基础。

1. 概念模型的主要特点

概念模型的主要特点包括以下几个方面。

（1）能真实、充分地反映现实世界，包括事物和事物之间的联系，能满足用户对数据的处理要求，是现实世界的一个真实模型。

（2）易于理解，可以用它和不熟悉计算机的用户交换意见。用户的积极参与是数据库设计成功的关键。

（3）易于更改，当应用环境和应用要求改变时容易对概念模型修改和扩充。

（4）易于向关系、网状、层次等各种数据模型转换。

概念结构设计是对信息世界进行建模，常用的概念模型是 E-R 模型。E-R 模型是用 E-R 图来描述现实世界的概念模型。

2. 实体之间的联系

在现实世界中，事物内部及事物之间是有联系的。而在计算机世界中，实体内部的联系通常是指组成实体的各属性之间的联系，实体之间的联系通常是指不同实体型实体集之间的联系。

（1）一对一联系（1:1）。如果对于实体集 A 中的每一个实体，实体集 B 中至多有一个（也可以没有）实体与其联系，反之亦然，则称实体集 A 与实体集 B 具有一对一联系，记为 1:1。

（2）一对多联系（1:n）。如果对于实体集 A 中的每一个实体，实体集 B 中有 n 个实体（$n>1$）与其联系，反之，对于实体集 B 中的每一个实体，实体集 A 中至多只有一个实体与其联系，则称实体集 A 与实体集 B 有一对多联系，记为 1:n。

（3）多对多联系（$m:n$）。如果对于实体集 A 中的每一个实体，实体集 B 中有 n 个实体（$n>0$）与其联系，反之，对于实体集 B 中的每一个实体，实体集 A 中也有 m 个实体（$m>0$）与之联系，则称实体集 A 与实体集 B 具有多对多联系，记为 $m:n$。

两个实体之间的联系如图 3-1 所示。

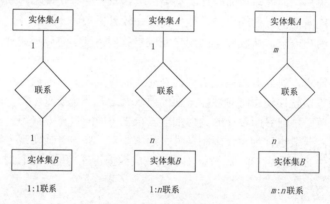

图 3-1　实体之间的联系

3.3.3　逻辑结构设计

逻辑结构设计是将概念结构设计阶段完成的概念模型转换成能被选定的数据库管理系统支持的数据模型。这里主要是将 E-R 模型转换为关系模型。需要具体说明把原始数据进行分解、合并后重新组织起来的数据库全局逻辑结构，包括所确定的关键字和属性、重新确定的记录结构和文件结构、所建立的各个文件之间的相互关系，形成本数据库的数据库管理员视图。

逻辑结构设计一般分为以下 3 个步骤。

（1）从 E-R 图向关系模式转换。数据库的逻辑设计主要是将概念模型转换成一般的关系模式，也就是将 E-R 图中的实体、实体的属性和实体之间的联系转换为关系模式。

（2）数据模型的优化。数据库逻辑设计的结果不是唯一的。为了进一步提高数据库应用系统的性能，还应该适当修改数据模型的结构，以提高查询的速度。

（3）关系视图的设计。关系视图的设计又称为外模式的设计，也称为用户模式设计，该模式是用户可直接访问的数据模式。同一系统中，不同用户可有不同的关系视图。关系视图来自逻辑模式，但在结构和形式上可能不同于逻辑模式，所以它不是逻辑模式的简单子集。

关系视图主要有以下 3 个作用。

（1）通过外模式对逻辑模式的屏蔽，为应用程序提供一定的逻辑独立性。

（2）能更好地适应不同用户对数据的不同需求。

（3）为不同用户划定不同的访问数据范围，有利于数据的保密。

3.3.4　物理结构设计

数据库的物理结构设计是指数据库存储结构和存储路径的设计，即将数据库的逻辑结构设计在实际的物理存储设备上加以实现，从而建立一个具有较好性能的物理数据库，该过程依赖于给定的计算机系统。在这一阶段，设计人员需要考虑数据库的存储问题，即所有数据在硬件设备上的存储方式管理和存取数据的软件系统数据库存储结构（以保证用户以其所熟悉的方式存取数据），以及数据在各个位置的分布方式等。

总的来说，数据库的物理设计包括以下几个方面。

（1）确定数据库的物理结构，在关系数据库中主要指存取方法和存储结构。

（2）对物理结构进行评价，评价的重点是时间和空间效率。

如果评价结构满足原设计要求，则可进入到物理实施阶段；否则，就需要重新设计或修改物理结构，有时甚至要返回逻辑设计阶段修改数据模型。

1. 数据库物理设计的方法

（1）对于数据库查询事务，需要得到查询的关系、查询条件所涉及的属性、连接条件所涉及的属性、查询的投影属性。

（2）对于数据更新事务，需要得到被更新的关系、每个关系上的更新操作条件所涉及的属性、修改操作要改变的属性值。

（3）除此以外，还需要制定每个事务在各关系上运行的频率和性能要求。

通常，关系数据库物理设计的内容主要包括选择关系模式存取方法，以及设计关系、索引等数据库文件的物理存储结构。

2. 关系模式存取方法的选择

1）B+树索引

如果一个（或一组）属性经常在查询条件中出现，则考虑在这个（或这组）属性上建立索引（或组合索引）；如果一个属性经常作为最大值和最小值等聚集函数的参数，则考虑在这个属性上建立索引；如果一个（或一组）属性经常在连接操作的连接条件中出现，则考虑在这个（或这组）属性上建立索引。

2）hash 索引

如果一个关系的属性主要出现在等值连接条件中或主要出现在等值比较选择条件中，则此关系可以选择 hash 存取方法。

3.3.5　数据库的实施

数据库实施阶段包括数据的载入与应用程序的编码和调试。

1. 载入数据

为提高数据输入工作的效率和质量，我们可以针对具体的应用环境设计一个数据输入子系统，由计算机来完成数据入库的任务。在源数据入库前，要采用多种方法对其进行检验，以防止不正确的数据入库，这部分的工作在整个数据输入子系统中是非常重要的。

2. 数据库的试运行

在原有系统的数据有一小部分已输入数据库后，就可以开始对数据库系统进行联合调试了，称为数据库的试运行。这一阶段要实际运行数据库应用程序，执行对数据库的各种操作，测试应用程序的功能是否满足设计要求。如果不满足，对应用程序部分则要修改、调整，直到达到设计要求为止。

在数据库试运行时，还要测试系统的性能指标，分析其是否达到设计目标。在对数据库进行物理设计时已初步确定了系统的物理参数值，但在试运行阶段也要实际测量和评价系统性能指标。

（1）组织数据入库是十分费时、费力的事，如果试运行后需要修改数据库的设计，则还要重新组织数据入库。因此，应分期分批地组织数据入库，先输入小批量数据做调试用，待试运行基本合格后再大批量输入数据，逐步增加数据量，逐步完成运行评价。

（2）在数据库试运行阶段，系统还不稳定，软、硬件故障随时可能发生，而系统操作人员对新系统还不熟悉，误操作也在所难免，因此要做好数据库的转储和恢复工作，以减少对数据库的破坏。

3.3.6　数据库的运行和维护

数据库试运行合格后，数据库开发工作就基本完成了。但是由于应用环境的不断变化，数据库运行过程中物理存储也会不断变化，因此对数据库设计进行评价、调整、修改等维护工作是一个长期的任务，也是设计工作继续提高、改进的原因。

数据库的维护工作主要包括以下几个方面。

（1）数据库的转储和恢复。数据库的转储与恢复是系统正式运行后最重要的维护工作之一。

（2）数据库的安全性、完整性控制。在数据库运行过程中，由于应用环境的变化，对安全性的要求也会发生变化，系统中用户的密级也会改变，因此需要数据库管理员不断修正以满足用户要求。

（3）数据库性能的监督、分析和改造。在数据库运行过程中，监督系统运行、对监测数据进行分析、找出改进系统性能的方法是数据库管理员的另一重要任务。

（4）数据库的重组织与重构造。数据库运行一段时间后，记录不断被添加和修改会使数据库的物理存储情况变坏，降低数据的存取效率及数据库的性能，这时数据库管理员就要对数据库进行重组织或部分重组织。关系数据库管理系统一般都提供数据重组织的实用程序。在重组织过程中，按原设计要求重新安排存储位置、回收垃圾、减少指针链等，以提高系统性能。

数据库的重组织并不修改原设计的逻辑和物理结构，而数据库的重构造是指修改部分数据库的模式和内模式。

3.4　本章小结

使用数据库架构可以在一定程度上规范我们的使用，使后期的维护更加便捷。数据库架构可以提高数据库的读写性能、保证数据的一致性和提高数据扩展性，为开发提供了很大帮助。

第2篇
项目实战

在学习项目基础篇后，我们已经对研发项目有了一定的了解，可以尝试进行简单的程序编写。本篇将学习坦克大战游戏、桌面监控系统、企业财务管理系统、酒店管理系统这几个项目的开发。通过本篇的学习，读者会对 Java 项目开发有深刻的理解，编程能力会有进一步的提高。

- 第 4 章　坦克大战游戏
- 第 5 章　桌面监控系统
- 第 6 章　企业财务管理系统
- 第 7 章　酒店管理系统

第4章

坦克大战游戏

本章概述

随着人们对生活质量要求的提高，为了让人们更好地挖掘自身的智慧，游戏就此进入了大众的视野，并在人们的生活中有着重要的地位。游戏产业推动高新技术不断升级，极大地促进了经济的增长，推动了"第四产业"的经济腾飞。《坦克大战》游戏是大家童年时期经常玩的经典游戏，我们对它都十分了解。关于该游戏，我们将通过分析 Java 代码设计，使用 Eclipse 软件对其进行开发，并运用接口技术，使一个类能够实现多个接口，还使用套接字 Socket 来完成 Client 端和 Server 端的连接。玩家通过连接访问进入游戏，通过操纵坦克来守卫基地；玩家还可以获得超级武器来提升坦克的属性，摧毁全部敌方坦克来取得胜利。该游戏既满足了人们的个性化需求，也让玩家在游戏过程中丢掉烦恼，尽情地释放压力，操作非常简单，适合所有人群玩。本章主要从项目开发技术背景、系统功能设计、系统功能与技术实现、系统运行与测试、开发常见问题及功能扩展等方面来讲解坦克大战游戏的开发。

知识导读

本章要点（已掌握的在方框中打钩）
☐ 系统可行性分析
☐ 总体功能设计
☐ 系统功能技术的实现
☐ 游戏启动测试
☐ 坦克射击测试
☐ 游戏的胜利与失败的测试

4.1 项目开发技术背景

20 世纪以来，信息技术发生了翻天覆地的变化，似乎到处都有炫彩缤纷的游戏画面，市面上出现了各种各样的游戏，如网页游戏、网络游戏、单机游戏，无形中也产生了各种各样的网络游戏公司。不仅如此，它还促使大量的公司开始向游戏开发方面发展。可想而知，游戏已经成为我们生活的一部分。《坦克大战》游戏是我们童年经常玩的游戏，也是最经典的一款小霸王单机游戏之一。起初，《坦克大战》（Battle City）游戏是 1985 年日本南梦宫 Namco 游戏公司推出的一款多方位平面射击游戏。该游戏以坦克战斗及保卫基地为主题，属于策略型联机类。同时，它也是 FC 平台上少有的内置关卡编辑器的几款游戏之一，玩家可以自己创建独特的关卡，并通过获取一些道具使坦克和基地得到强化。随着信息技术的快速发展，各种版本的坦克大战游戏相继出现。

该版本的《坦克大战》游戏是基于 Java 语言设计开发的，具有比较好的经典游戏界面和人工智能特征，与传统的小霸王单机坦克大战游戏有异曲同工之处，而支持无限复活又可以让玩家更好地体会游戏的乐趣。

完成这个项目的主要目的是让开发者尽可能全面地掌握 Java 的基础知识。在整个坦克大战游戏的开发过程中将涉及 Java 基础知识的大部分内容，这对 Java 知识巩固有很好的帮助作用。

4.1.1　开发目的和意义

坦克大战游戏是一款非常经典的单机游戏，因为它比较简单、有趣，无论老少都比较适合操控。坦克大战游戏的设计对每一个 Java 语言学习者来说，在语言提高和进阶方面都是很好的锻炼机会。

坦克大战游戏的设计比较复杂，它涉及面广、牵涉方面多，如果不好好考虑和设计，将难以成功开发出这个游戏。在游戏的设计中，牵涉到图形界面的显示与更新、数据的收集与更新，并且在游戏的开发中，还要应用类的继承机制及一些设计模式。因此，设计和开发好坦克大战游戏，对提高 Java 开发者的开发水平和系统的设计能力有极大的帮助。在设计开发过程中，需要处理好各个类之间方法的调用，还要处理各个类相应的封装，并且要协调好各个模块之间的逻辑依赖关系。

正是因为如此，本次项目开发的目的在于学习 Java 程序设计基本技术，学习用 Eclipse 开发 Java 程序的相关技术，熟悉坦克大战游戏的需求，熟悉项目开发的完整过程。例如，学会怎样进行一个项目的需求分析、概要设计、详细设计等软件开发过程，培养初步的项目分析能力和程序设计能力。

4.1.2　系统可行性分析

本游戏是通过将 Java 及相关函数之间的逻辑关系、数据结构等知识综合起来设计而成的一款初具规模的坦克大战游戏。在对游戏特效的原理内容进行充分调研基础上，我们来介绍本款小型游戏的设计过程，其中涉及常量和枚举在小型游戏设计中的作用、复杂条件语句在小型游戏中的作用、随机函数在小型游戏中的应用、游戏中状态的概念和切换方法、游戏中速度的实现方法、覆盖和碰撞问题的实现方法、使用 API 函数实现简单的游戏图像显示和输入的处理、弹药爆炸的过程等。

可行性分析研究的目的就是以最小的代价，在尽可能短的时间内确定问题是否能解决。我们具体从以下 3 个方面考虑本游戏的可行性。

1. 技术可行性

Java 是一种可开发跨平台应用软件、面向对象的程序设计语言，是由 Sun Microsystems 公司于 1995 年 5 月推出的 Java 程序设计语言和 Java 平台（即 Java EE、Java ME、Java SE）的总称。Java 自面世后就非常流行，并发展迅速，对 C++语言形成了有力冲击。Java 不同于一般的编译执行计算机语言和解释执行计算机语言。它先将源代码编译成二进制字节码，然后依赖各种平台上的虚拟机解释执行字节码，从而实现了"一次编译、到处执行"的跨平台特性。Java 技术具有卓越的通用性、高效性、平台移植性和安全性，被广泛应用于个人 PC、数据中心、游戏控制台、科学超级计算机、移动电话和互联网。同时，在拥有全球最大的开发者专业社群、在全球云计算和移动互联网的产业环境下，Java 更具备了显著优势和广阔前景。

Java 语言经历了诞生、成长、成熟、壮大这几个阶段，逐渐发展成为 IT 领域里的主流计算模式。使用 Java 开发工具方便，容易实现。Java 对开发跨平台性质的产品有着其独特的优势，游戏也是其开发产品之一。

本系统开发过程是通过将 Java 编程语言与 Eclipse 集成开发环境配合使用来实现的。在该项目中主要引用的类包有 AWT、IO、Swing、Util、Applet 等。

2. 经济可行性

本游戏的开发是基于 JDK 7.0 和 Eclipse，因为它们都是免费且开源的软件，所以实现本设计的成本就有所降低。随着计算机、网络通信和信息技术的迅猛发展及人们精神生活品质的提高，国际、国内各种各样的大型综合游戏网站如雨后春笋般地发展起来。一款好的游戏带来的经济效益可以说是不可估量的，例如网上流行的英雄联盟、坦克世界等真人型网络版游戏。对于游戏的编写来说，更多的人倾向于采用 Java 语言来实现，这是因为 Java 具有卓越的通用性、高效性、平台移植性和安全性。更重要的是 Java 的跨平台性，决定了游戏开发者只需要少量的时间就可以开发出一款可在不同平台上运行的游戏，而不是像其他编程语言那样受限。如果想让游戏在不同的系统中运行，开发者必须在不同的系统上进行编码和开发，这样会使开发时间和开发该游戏所需资金的消耗量更多。因此，对于游戏开发者来说，Java 的可操作性和性价比更高。

3. 操作可行性

本 Java 版坦克大战游戏是一个单机版的游戏程序，它只是模拟实现了网络上一些单机坦克大战游戏的基础功能，如坦克的移动、坦克的射击、坦克的复活，以及每个关卡地图的设计。本版本坦克大战游戏和传统坦克大战游戏的操作相类似，所以对于玩家来说，它的操作简易，更容易让玩家上手，玩家不需要了解内部流程，只需执行与一般其他的单机游戏一样的操作即可开始游戏。数据的存放采用集合技术，所以本设计无须数据库的连接。整个系统形成主要由 JDK 7.0 虚拟环境和 Eclipse 共同完成，无须更多复杂的工具和服务器支持。

4.1.3 需求和技术分析

如今的游戏已经成为世界上最大的娱乐、休闲项目之一，游戏市场规模持续增长、潜力巨大。我国政府一直以来都特别鼓励游戏产业的发展，特别是我国本土的游戏产业，扶持力度连年加大。由此可见，我国对游戏产业的重视程度。该坦克大战游戏是对红白机经典 90 坦克大战游戏的延续。对于 80 后和 90 后来说，它们都是童年里最宝贵的回忆。80 后和 90 后占据着当今游戏人群的主体地位，对于他们来说，该坦克大战游戏不仅可以减轻人们的社会压力、放松身心，还可以回味小时候玩红白机游戏的疯狂时光，又不会沉迷于游戏，甚至可以更好地体验游戏的乐趣。

该程序代码有着很高的运用率，因此设计时必须要有相当缜密的逻辑条理思维，还要考虑一些无法操控的因素和所有可能出现的突发事件。

（1）玩家能够通过敲击游戏按键来操纵玩家坦克的动作，但对于敌方坦克来说，就要有一定的自主性和智能型，因为其是自动运行的。同时，需要为屏幕上的敌方坦克开创一个线程，让其自主运行来应对数量过多而导致的混乱。要精密设置敌方坦克的操作运行算法，不要使游戏太过单一。

（2）要对所有坦克打出的弹药进行实时监测并判断它打到了什么物体对象，因此需要开辟一个独立的线程来处理弹药，还需要控制好所有的物体对象。同一时刻，在 JVM 虚拟机上保持运行这么多的线程，可能会造成程序的迟钝，甚至瘫痪。

（3）游戏界面中物体对象繁多，为了避免重叠运行，玩家坦克在前进时需要时刻地扫描周围环境。

（4）游戏的动态界面是一款优秀程序不可缺少的组成成分，精美的用户界面是引起玩家兴趣的关键，相关的构图美化技术也需要有所考虑。

（5）在游戏地图中会有许多物体对象，这不是绘图方法能够解决的，而且过多的大型图片会束缚程序的大小，所以要准确掌握 Graphcis() 方法的使用。同时使用读取外部文件的方法来加载游戏关卡，因为内存有限，不适合用于存储地图关卡。

（6）游戏要对玩家的分数进行记录，这就需要对其功能和属性进行妥善的策划，还需要制作良好的解决方案来处理其存储方式。

（7）为了确保游戏程序的运行顺畅，我们需要对结构进行严格把控，将算法完善得更精准，还可以运用混淆器对打包后的软件程序进行优化。

4.1.4　功能分析

该坦克大战游戏选择使用以往的游戏规则。在服务器端创建并设置一个主机，客户端申请连接加入，若其 IP 输入判断无误，载入地图关卡并开始游戏。在游戏界面中，会实时显示敌方坦克数量和玩家坦克的生命数量及分数。敌方坦克自行移动和打出弹药，玩家通过敲击键盘来操控自己坦克的动作并打出弹药，弹药无法打中相同阵营的坦克，当两方阵营的弹药相交时会相互抵消，打中对方坦克时会产生爆炸效果，中途可以暂停、发送信息，玩家坦克销毁掉超级武器后会赋予其特殊的功能，在游戏地图界面中还同时包含通信功能。如果取得了胜利，会显示"你过关了！"的消息提示；如果失败了，系统则给出"GAME OEVR!还想再玩一次吗？（y/n）"的提示，若玩家双方都选择可继续游戏，则游戏重新加载并开始，否则结束并退出游戏界面。

4.2　系统功能设计

本节主要介绍系统实现的功能，搭建好设计的总体框架，从而使我们对待开发游戏有一个系统、全面的认识。

4.2.1　总体功能

游戏由服务器端和客户端两个部分组成。

在服务器端，ServerModel 类主要用来创建主机，ServerView 类主要负责设置服务器端图形界面的面板信息，ServerControler 类处理来自服务器视图框架的输入（包括创立通信与帮助信息等），Enemy 类主要负责创建敌方坦克，Player 类主要用来设置玩家的得分及其显示位置等信息，DrawingPanel 类主要负责创建和设置服务器端界面窗口，PowerUp 类主要用来设置弹药属性（例如加快速度、提升火力等），FeedbackHandler 类主要用来解码从客户端发来的指令字符串，再将其转换成指令来判断游戏失败后玩家是否继续游戏的问题。

在客户端，ClientModel 类主要用来设置与服务器的连接，ClientView 类主要负责客户端图形界面的面板信息，ClientControler 类主要负责处理来自客户端视图框架的输入和创立通信与帮助信息等，DrawingPanel 主要用来设置客户端窗口界面，InstructionHandler 类主要用来解码从服务器端发来的指令字符串，再将其转换成指令来判断游戏失败后玩家是否继续游戏的问题，Shield 类主要负责设置坦克销毁头盔图标获得保护时的状态，NormalObject 类主要用来创建和描绘其他物体对象。

在服务器端和客户端都存在的类中，Actor 类主要用来创建接口，Base 类主要用来创建基地并设置属性，Bullet 类主要用来创建弹药并设置属性，Ticker 类主要用来创建时间信息，Bomb 类主要用来创建弹药打出后产生的爆炸效果，River 类主要用来创建河道并设置属性，Grass 类主要负责创建草坪并设置属性，Steelwall 类主要用来创建钢墙并设置属性，Wall 类主要用来创建和设置普通墙及其属性，Level 类负责创建关卡。游戏服务器端各类功能如表 4-1 所示，游戏客户端各类功能如表 4-2 所示。

表 4-1　游戏服务器端各类功能一览表

类　　名	功　　能
ServerModel	创建主机
ServerView	设置服务器端图形界面的面板信息
ServerControler	处理来自服务器视图框架的输入
enemy	创建敌方坦克
player	设置玩家的得分及其显示位置等信息
drawingPanel	创建和设置服务器端界面窗口
powerUp	加快弹药速度并提升火力
feedbackHandler	判断指令并执行
Actor	创建接口
base	创建基地并设置属性
Ticker	创建并设置时间信息
bullet	创建弹药并设置属性
bomb	设置爆炸效果
river	创建河道并设置属性
grass	创建草坪并设置属性
Steelwall	创建钢墙并设置属性
wall	创建普通墙并设置属性
level	创建关卡

表 4-2 游戏客户端各类功能一览表

类 名	功 能
ClientModel	设置与服务器的连接
ClientView	设置客户端图形界面的面板信息
ClientControler	负责处理来自客户端视图框架的输入
drawingPanel	设置客户端窗口界面
instructionHandler	判断指令并执行
shield	设置玩家坦克防护盾
normalObject	创建并描绘其他的物体对象
level	创建关卡
base	创建基地并设置属性
Ticker	创建并设置时间信息
bullet	创建弹药并设置属性
bomb	设置爆炸效果
river	创建河道并设置属性
wall	创建普通墙并设置属性

客户端玩家输入主机地址来完成与服务器玩家的连接，双方通过使用指令键来操控自己的坦克，敌方坦克和弹药则是自主随机运行。游戏中会对玩家的分数进行记录，并增加了特殊武器；另外，对此游戏还进行了部分创新，如添加了通信功能，客户端与服务器端的连接访问通过使用套接字 Socket 来实现。

坦克大战游戏的总体功能如图 4-1 所示。

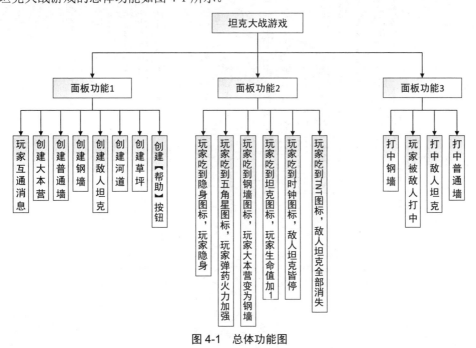

图 4-1 总体功能图

4.2.2 总体流程图

坦克大战游戏主要实现玩家参加游戏的整个流程。玩家进入游戏运行界面后，程序会初始化坦克、炮弹、障碍物。玩家可以通过控制键盘来控制自己的坦克进行移动、射击、复活等主要操作。当玩家歼灭本关卡所有的坦克后，程序会判定玩家通关胜利，此时运行界面中出现通关胜利的画面。Java 版坦克大战游戏的总体流程图如图 4-2 所示。

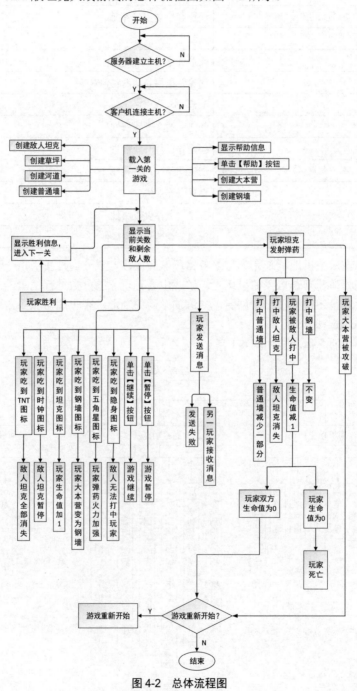

图 4-2　总体流程图

4.3　系统功能技术实现

本节根据对系统的需求分析，对坦克大战游戏的各功能界面进行详细的描述与实现。

4.3.1　面板功能设计

面板功能的设计包括对基地、敌方坦克、河道和草坪、普通墙与钢墙的设计及对界面窗口的创建。

1. 基地的设计

Base 类定义了几个变量，通过构造器初始化基地的变量参数，使用 g.drawImage( )方法设置一幅图片来代表基地，通过 public void move( )来处理基地受到钢墙防护时的变化，使用 if 条件语句判断钢墙的保护时间。该游戏的核心重点自然就是基地，一旦基地被毁，则玩家失败，游戏结束。游戏面板是游戏程序的关键，这里使用了方法 paintComponent(Graphics g)来进行建立并设置其属性。具体实现代码如下：

```
public void draw(Graphics g){
    g.drawImage(base, xPos - 12, yPos - 12, null );
}
public void paintComponent(Graphics g) {
    Graphics offScreenGraphics;
    if (offScreenImage == null) {
        offScreenImage = createImage(640, 550);
    }
    offScreenGraphics = offScreenImage.getGraphics();
    myPaint(offScreenGraphics);
    g.drawImage(offScreenImage, 0, 0, this);
}
```

2. 敌方坦克的设计

Enemy 类设置了敌方坦克的共同属性，并根据不同外形的坦克设置了不同的属性，如椭圆形坦克的移动速度会比较快，拥有多层颜色坦克的生命力与其拥有的颜色数量相吻合。利用随机函数 Math.random( )*4 随机生成一个随机值，并转换成整型数值，将此值赋予变量 direction 作为敌方坦克生成时的方向，再将 Math.random( )*200 生成的随机值转换成整型数值，赋予变量 interval 作为生成时的时间间隔，并且设置了敌方坦克的移动周期，在一个周期内将会朝着相同的方向继续移动，还设置了其发射弹药的时间间隔。而在特殊属性中，分别设置敌方坦克的火力、速度、图标等属性，再使用方法 draw(Graphics g)向地图中加入敌方坦克。具体实现代码如下：

```
direction = (int)(Math.random()*4);
interval = (int)(Math.random()*200);
if(type ==args1 ){
    firePosibility = args2;
    speed = args3;
    textures = new Image[args4];
}
public void draw(Graphics g){
    if(flashing && gameModel.gameFlow%10 > 4){
        g.drawImage(textures[textures.length-4+direction], xPos - size, yPos - size,
```

```
null);
        }else{
            g.drawImage(textures[direction], xPos - size, yPos - size, null);
        }
    }
```

3. 河道和草坪的设计

Grass 类继承了 Actor 接口，通过 Grass 类构造器定义草坪的 x 轴、y 轴坐标和矩形边界及图标，并通过 public void draw(Graphics g) 方法绘制草坪。游戏双方坦克及其弹药可以自由通过草坪。具体实现代码如下：

```
public grass(int a, int b){
    xPos = a;
    yPos = b;
    border = new Rectangle(0,0,0,0);
}
public void draw(Graphics g) {
    g.setColor(new Color(0, 225, 0));
    for(int i = yPos - 11; i <= yPos + 12; i+=5)
    g.drawLine(xPos - 12, i, xPos + 12, i);
    for(int i = xPos - 11; i <= xPos + 12; i+=5)
    g.drawLine(i, yPos - 12, i, yPos + 12);
    g.setColor(new Color(0, 128, 0));
    for(int i = yPos - 10; i <= yPos + 12; i+=5)
    g.drawLine(xPos - 12, i, xPos + 12, i);
    for(int i = xPos - 10; i <= xPos + 12; i+=5)
    g.drawLine( i, yPos - 12, i, yPos + 12);
}
```

River 类继承了 Actor 接口，用 River 类构造器定义河道的 x 轴、y 轴坐标和矩形边界及图标，用 g.drawImage(Image,int,int,ImageObserver)方法设置一幅图片来代表河道。以前各个经典版本的坦克大战游戏都将河道设置为不允许坦克经过，但弹药可以自由通过，本程序为了遵循经典，也如此设计。具体实现代码如下：

```
public river(int a, int b, ServerModel gameModel){
    this.gameModel = gameModel;
    river = gameModel.textures[71];
    xPos = a;
    yPos = b;
    Border = new Rectangle(xPos - 12, yPos - 12, 25, 25);
}
g.drawImage(river, xPos - 12, yPos - 12, null);
```

4. 普通墙与钢墙的设计

该模块通过 new Rectangle(int x,int y,int width,int height)完成了一个矩形的创建，然后将其具体值赋予变量数组 border[数组索引]生成墙。坐标 x 和 y 为绘制矩形时的起始点，width 和 height 分别为矩形的宽和高。通过构造器定义普通墙和钢墙的矩形边界及图标。具体实现代码如下：

```
generalBorder = new Rectangle(xPos - 12, yPos - 12, 25, 25);
border[0] = new Rectangle(xPos - 11, yPos - 11, 11, 11);
```

```
border[1] = new Rectangle(xPos + 1, yPos - 11, 11, 11);
border[2] = new Rectangle(xPos - 11, yPos + 1, 11, 11);
border[3] = new Rectangle(xPos + 1, yPos + 1, 11, 11);
public wall(int a, int b, int orientation, ServerModel gameModel){
    xPos = a;
    yPos = b;
    this.gameModel = gameModel;
    wall = gameModel.textures[70];
    generalBorder = new Rectangle(xPos - 12, yPos - 12, 25, 25);
}
```

5. 界面窗口的创建

在该模块中，在 ServerView 类的构造器中用 super( )方法调用父类构造器设置窗口标题为"坦克大战"，使用 JButton(String)定义退出、帮助、发送、暂停/继续、建立主机和隐藏 6 个鼠标单击事件（即所谓的按钮），用 JTextField 定义文本框并将其设置为不可编辑。使用 new drawingPanel( )和 setBackground(Color c)创建一个面板并设置背景颜色，再通过 setBounds( )和 setLayout( )方法定义界面的大小并将界面布局定义为空，并通过 add( )方法向界面添加按钮和文本框。使用 setColor(Color c)方法设置面板颜色为指定颜色，再通过继承自 java.awt.Graphics 类中的 drawString(String,int,int)方法向面板添加并输出当前关数及剩余敌人数，通过 if 条件语句进行判断，如果消灭坦克数量大于敌方坦克数量则输出胜利场景。

4.3.2　弹药功能设计

该模块用 setColor( )方法设置弹药颜色为浅灰色，使用 g.fillRect(int,int,int,int)方法设置弹药水平或垂直发射时的形状，弹药与什么物体相交通过 if 条件语句和 equals( )方法来鉴定，然后处理相交时弹药和其他对象的属性变化。具体实现代码如下：

```
public void draw(Graphics g) {
    g.setColor(Color.lightGray);
    if(direction == 0 || direction == 1)
    g.fillRect(border.x + 1, border.y +1, 3, 9);
    if(direction == 2 || direction == 3)
    g.fillRect(border.x +1, border.y + 1, 9, 3);
}
if(!border.intersects(map)){
    gameModel.removeActor(this);
    notifiyOwner();
    makeBomb();
    writeToOutputLine();
    return;
    if(gameModel.actors[i].getType().equals("steelWall")){
        Steelwall temp =(Steelwall)gameModel.actors[i];
        if(!temp.walldestoried){
            temp.damageWall(border,bulletpower,direction);
                if(temp.bulletdestoried)
                hitTarget = true;
        }
            }else if(gameModel.actors[i].getType().equals("wall")){
```

```
            wall temp = (wall)gameModel.actors[i];
            if(!temp.walldestoried){
                temp.damageWall(border,bulletpower,direction);
                if(temp.bulletdestoried)
                hitTarget = true;
            }
        }else if(gameModel.actors[i].getType().equals("bullet")){
            bullet temp = (bullet)gameModel.actors[i];
            if(temp.owner.getType().equals("Player")){
                hitTarget = true;
                gameModel.removeActor(gameModel.actors[i]);
                temp.notifiyOwner();
            }
        }else if(gameModel.actors[i].getType().equals("Player")){
            if(owner.getType().equals("enemy")){
                player temp = (player)gameModel.actors[i];
                temp.hurt();
            }else{
            }
            hitTarget = true;
        }else if(gameModel.actors[i].getType().equals("enemy") && owner.getType().
equals("Player")){
            enemy temp = (enemy)gameModel.actors[i];
            player tempe = (player)owner;
            if(temp.health == 0)
            tempe.scores+=temp.type*100;
            temp.hurt();
            hitTarget = true;
        }else if(gameModel.actors[i].getType().equals("base")){
            base temp = (base)gameModel.actors[i];
            temp.doom();
            hitTarget = true;
            gameModel.gameOver = true;
        }
        }
        }
    }
}
if(hitTarget){
    gameModel.removeActor(this);
    notifiyOwner();
    makeBomb();
    writeToOutputLine();
    return;
}
```

4.3.3 坦克功能设计

坦克销毁了什么特殊武器图标通过 if 语句和 equals( )方法来鉴定，如果销毁 TNT 图标，则已经出现的敌方坦克全部被炸毁；如果销毁掉坦克图标，玩家坦克加一条生命；如果销毁掉五角星图标，则提升玩家坦克弹药火力并且速度加快，可以打破钢墙；若是头盔图标，则玩家坦克获得防护盾并且"免疫"敌方弹药；如果销毁掉钢墙图标，则基地由普通墙变为钢墙，如果销毁掉钟表图标，则时间停止，所有敌方坦克静止。具体实现代码如下：

```
if(gameModel.actors[i].getType().equals("powerUp")){
    scores+=50;powerUp temp = (powerUp)gameModel.actors[i];
    int function = temp.function;
    if(function == 0){
        upgrade();
    }else if(function == 1){
        base tempe = (base)gameModel.actors[4];
        tempe.steelWallTime = 600;
    }else if(function == 2){
        for(int j = 0; j < gameModel.actors.length; j++)
        if(gameModel.actors[j] !=null){
            if(gameModel.actors[j].getType().equals("enemy")){
                enemy tempe=(enemy)gameModel.actors[j];
                gameModel.addActor(newbomb(tempe.xPos, tempe.yPos, "big" , gameModel));
                ameModel.removeActor(gameModel.actors[j]);
            }
            level.NoOfEnemy=0;level.deathCount=20-level.enemyLeft;
        }else if(function==3){
            InvulnerableTime=300+(int)Math.random()*400;
        }else if(function==4){
        enemy.freezedTime=300+(int)Math.random()*400;
        enemy.freezedMoment=ServerModel.gameFlow;
        }else if(function==5){
            if(status < 3)numberOfBullet++;
            status=4;health=2;if(type.equals("1P"))
            for(int j=0; j < 4; j++)textures[j]=gameModel.textures[66+j];
            else for(int j=0; j < 4; j++) textures[j]=gameModel.textures[84+j];
        }else if(function==6){
            life++;
        }
    }
}
```

4.3.4 服务器设计

服务器的设计包括对 ServerModel 类、FeedbackHandler 类及其他各类的设计。

1. ServerModel 类的设计

在 ServerModel 类中实现了 ActionListener 接口，具备监听功能，然后创建一些连接变量和游戏变量的方法，设置布尔类型的服务器状态变量，使用构造器完成消息队列信息的设置；使用 createServer( )方法建立主机，当布尔变量 serverCreated 的值为 true 时，主机创建成功，还设置了一个端口号，用 try…catch 语句处理代码执行时发生的异常，并给出错误提示；服务器通过 accept( )方法与客户端建立连接，当端口号没有被其他应用程序占用且 IP 地址正确时，则成功完成连接，载入游戏，否则就会显示相应的错误提示。使用 addMessage( )方法在屏幕上显示消息，使用 removeMessage( )方法删除屏幕上的消息，通过 addActor( )方法和 remove( )方法完成了向地图中增添新的物体对象和清除已经不存在物体对象的操作。具体实现代码如下：

```java
public void createServer(){
    addMessage("正在建立主机(端口 9999)");
    try {
        serverSocket = new ServerSocket(9999);
        serverCreated = true;
    } catch (Exception e) {
        addMessage("无法建立主机,请确认端口 9999 没有被别的程序使用");
        System.out.println(e);
        t.stop();
        return;
    }
    addMessage("建立完成,等待玩家连接");
    try {
        clientSocket = serverSocket.accept();
        clientConnected = true;
        out = new PrintWriter(clientSocket.getOutputStream(), true);
        in = new BufferedReader(new InputStreamReader(
            clientSocket.getInputStream()));
    } catch (Exception e) {
        addMessage("连接中出现错误,请重新建立主机");
        serverCreated = false;
        clientConnected = false;
        t.stop();
        try{
            serverSocket.close();
            clientSocket.close();
            out.close();
            in.close();
        }catch(Exception ex)
        return;
    }
    view.messageField.setEnabled(true);
    addMessage("玩家已连接上,开始载入游戏");
    out.println("L1;");
    textures = new Image[88];
    for(int i = 1; i < textures.length+1; i++)
    textures[i-1] = Toolkit.getDefaultToolkit().getImage("image\\" + i + ".jpg");
    actors = new Actor[400];
    level.loadLevel(this);
    P1 = new player("1P", this);
    addActor(P1);
    P2 = new player("2P", this);
    addActor(P2);
    gameStarted = true;
    view.mainPanel.actors = actors;
    view.mainPanel.gameStarted = true;
    addMessage("载入完毕,游戏开始了! ");
```

```
    }
    public void removeActor(Actor actor){
        for(int i = 0; i < actors.length; i ++ )
        if(actors[i] == actor){
            actors[i] = null;
            break;
        }
    }
public void addMessage(String message){
    if(messageIndex < 8){
        messageQueue[messageIndex] = message;
        messageIndex++;
    }
    else{
        for(int  i = 0;  i < 7;  i++)
        messageQueue[i] = messageQueue[i+1];
        messageQueue[7] = message;
    }
}
    public void removeMessage(){
    if(messageIndex == 0)
    return;
    messageIndex--;
    for(int  i = 0;  i < messageIndex; i++)
    messageQueue[i] = messageQueue[i+1];
    messageQueue[messageIndex] = null;
    if(!gameStarted)
    view.mainPanel.repaint();
}
```

2. FeedbackHandler 类的设计

FeedbackHandler 类从客户端程序解码指令字符串，然后将字符串转换为真正的指令。通过 while(!instruction.substring(i,i+1).equals("？")) 语句判断其指令，并根据其指令来完成相对性的操作。

3. 其他各类的设计

Lever 类设置了不同的关卡，通过 if(1+ (currentLevel-1)%8 == num)判断语句来加入关卡。在进入下一关卡时，上一个关卡的所有东西都会被系统清理，并且增加了游戏难度，同时还设置了胜利场景。

Player 类通过构造器设置了玩家坦克的生命数量、生成时的方向和无敌时间，以及健康状态、弹药数量等。通过 if(type.equals("1P"))语句来判断两个玩家并设置其坦克的初始位置，用 drawImage( )方法绘制玩家坦克。当玩家敲击开火键时，会用 if 语句判断是否满足条件，若满足就会生成一包弹药，并且弹药的位置、速度等属性参数都会被设置好，再通过 add( )方法添加弹药。在坦克的下一个移动有效的前提下，根据玩家坦克的移动定义玩家坦克的下一个边界，并判断是否与地图边界和其他物体对象相交，设置相交时坦克与物体对象会发生的变化情况。当玩家坦克被击毁时，其生命减少。使用 reset( )方法将玩家坦克路径重置为空，遗弃所有坐标和点类型，设置其位置为游戏开始时的位置。

在 powerUp 类中实现了对玩家坦克弹药火力的增加。Ticker 类运用构造器建立时间发生器，实现了 runnable 接口，并调用了其 run( )方法。

ServerControler 类处理来自服务器端视图框架的输入，实现了玩家消息互通功能。使用构造器 view.buttonName.addActionListener( )方法完成按钮功能的设计。使用 addKeyListener (new KeyAdapter( ))方法增加键盘输入的操作，再通过 keyPressed(KeyEvent e)方法来实现，通过 if(e.getKeyCode( ) == KeyEvent.VK_UP)语句来判断并执行相应的方向移动操作，通过 if(e.getKeyChar( ) == 's')判断并执行"s"键的操作，if(e.getKeyCode( )==e.VK_ENTER)判断是否单击 Enter 键，再通过 if(e.getKeyChar( ) ==?)来判断输入什么键并执行相应的操作。通过 keyReleased(KeyEvent e)方法来释放给定的键。具体实现代码如下：

```
if(!model.gameStarted){
    model.addMessage("还没有和别的玩家联上，无法发送对话");
    return;
}
if(!view.messageField.getText().equals("")){
    model.addMessage("主机端玩家说: " + view.messageField.getText());
    model.playerTypedMessage += "m" + view.messageField.getText() + ";";
    view.messageField.setText("");
}else{
    model.addMessage("对话内容不能为空");
}
```

4.3.5　客户端设计

客户端的设计包括对 ClientModel 类、InstructionHandler 类及其他各类的设计。

1. ClientModel 类的设计

在 ClientModel 类中实现了 ActionListener 接口，具备监听功能，然后创建一些连接变量和游戏变量，并设置布尔类型的客户端状态变量，使用构造器完成消息队列信息的设置，用 try…catch 语句处理代码执行时发生的异常，给出错误提示；使用 add( )方法向地图中添加对象。客户端程序实际上不执行任何逻辑计算，它只接收指令，将指令字符串做出的反馈告知客户端。具体实现代码如下：

```
public void connectServer(){
addMessage("正在连接主机");
try{
serverIP = view.IPfield.getText();
InetAddress addr = InetAddress.getByName(serverIP);
clientSocket = new Socket(addr, 4321);
out = new PrintWriter(clientSocket.getOutputStream(), true);
in = new BufferedReader(new InputStreamReader(clientSocket.getInputStream()));
}catch(Exceptione){
t.stop();
System.out.println(e);
addMessage("连接出现错误,请确认 1.输入的 IP 是否正确 2.主机端已存在");
return;
}
```

2. InstructionHandler 类的设计

InstructionHandler 类只有客户端可读，它对从服务器程序反馈的指令字符串进行解码，然后将字符串转换为真正的指令，通过 for 循环语句和 if 判断语句等来判断指令，并执行相应的指令动作。具体实现代码如下：

```
if(perInstruction.substring(0,1).equals("L")){
    level.loadLevel(gameModel, Integer.parseInt(perInstruction.substring(1,2)));
    return;
}
if(perInstruction.substring(0,1).equals("w")){for(int k = 0; k < gameModel.drawingList.
length; k++){
    if(gameModel.drawingList[k] !=null){
        if(gameModel.drawingList[k].getxPos() == xPos && gameModel.drawingList[k].
getyPos()== yPos){
            wall tempWall = new wall(xPos, yPos, 4, gameModel);
            tempWall.shape = shape;
            gameModel.drawingList[k] = tempWall;
        }
    }
}
if(perInstruction.substring(0,1).equals("b")){
    gameModel.drawingList[4] = new normalObject(260, 498,  gameModel, "base", 1);
}
if(perInstruction.substring(0,1).equals("t")){
    gameModel.addActor(new bullet(xPos, yPos, gameModel, direction))
}
if(perInstruction.substring(0,1).equals("o")){
    gameModel.addActor(new bomb(xPos, yPos, size, gameModel));
}
if(perInstruction.substring(0,1).equals("i")){
    gameModel.addActor(new shield(xPos, yPos, gameModel));
}
if(perInstruction.substring(0,1).equals("a")){
    if(!gameModel.gameOver){
        gameModel.addMessage("GAME OVER! 想再玩一次吗 (y/n) ?");
        gameModel.gameOver = true;
    }
}
if(perInstruction.substring(0,1).equals("x")){
    int temp = Integer.parseInt(perInstruction.substring(1,2));
    if(temp == 0){
        if(gameModel.gamePaused){
            gameModel.addMessage("主机端玩家取消了暂停");
            gameModel.gamePaused = false;
        }
    }else{if(!gameModel.gamePaused){
        gameModel.addMessage("主机端玩家暂停了游戏");
        gameModel.gamePaused = true;
    }
}
```

3. 其他各类的设计

在 Shield 类中使用构造器，并实现玩家坦克销毁掉头盔图标后获得防护盾功能，通过 draw(Graphics g)方法绘制防护盾，用方法 setColor(Color c)设置其颜色，用 drawRect( )设置防护盾的 x 轴、y 轴坐标和高度、宽度。当防护盾时间结束时，通过 removeActor( )方法去除防护盾。在 Level 类中，定义游戏正在玩的关数，设置不同的关卡，通过 if(1+(levelIndex−1)%8 == num)判断语句来加入关卡。在进入下一关卡时，上一个关卡的所有东西都会被系统清理，并且增加了游戏难度。此类只有一层对象，所以是一个静态变量。NormalObject 类代表所有其他对象。ClientControler 类功能与 ServerControler 类相同，都是实现按钮的功能和处理键盘输入的操作。

4.4　系统运行与测试

本游戏通过使用白盒测试方法来检查程序的内部逻辑结构设计。

4.4.1　游戏启动

运行 Eclipse 中的 Server 项目和 Client 项目或双击 Server 文件夹和 Client 文件夹下的 Play.bat 文件来运行游戏。游戏启动成功后，可以看到游戏界面，如图 4-3 所示。

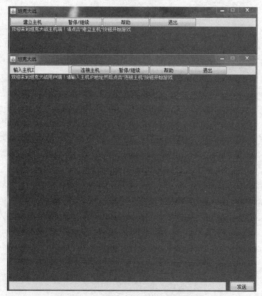

图 4-3　游戏启动成功后的界面

4.4.2　建立连接

步骤 1：在服务器端，单击"建立主机"按钮，成功建立主机，并给出了提示，如图 4-4 所示。

步骤 2：在客户端，在界面上方的文本框内输入 IP 地址：127.0.0.1，然后单击"连接主机"按钮。连接成功并给出提示，进入游戏界面，如图 4-5 所示。

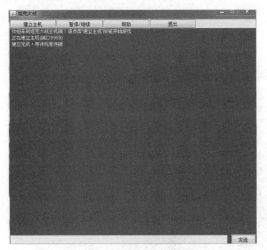

图 4-4 建立主机提示界面

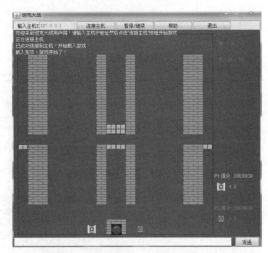

图 4-5 成功连接主机后进入游戏界面

步骤 3：单击"帮助"按钮，成功地在界面上显示游戏的方法，如图 4-6 所示。

步骤 4：单击界面上方的"暂停/继续"按钮，若游戏正在进行，单击这个按钮就会暂停游戏，再单击，就会取消暂停，并且在界面上给出提示。在界面下方的文本框内输入对话消息，单击"发送"按钮，成功发送消息，并且在界面上显示了通话内容，如图 4-7 所示。

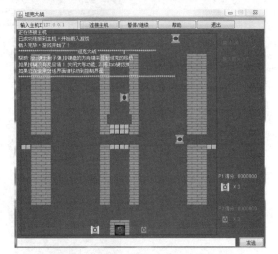

图 4-6 单击"帮助"按钮后的界面

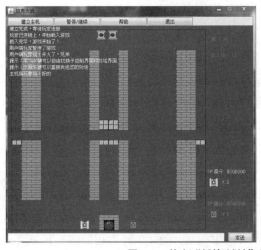

图 4-7 单击"暂停/继续"按钮与"发送"按钮后的界面

4.4.3　玩家坦克射击

按方向键，坦克也成功向着相同的方向移动；按 S 键，成功发射弹药，如图 4-8 所示。

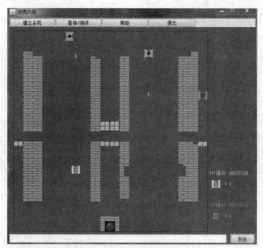

图 4-8　坦克发射弹药界面

4.4.4　随机功能图标

玩家坦克弹药打中敌方红色坦克，在地图上随机的位置生成随机的图标，如图 4-9 所示。玩家坦克销毁掉各种图标后，成功地获得该图标所对应的功能。

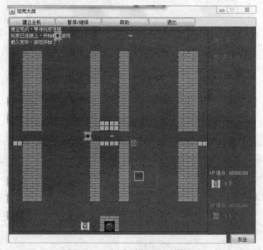

图 4-9　生成随机图标界面

4.4.5　游戏胜利与失败

在游戏中击毁所有敌方坦克后，显示"过关了！"的消息提示。玩家坦克数量为 0 或基地被敌方坦克攻破了，会成功地在界面上显示"GAME OVER！想再玩一次吗（y/n）？"的消息。若游戏双方都选择输入"y"，则游戏重新开始，并给出提示。游戏失败界面如图 4-10 所示。

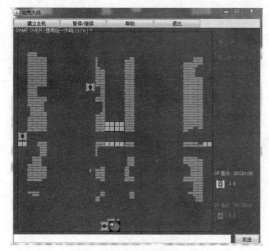

图 4-10　游戏失败界面

4.5　开发常见问题及功能扩展

该游戏是基于 Java 语言、使用 Eclipse 软件开发的一款坦克大战游戏，它包括对面板功能、坦克功能、弹药功能的设计。在面板功能中对双方坦克、基地、河道、草坪、普通墙与钢墙等地图元素进行创建并设置其属性，还实现了界面按钮功能，玩家可以通过单击按钮来实现相应的功能；在坦克功能中设计了操作玩家坦克的方法，还设置了超级武器，玩家销毁后会获得特殊技能；在弹药功能中设置了弹药打中不同物体对象产生的不同效果。另外，还实现了服务器与客户端的连接、加载关卡等功能，玩家在游戏面板中可以实时查看自己坦克的生命数量和分数及敌方坦克的数量，基本上完成了设计任务。总体来说，本游戏有一定的逻辑性和复杂性，对玩家有一定的吸引力。

在设计与实现游戏的过程中，遇到一些逻辑问题和技术故障都是在所难免的，例如如何加载地图关卡和物体对象、监测坦克与地图元素是否碰撞等，都是需要完全克服的。该游戏还需要进一步优化，需要在更大的程度上提升敌方坦克的智能化、在地图中添加物体对象来增强可玩性等。

第 5 章

桌面监控系统

本章概述

本章主要讲解桌面监控的案例项目。当今时代是飞速发展的信息时代，企业对员工有效工作管理和信息保密安全的需求与日俱增，这一点在商务人员管理中显得尤为突出。与此同时，企业对员工桌面监控的需求也与日俱增。本章主要从项目开发技术背景、功能设计、软件设计、技术实现、系统测试、开发常见问题及功能扩展等方面来讲解桌面监控系统的开发。

知识导读

本章要点（已掌握的在方框中打钩）
- ☐ 系统开发环境的搭建
- ☐ 系统总体设计
- ☐ 与服务器端建立 socket 通信的实现
- ☐ 截图并发送功能的实现
- ☐ 服务器端显示接收图片信息的实现
- ☐ 手动截图和自动截图发送测试

5.1 项目开发技术背景

不管是在国内还是在国外，每天或每时都会存在个别员工利用单位的计算机进行一些与工作无关的操作。这样无形中不仅浪费公司资源，而且工作效率低下，更有甚者使公司的经营信息外泄，给企业经营造成不可估量的风险。当前，稍有规模的公司都使用硬件设备对上网行为进行管控。通过设置或过滤一些应用的端口，禁止公司计算机使用某个程序端口、禁止访问某些与工作无关的网站，这些都是很有效的处理方式。在软件层，可以实施监控员工桌面、对员工桌面进行屏幕录制等操作。

5.1.1　桌面监控背景

本系统采用 Java 语言开发，定时进行桌面截图，使用 socket 进行客户端与服务端通信，及时传送对客户端的桌面截图，并在服务端进行浏览，以达到对客户端监控的目的。

桌面截图，这里是指绝对地记录计算机某区域的画面，并以图片的方式进行保存，然后对图片进行使用。按照需要选取其中的某个部分，并且确保截取到的屏幕与眼睛所看到的内容一模一样，然后根据需求可以将其保存下来使用，或者发送给其他人一同使用该截图。

Socket 通信是网络可靠通信的一种常用方式。它由 IP 地址和端口相结合而形成一个套接字，提供向应用程序传输数据包的一种机制。

5.1.2　可行性分析

项目可行性分析，就是针对项目结合多方面的知识和常识，将它们与即将开展的项目进行比较，从技术可行性、法律可行性和经济可行性三个方面进行分析。针对桌面监控系统，我们要考虑的是如何进行截图及图片的传输。

1. 技术可行性

Client/Server（客户机/服务器）结构，简称 C/S 结构。Java 编程及网络技术是桌面监控的主要技术，这些技术都是常用的技术，很容易找到相应的工具。因此，对于本系统来说，技术方面没有很难的问题，并且维护和操作也较为方便。

2. 法律可行性

Eclipse 是一款开源的、免费的软件，源码是开放的，并且此设计并不用来赢利，所以不会引发责任及侵权问题，满足法律可行性要求。

3. 经济可行性

桌面监控系统对硬件方面没有硬性要求，且这个系统是自行开发的，成本几乎可以不计，后期维护也不需要大量的费用。

5.1.3　需求分析

需求分析在项目开发过程中是不可或缺的步骤。下面将介绍桌面监控系统的需求分析。

（1）业务需求：能够实现对被监控的计算机桌面进行全屏截图，在不影响对方正常操作过程的情况下间隔一定的有效周期再次进行截屏，并及时发送到服务端进行显示。

（2）性能需求：指定的界面效果为系统效果，界面清晰，操作简洁，用户使用时较为得心应手。

（3）用户需求：用户向设计者提出的软件需求，是对产品的要求。

5.2　系统环境搭建

在进行功能设计前，需要先搭建运行环境和开发环境，以力求全面考虑功能设计问题。

5.2.1 系统运行环境

系统运行对环境没有硬性要求，对计算机也没有过高的要求，个人、学校、企业均可以使用。在 Windows 操作系统或 Linux 操作系统下均可运行（但是需要注意版本问题）、操作与维护。

系统本身规模并不大，因此不需要多台计算机，只需一台即可。使用过程中不收取任何费用，成本不高，用户只要登录即可使用。

5.2.2 系统开发环境

本项目在开发过程中选择使用 Java 语言，开发环境使用 Eclipse。Eclipse 这款软件是开源的、免费的，这个环境在进行 Java 系统开发时能够拓宽范围。对于它自己来说，一个宽泛的大体架构及某些特定的服务组成了 Eclipse，各种各样的插件与大量的组件相互结合、统一起来就组成了 Eclipse 的设计环境。Eclipse 是被开发人员所熟知的一款 IDE 软件，它的设计环境是集合了许多环境后形成的，可供多个平台使用。

Java 语言拥有许多特性，例如平台无关性、支持多线程技术及安全可靠性。

（1）平台无关：支持多变的网络环境。程序无须任何修改，便可以在网络中的任何计算机上运行，而不管计算机是什么类型、什么平台，这样就极大减轻了系统管理员的工作量。支持网络化嵌入式设备。Java 的平台无关性可以简化系统管理任务，无论是哪个网络的管理员，只需关注程序本身即可。

（2）多线程：可在计算机上同时处理一个或 n 个线程。计算机因为由硬件作为后盾支持，所以可以在某一时间段内处理一个或 n 个线程，拥有多线程机制，从而使计算机对线程的运行过程控制能力得到质的飞跃。

5.2.3 C/S 结构

C/S 结构将应用与服务分离，使得系统具有稳定性和灵活性。C/S 结构配备的是点对点的结构模式，适用于局域网，安全、可靠。此外，由于客户端可以实现与服务器端的直接连接，没有中间环节，因此响应速度快。

5.3 系统功能设计

系统设计是现如今软件设计必不可少的环节。根据用户在需求分析时提出的需求进行设计，确定系统的逻辑要求、性能模型，然后在满足用户需求的前提下，依据用户所使用的系统环境，通过系统设计建立软件项目的物理模块，最终通过编码实现一个可运行的程序。

5.3.1 系统设计目标

通过 Java 实现截图功能，能够将所需要的信息以截图的形式保存下来，并及时传递给服务端显示，使操作更迅速、更方便。

本系统的功能有以下几点。

（1）截取全屏图像。

（2）服务器与客户端建立 socket 连接并确认通信。

（3）模拟手动发送给服务器。

（4）自动发送给服务器。

（5）服务器接收发送图片信息并显示。

5.3.2 系统总体设计

本系统总体设计流程图如图 5-1 所示。

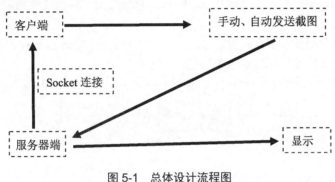

图 5-1 总体设计流程图

5.4 软件功能技术实现

总体项目的功能技术、构造及代码的实现是本节中我们需要进行学习的内容。

5.4.1 软件主界面的实现

客户端系统主界面由菜单区、界面布局两个部分组成。

1. 菜单部分代码及注解

```
start=new JButton("模拟监控");
exitjb=new JButton("退出");
autosend=new JRadioButton("自动发送",false);
start.addActionListener(this);
exitjb.addActionListener(this);
autosend.addActionListener(this);
//添加各个组件
    mainpanel=new JPanel(new BorderLayout());
    JLabel jlable=new JLabel("桌面监控", JLabel.CENTER);//JLable 类用来居中对齐
    jlable.setFont(new Font("黑体",Font.BOLD,40));
    jlable.setForeground(Color.RED);
    mainpanel.add(jlable,BorderLayout.CENTER);//将 jlable 放入主面板中,并居中
    JPanel menujp=new JPanel();
    menujp.add(autosend);
```

```
 menujp.add(start);
 menujp.add(exitjb);
 menujp.setBorder(BorderFactory.createTitledBorder("菜单"));
this.getContentPane().add(mainpanel,BorderLayout.CENTER);
this.getContentPane().add(menujp,BorderLayout.SOUTH);
this.setSize(600,500);
this.setLocationRelativeTo(null);//设置窗口相对于组件的位置
this.setVisible(true);//显示窗口
this.setDefaultCloseOperation(JFrame.EXIT_ON_CLOSE);
```

在 Java 中，桌面程序通过引入 awt/swing 组件两种方式实现。界面布局可以通过选择默认布局或自定义布局实现构建，然后把定义的功能按钮显示信息等加入到布局中。在上述代码中，分别创建了两个 JButton 按钮和一个 JRadioButton 单选按钮，并把 3 个按钮增加到 mainpanel 布局中。

为了实现在客户端显示多个截图信息，创建一个 JTabbedPane 分页控件，然后每截一个图片创建一个新的分页标签，并显示截图信息。代码如下：

```
jtp=new JTabbedPane(JTabbedPane.TOP,JTabbedPane.SCROLL_TAB_LAYOUT);//JTabbedPane 用
于切换图片,显示子项


    private void updates(){
        this.setVisible(true);
        if(get!=null){
            //如果索引是 0,则表示一张图片都没有被加入过
            //要清除当前的内容,重新把 tabpane 放进来
            if(index==0){
                mainpanel.removeAll();
                mainpanel.add(jtp,BorderLayout.CENTER);
            }else{//否则,直接对 tabpane 添加面板即可
            }
            PicPanel pic=new PicPanel(get);
            jtp.addTab("图片"+(++index),pic);
            jtp.setSelectedComponent(pic);                    //选定当前标签页
            SwingUtilities.updateComponentTreeUI(mainpanel);
        }
    }
```

2. 界面效果代码及注解
按钮动作监听器实现代码如下：

```
public void actionPerformed(ActionEvent ae){                    //动作事件,按下动作
    Object source=ae.getSource();
    if(source==start){
        doStart();
    } else if(source==exitjb){
        System.exit(0);
    }
    else if(source==autosend){
    runTask();
    }
}
```

客户端主界面运行效果如图 5-2 所示。

图 5-2　客户端主界面运行效果图

5.4.2　与服务器端建立 socket 通信的实现

为了实现与服务器端进行 socket 通信，客户端需要建立 socket 输入/输出流处理，代码如下：

```
String serverName = "127.0.0.1";      //定义服务器端ip地址值
int port = 9000;                      //定义服务套接字端口
try
{
  System.out.println("Connecting to " + serverName
                  + " on port " + port);
  @SuppressWarnings("resource")
Socket socketclient = new Socket(serverName, port);
  System.out.println("Just connected to "
              + socketclient.getRemoteSocketAddress());
 DataInputStream in=new DataInputStream(socketclient.getInputStream());
 System.out.println(in.readUTF());
  out = new DataOutputStream(socketclient.getOutputStream());
}catch(IOException e)
{
  e.printStackTrace();
}
```

DataInputStream 为输入数据流，接收到的文字信息通过 readUTF( )进行读取。DataOutputStream 为输出数据流，需要发送信息时使用该定义变量处理。

5.4.3　截图并发送实现

在 Java 中有个 Robot 类，可以模拟鼠标、键盘的操作。通过该类模拟选择截图选区进行截图，部分按钮设置的相关代码如下：

```
private void doStart(){
    try{
        this.setVisible(false);      //先隐藏窗口
```

```
        Thread.sleep(500);              //休眠 500ms 是为了让主窗完全不可见
        Robot ro=new Robot();           //（通过本地操作）控制鼠标、键盘等实际输入源（java.awt）
                                        //Robot 类中有鼠标移动事件
        Toolkit tk=Toolkit.getDefaultToolkit();    //AWT 组件的抽象父类（java.awt）
                                        //绑定工具包,将不同界面合并到一起
        Dimension di=tk.getScreenSize();           //Dimension 封装长和宽
        Rectangle rec=new Rectangle(0,0,di.width,di.height);//坐标类,可以创建一个矩形
        BufferedImage bi=ro.createScreenCapture(rec);       //访问图像数据缓冲区
        get=bi;
        serialNum++;
        long t=new Date().getTime();
        //设置日期格式
        String createTime = String.valueOf(t);
        //根据文件前缀变量和文件格式变量,自动生成文件名
        String name = createTime + String.valueOf(serialNum) + "." + imageFormat;
        File f = new File(name);
        System.out.print("Save File " + name);
        //将 screenshot 对象写入图像文件
        ImageIO.write(bi, imageFormat, f);
        System.out.print("..Finished!\n");
        SendImage(name);
        updates();
    } catch(Exception e){
        e.printStackTrace();
    }
}
```

上述代码中，函数 ImageIO.write()实现对截图文件的保存；函数 SendImage(name)用于发送截图信息；函数 updates()实现截图信息的刷新。SendImages()函数的代码如下：

```
private void SendImage(String filename)
{
    try
    {
    File file = new File(filename);
        fis = new FileInputStream(file);
        sendBytes = new byte[1024*1024*10];
        while ((length = fis.read(sendBytes, 0, sendBytes.length)) > 0)
        {
            out.write(sendBytes, 0, length);
            System.out.println(length);
            out.flush();
        }
        System.out.println("Image sent!!!!");
        sendBytes=new byte[1];
        sendBytes[0]=1;
        out.write(sendBytes,0,1);
    }catch(Exception e) {}
}
```

在上述代码中，发送完截图信息后，又特意发送一个字节长度的数字 1 给服务器端，作为

服务器端判断图片信息接收完成的标志，这在 socket 通信中具有非常重要的意义。由于每次发送的数据包长不固定，因此需要为每个发包信息指定一个结束标志，通常会在每个发包前取几个字节用来存放数据包类型和数据包长度。而服务器端在接收时会根据包的类型和长度进行解包处理。

自动截图发送通过一个延时线程实现，代码如下：

```
public void runTask() {
    final long timeInterval = 10000;  //每隔10s运行一次
    Runnable runnable = new Runnable() {
    public void run() {
    while (true) {
    //你要运行的程序
    doStart();
    try {
    Thread.sleep(timeInterval);
    } catch (InterruptedException e) {
    e.printStackTrace();
    }
    }
    }
    };
    Thread t=new Thread(runnable);
    t.start();
}
```

触发后，线程每隔 10s 执行一次。

5.4.4　服务器端建立连接、接收实现

服务器端首先要创建一个 socket 服务，等待客户端的接入，代码如下：

```
public void run()
    {
        while(true)
        {
            try
            {
                System.out.println("服务已启动,等待连接");
                socket = server.accept();
                //输入/输出流
                DataOutputStream dout=new DataOutputStream(socket.getOutputStream());
                dout.writeUTF("server: -i am greeting server");
                dout.writeUTF("server: - hi! hello client");
                System.out.println("已连接,等待接收数据");
                receiveFile(socket);
            }
            catch(SocketTimeoutException st)
            {
                System.out.println("尝试读取数据!");
                break;
```

```
            }
        catch(IOException e)
        {
            e.printStackTrace();
            break;
        }
        catch(Exception ex)
        {
            System.out.println(ex);
        }
    }
}
```

当客户端接入后，服务器端会向客户端发送一条信息表示通知接入成功。在服务器端接收数据使用函数 receiveFile( )，其代码如下：

```java
@SuppressWarnings("resource")
public static void receiveFile(Socket sc) {
    byte[] inputByte = null;
    int length = 0;
    DataInputStream dis = null;
    FileOutputStream fos = null;
    int num=0;
    try {
        try {
            dis = new DataInputStream(sc.getInputStream());
                fos = new FileOutputStream(new File(num+".png"));
                inputByte = new byte[1024*1024*10];
                System.out.println("开始接收数据...");
                while ((length = dis.read(inputByte, 0, inputByte.length)) > 0) {
                    System.out.println(length);
                    if (length==1)
                    {
                      try
                      {
                          fos.close();
                      frame.updatepic(num+".png");
                      num+=1;
                      fos = new FileOutputStream(new File(num+".png"));
                    }catch(Exception e)
                    {
                        System.out.println(e.toString());
                    }
                    }
                    else
                    {
                fos.write(inputByte, 0, length);
                    fos.flush();
                    }
                }
            }
```

```
        finally {
          System.out.println("完成接收");
            if (fos != null)
                fos.close();
            if (dis != null)
                dis.close();
            if (sc != null)
                sc.close();
        }
    } catch (Exception e) {
    }
}
```

通过以上代码可知，客户端发送 1 长度字节数据，这里用来判断一个图片信息包接收完成，开启接收新的图片信息包。

5.4.5　服务器端显示接收图片信息实现

服务器端图片显示可以分为启动后初始显示和接收图片信息包后图片的刷新。这里不同于客户端的实现，只需要刷新一下默认显示图片即可，无须 tab 标签页。主要代码如下：

```
public PicFrame(String imgurl) {
    //默认的窗体名称
    this.setTitle("显示默认图片");
    //获得面板的实例
     panel = new PicPanel(imgurl);
     this.add(panel);
     this.addWindowListener(new WindowAdapter() {
       //设置关闭连接
       public void windowClosing(WindowEvent e) {
          System.exit(0);
       }
    });
    //执行并构建窗体设定
    this.pack();
    this.setVisible(true);
}
public  void updatepic(String imgurl)
{
   //默认的窗体名称
    this.setTitle("Server 显示接收到的图片");
     this.remove(panel);
    //获得面板的实例
     panel = new PicPanel(imgurl);
     this.add(panel);
     this.addWindowListener(new WindowAdapter() {
       //设置关闭连接
       public void windowClosing(WindowEvent e) {
          System.exit(0);
```

```
        }
    });
    //执行并构建窗体设定
    this.pack();
    this.setVisible(true);
}
public PicPanel(String imgurl) {
    loadImage(imgurl);
    //设置焦点在本窗体
    setFocusable(true);
    //设置初始构造时面板大小,这里先采用图片的大小
    setPreferredSize(new Dimension(800,600));
    //绘制背景
    drawView();
}
/**
 * 载入图像
 */
private void loadImage(String imgurl) {
    //获得当前类对应的相对位置(image文件夹下的背景图像)
    ImageIcon icon = new ImageIcon(imgurl);
    //将图像实例赋予backgroundImage
    backgroundImage = icon.getImage();
}
private void drawView() {
    screenGraphic.drawImage(backgroundImage, 0, 0, null);
}
public void paint(Graphics g) {
    g.drawImage(screenImage, 0, 0, null);
}
public void update(String imgurl)
{
    try
    {
      loadImage(imgurl);
      //设置焦点在本窗体
      setFocusable(true);
      //设置初始构造时面板大小,这里先采用图片的大小
      setPreferredSize(new Dimension(800,600));
      //绘制背景
      drawView();
    }catch(Exception e)
    {
    }
}
```

服务器端启动,如图 5-3 所示。

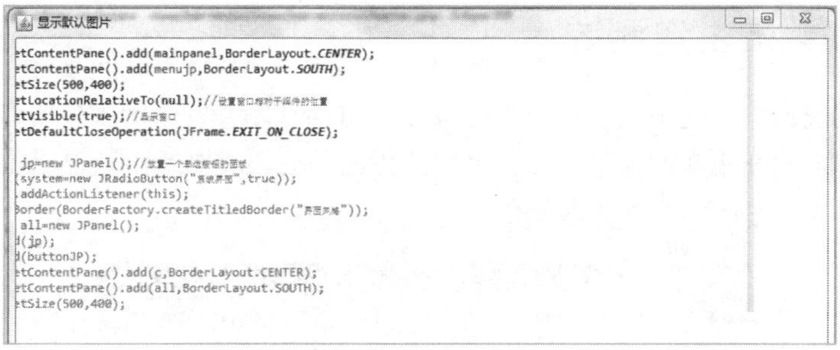

```
显示默认图片
tContentPane().add(mainpanel,BorderLayout.CENTER);
tContentPane().add(menujp,BorderLayout.SOUTH);
tSize(500,400);
tLocationRelativeTo(null);//设置窗口搜对于屏幕的位置
tVisible(true);//显示窗口
tDefaultCloseOperation(JFrame.EXIT_ON_CLOSE);

jp=new JPanel();//定义一个单选按钮的面板
(system=new JRadioButton("显示界面",true));
.addActionListener(this);
Border(BorderFactory.createTitledBorder("声音系统"));
(jp);
(buttonJP);
tContentPane().add(c,BorderLayout.CENTER);
tContentPane().add(all,BorderLayout.SOUTH);
tSize(500,400);
```

图 5-3　服务器端启动图

5.5　系统测试

系统测试是针对整个产品系统进行的测试，目的是验证系统是否满足了需求规格的定义，找出与需求规格不符或与其矛盾的地方，从而提出更加完善的方案。系统测试的内容包括各个方面的信息，如系统软件和应用软件、计算机硬件、外接鼠标和键盘、Internet 等。

5.5.1　建立 socket 通信测试

首先启动服务器端程序 mooc5server，接着启动 mooc5 客户端。当客户端屏幕显示如图 5-4 所示，则代表 socket 通信连接已经成功。

图 5-4　socket 通信连接成功

5.5.2　手动截图发送测试

在服务器端和客户端启动成功后，单击客户端的"模拟监控"按钮，结果如图 5-5 和图 5-6 所示。

图 5-5　客户端的截图结果　　　　图 5-6　服务器端接收客户端的截图结果

通过图 5-5 与图 5-6 的对比可以发现，截图接收并显示监控功能已实现。

5.5.3 自动截图发送测试

选中"自动发送"单选按钮，客户端会每 10s 自动截图并发送给服务器端。当如图 5-7 所示的客户端标签图片在不断增加时，服务器端的界面也会跟着刷新，则说明此功能已实现。

图 5-7 客户端标签图片增加

5.6 开发常见问题及功能扩展

在开发过程中，遇到问题是在所难免的，就看我们使用哪种方法来解决这些问题。在开发的桌面监控系统中，目前已经实现了手动截图并发送功能、自动截图并发送功能，满足了客户端与服务器端直接建立连接通信、服务器端直接显示接收图片信息的功能。该系统的不足之处是功能仍然有些欠缺，系统外观的美化需要进一步去调整，期望以后加以调整完善。

对该系统的功能扩展还可以有以下几个方面：

（1）屏蔽自动运行：可以屏蔽计算机桌面自动运行的软件。

（2）文件监控：可以监控通过复制、剪切、删除、重命名文件或文件夹的操作进程。

（3）系统界面可以进一步优化。

（4）更细致地完善已有模块的功能。

第 6 章

企业财务管理系统

本章概述

随着我国市场经济的发展，财务管理在各个企业的管理中扮演着越来越重要的角色，渐渐起到不可替代的作用。对于大型企业来说，财务管理显得更为重要。财务管理系统的建立不仅直接影响企业的管理方式，还影响企业的管理效率和经济效益。如何在现有经济环境下选择最佳的财务管理模式、使用最优的财务管理系统，实现企业的管理目标和适应企业信息化发展的需要，是一个值得研究和探讨的问题。本章主要从项目开发技术背景、功能设计、数据库设计、技术实现、运行与测试、开发常见问题及功能扩展等方面来讲解企业财务管理系统的开发。

知识导读

本章要点（已掌握的在方框中打钩）
- ☐ 系统开发环境的搭建
- ☐ 系统功能分析
- ☐ 系统数据库的设计
- ☐ 登录功能的实现
- ☐ 员工管理模块的实现
- ☐ 管理员模块的实现

6.1　项目开发技术背景

随着信息时代的到来，小、中型企业的生存和竞争环境发生了根本性的变化。当前小、中型企业信息化具有较宽广的空间，管理信息化是其中一个重要方面。如何运用信息技术增强企业的管理、如何制定企业信息化发展战略来提升企业的核心竞争力、如何把信息化系统融入日常的管理工作为企业带来效益是当前我们的企业所面临的重要问题。

对于企业来说，财务管理的地位很重要。随着计算机和网络在企业中的广泛应用，企业发展速度在不断加快。在这种市场竞争冲击下，企业财务管理系统必须优先发展，这样才能保证在竞争中处于优势地位。对此，企业必须实现财务管理系统的设计与开发。

在本章这个系统中综合应用了 MySQL、JSP 等知识。网页界面的结构设计以实用性出发，具有易于操作、简洁、方便等特点。在设计中，首先，运用 HTML 对网站的静态页面进行精细的加工，并且在网站的美工方面取得良好的效果；其次，对 Java 编程、JSP 的动态编程及 MySQL 数据库进行努力学习和大量实践，并运用到网站的建设中。

作为一个管理系统，首先，布局一定要新颖、有特色，只有这样，才能引起用户的关注；其次，最大限度地满足人们的需求，而且要有很强的易用性，因为易用性差的管理系统会让用户体验极大降低；当然一个好的管理系统还要有完整的信息处理功能。开发中，对用户的调查和对现有企业财务系统运行流程的分析，可以让企业财务管理系统最终能满足大多数用户的需求。

6.1.1 财务项目需求分析

需求分析是指理解用户需求、预估软件风险、评估项目代价、分析软件功能与客户达成一致，最终形成开发计划的过程。需求分析的重要性在于，它具有决策性、方向性、策略性的作用，它的基本任务是回答"系统必须做什么"这个问题。具体来说，需求分析的任务是对目标系统提出完整、准确、清晰、具体的要求，而不是确定系统怎样完成工作，所以需求分析在软件开发的过程中具有举足轻重的地位。

本系统是基于 JSP 的小、中型企业财务管理系统，其包括员工基本信息的添加和管理、部门信息的管理、员工工资的管理和设置、查询公司的收入与支出金额和费用的具体使用情况及公司资产信息管理，并能够根据公司当年的赢利情况初步计算出分红等基本功能。

提示：用户登录时，需对用户密码进行管理；系统使用完毕可以注销登录，安全退出。

6.1.2 系统可行性分析

1. 经济可行性

系统完成后，可以为财务管理提供很大的方便，原因是服务器端的安装简洁明了，客户机不需再装任何软件，直接通过浏览器就可以访问（无论身在何处，只要能访问 Internet 都可以使用本系统）；本系统对计算机配置的要求不高，低配置计算机完全可以满足需要，所以在经济上具有较高的可行性。

2. 操作可行性

本系统的开发主要是对数据进行处理，包括数据的提交及数据以各种报表形式输出。本系统采用较为流行的 JSP+MySQL 体系，操作相对简单，例如输入信息界面大多数都支持下拉框选择形式、在某些界面中信息可以自动生成、时间的输入使用日历控件；另外，对用户的要求较低，只需对 Windows 操作系统能熟练操作即可，而且本系统可视性非常好，所以在操作上不会有很大难度。

3. 技术可行性

技术可行性要考虑现有的技术条件是否能够顺利完成开发工作、软硬件配置是否满足开发的需求等。通过对原有系统和开发系统的系统流程图和数据流图进行比较，分析当前待开发系统优越性，以及运行后环境等对其影响程度。软件开发涉及多方面的技术，包括开发方法、软硬件平台、网络结构、系统布局和结构、输入/输出技术、系统相关技术等，我们应该全面和客观地分析软件开发所涉及的技术，以及这些技术的成熟度和现实性。

6.2　系统功能设计

系统功能设计是在系统分析基础上通过抽象得到具体功能的过程，同时还考虑到系统所实现的环境和主/客观条件。

系统功能设计阶段主要目的是将系统分析阶段所提出的反映用户信息需求的系统逻辑方案，转换成可以实施的基于计算机与通信系统的物理方案。

这一阶段的主要任务就是从管理信息系统的总体目标出发，根据系统分析阶段对系统逻辑功能的需求，考虑到经济、技术和环境等方面的条件，可以确定系统的总体结构和系统组成部分的方案，合理选择计算机和通信设备，提出系统的实施计划，确保系统总体目标的实现。

6.2.1　财务系统功能分析

企业财务管理系统的功能分析如图 6-1 所示。

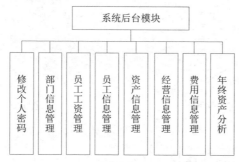

图 6-1　系统后台模块功能图

管理员的所有模块功能分析如下。

（1）部门信息管理模块：对公司部门信息进行管理，包括部门信息的添加、修改和删除等。

（2）员工信息管理模块：对公司员工信息进行管理，包括员工信息的添加、修改和删除等。

（3）员工工资管理模块：对员工工资信息进行管理，包括员工工资的添加和修改等。

（4）资产信息管理模块：对公司资产信息进行管理，包括资产信息的添加、修改和删除等。

（5）经营信息管理模块：对公司经营信息进行管理，包括经营信息的添加、修改和删除等。

（6）费用信息管理模块：对公司费用信息进行管理，包括费用信息的添加、修改和删除等。

（7）年终资产分析模块：对公司年终资产情况进行分析，查看分析报表。

（8）修改个人密码：管理员或普通员工登录系统，可以修改自己的登录密码。

6.2.2　财务系统功能用例图

1. 普通员工的模块操作

（1）员工可以修改个人信息。

（2）员工可以查询个人工资情况。

（3）员工可以查询公司资产情况。

（4）员工可以查询公司经营情况。

（5）员工可以查询公司费用和年终分析等。

普通员工用例图如图 6-2 所示。

2. 管理员的模块操作

（1）管理员可以修改个人信息。

（2）管理员可以管理部门信息。

（3）管理员可以管理员工信息。

（4）管理员可以管理员工工资信息。

（5）管理员可以管理经营信息。

（6）管理员可以查看年终资产信息。

管理员用例图如图 6-3 所示。

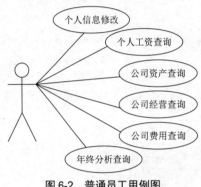

图 6-2　普通员工用例图

图 6-3　管理员用例图

6.2.3　财务系统功能流程图

　　管理员进入本系统登录界面后，首先需要登录才能管理后台。登录失败，给管理员相关的提示，请管理员重新登录。登录成功后，管理员可以查看员工、公司资产、经营、费用等信息。管理员后台管理的基本流程如图 6-4 所示。

6.2.4　财务系统开发环境

　　本系统的开发环境为 Windows 10，数据库使用的是 Oracle 公司开发的 MySQL，发布使用 Eclipse 工具。此外，采用 JSP 作为服务器端脚本环境，脚本使用 JavaScript 语言进行编写，不需要安装客户端程序，客户端只需安装浏览器即可。这样既方便升级维护，也方便与 Internet 和 Internet 上的应用程序集成等。

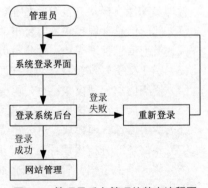

图 6-4　管理员后台管理的基本流程图

6.3　系统数据库设计

　　数据库是按照数据结构来组织、存储和管理数据的"仓库"。作为网络中一个重要的应用工具，数据库在网站建设中起着非常重要的作用。相对于普通网站而言，通常具有数据库功能的网站称为动态页面。也就是说，页面是动态的，它可以根据数据库中相应内容的调整而变化，使网站更新更便捷、维护更方便、内容更灵活。MySQL 数据库作为 Oracle 公司推出的标准数据库系统，具有操作简单、界面友好等特点，因此拥有较大的用户群体。本系统采用 MySQL 数据库作为存储数据的支持工具。

在设计本系统的数据库 corporate_finance 时，一共设计了 8 张数据表，分别为部门信息表、员工信息表、员工工资表、资产类别表、资产信息表、经营信息表、费用信息表及管理员信息表。本节将简单介绍这些表的结构。

1. 部门信息表

部门信息表（t_bumen）主要用于保存单位的部门信息，如部门名称、编制人数、工资系数等，部门信息表结构如表 6-1 所示。

表 6-1　部门信息表的结构

字　段　名	数 据 类 型	长度（bit）	是否为主键	备　　注
id	int	4	是	自动编号
mingcheng	varchar	50	否	部门名称
renshu	int	4	否	编制人数
xishu	decimal	8,2	否	工资系数

2. 员工信息表

员工信息表（t_zhigong）主要用于保存职工的基本信息，如职工所在部门、姓名、性别等，员工信息表结构如表 6-2 所示。

表 6-2　员工信息表的结构

字　段　名	数 据 类 型	长度（bit）	是否为主键	备　　注
id	int	4	是	自动编号
dept_id	int	4	否	所在部门
bianhao	varchar	50	否	编号
loginpw	varchar	50	否	登录密码
xingming	varchar	50	否	姓名
xingbie	varchar	50	否	性别
ruzhi	varchar	50	否	入职时间

3. 资产类别表

资产类别表（t_catelog）主要用于保存资产类别信息，如类别名称等，资产类别表结构如表 6-3 所示。

表 6-3　资产类别表的结构

字　段　名	数 据 类 型	长度（bit）	是否为主键	备　　注
id	int	4	是	自动编号
mingcheng	varchar	50	否	类别名称

4. 资产信息表

资产信息表（t_zichan）主要用于保存资产基本信息，通过主键编号和资产类别可以对公司的资产信息进行增/删/改/查，内容包括资产名称、修改日期、资产实际价值、资产类型和资产产生方式（如出租、贷款等方式）。资产信息表结构如表 6-4 所示。

表 6-4　资产信息表的结构

字 段 名	数 据 类 型	长度（bit）	是否为主键	备 注
id	int	4	是	自动编号
catalog_id	int	4	否	类别编号
bianhao	varchar	50	否	资产编号
mingcheng	varchar	50	否	资产名称
shijian	varchar	50	否	修改日期
jiazhi	varchar	50	否	资产实际价值
type	int	4	否	资产类型
fangshi	int	4	否	资产产生方式

5. 经营信息表

经营信息表（t_jingying）主要用于保存企业经营信息，如项目名称、日期、投入等。经营信息表结构如表 6-5 所示。

表 6-5　经营信息表的结构

字 段 名	数 据 类 型	长度（bit）	是否为主键	备 注
id	int	4	是	自动编号
mingcheng	varchar	50	否	项目名称
riqi	varchar	50	否	日期
touru	decimal	8,2	否	投入
shouyi	decimal	8,2	否	收益
lirun	decimal	8,2	否	利润

6. 费用信息表

费用信息表（t_feiyong）主要用于保存日常费用信息，如费用名称、发生日期、费用等。费用信息表结构如表 6-6 所示。

表 6-6　费用信息表的结构

字 段 名	数 据 类 型	长度（bit）	是否为主键	备 注
id	int	4	是	自动编号
mingcheng	varchar	50	否	费用名称
shijian	varchar	50	否	发生日期
feiyong	decimal	8,2	否	金额
leixing	int	4	否	类型

7. 员工工资表

员工工资表（t_gongzi）主要用于保存员工工资信息，如员工编号、基本工资、工龄工资、职务工资和补贴金额等。通过主键编号，员工能够登录，查询自己的工资情况，并且管理员修改工资后，员工能够看到正确工资的情况。员工工资表结构如表 6-7 所示。

表 6-7 员工工资表的结构

字 段 名	数 据 类 型	长度（bit）	是否为主键	备 注
id	int	4	是	自动编号
employeeInfor_id	int	4	否	员工编号
jiben	decimal	8	否	基本工资
gongling	decimal	8	否	工龄工资
zhiwu	decimal	8	否	职务工资
butie	decimal	8	否	补贴金额

8. 管理员信息表

管理员信息表（t_admin）主要用于保存管理员管理后台的基本登录信息，管理员信息表结构如表 6-8 所示。

表 6-8 管理员信息表的结构

字 段 名	数 据 类 型	长度（bit）	是否为主键	备 注
id	int	4	是	自动编号
userName	varchar	50	否	登录账号
userPw	varchar	50	否	登录密码

6.4 系统功能技术实现

在该企业财务管理系统的生命周期中，经过需求分析、系统设计等阶段后，便可以开始进入系统的设计实施阶段及代码编写阶段。在系统分析和设计阶段，系统开发的工作主要集中在逻辑和技术设计上；系统的设计实施阶段要继承此前各个阶段所实现的工作成果，将逻辑和技术的设计转换为物理的实现。

6.4.1 登录界面的实现

为了保证系统的安全性，在使用本系统前必须先登录。用户需要输入正确的账号和密码，才能登录本系统。这里，员工账户为 123，密码 123；管理员账户为 a，密码为 a。

系统登录界面的效果如图 6-5 所示。

图 6-5 系统登录界面效果

提示：在登录界面中选择相应的身份并输入用户名和密码后，单击"登录"按钮，就会跳转到 loginservice 中，在该 service 中会对用户名、密码进行判断，验证通过则进入对应的界面。

图 6-6　导入 Jar 包

下面将简单讲解环境的搭建。

步骤 1：新建基于 Java 的 Web 项目，导入 Jar 包，如图 6-6 所示。

步骤 2：导入 Jar 包后，可以进行数据库的搭建，这里将使用可视化工具 Navicat 来进行数据库及表的搭建。具体的 SQL 命令如下：

提示：先在自己的本机连接 MySQL 数据库，连接后新建数据库 corporate_finance。新建完成后，在工具栏上方单击"查询"按钮，新建查询，将下面的 SQL 语句写入并运行即可。

```sql
SET FOREIGN_KEY_CHECKS=0;
DROP TABLE IF EXISTS 't_admin';
CREATE TABLE 't_admin' (
'userId' int(4) NOT NULL,
'userName' varchar(50) DEFAULT NULL,
'userPw' varchar(50) DEFAULT NULL,
PRIMARY KEY ('userId')
) ENGINE=InnoDB DEFAULT CHARSET=utf8;

INSERT INTO 't_admin' VALUES ('1', 'a', 'a');
DROP TABLE IF EXISTS 't_bumen';
CREATE TABLE 't_bumen' (
'id' int(4) NOT NULL AUTO_INCREMENT,
'mingcheng' varchar(50) DEFAULT NULL,
'renshu' int(4) DEFAULT NULL,
'xishu' decimal(8,2) DEFAULT NULL,
'del' varchar(50) DEFAULT NULL,
PRIMARY KEY ('id')
) ENGINE=InnoDB AUTO_INCREMENT=5 DEFAULT CHARSET=utf8;

INSERT INTO 't_bumen' VALUES ('1', '采购部', '10', '1.2', 'no');
INSERT INTO 't_bumen' VALUES ('2', '技术部', '30', '2.3', 'no');
INSERT INTO 't_bumen' VALUES ('3', '技术部', '20', '1.1', 'yes');
INSERT INTO 't_bumen' VALUES ('4', '行政部', '30', '1.5', 'no');

DROP TABLE IF EXISTS 't_catelog';
CREATE TABLE 't_catelog' (
'id' int(4) NOT NULL AUTO_INCREMENT,
'mingcheng' varchar(50) DEFAULT NULL,
'del' varchar(50) DEFAULT NULL,
PRIMARY KEY ('id')
) ENGINE=InnoDB AUTO_INCREMENT=12 DEFAULT CHARSET=utf8;

INSERT INTO 't_catelog' VALUES ('1', '生产经营', 'yes');
INSERT INTO 't_catelog' VALUES ('3', '融资收入', 'no');
```

```
INSERT INTO 't_catelog' VALUES ('4', '贷款', 'no');
INSERT INTO 't_catelog' VALUES ('11', '投资', 'no');

DROP TABLE IF EXISTS 't_feiyong';
CREATE TABLE 't_feiyong' (
'id' int(4) NOT NULL AUTO_INCREMENT,
'mingcheng' varchar(50) DEFAULT NULL,
'shijian' varchar(50) DEFAULT NULL,
'feiyong' decimal(8,2) DEFAULT NULL,
'leixing' int(4) DEFAULT NULL,
PRIMARY KEY ('id')
) ENGINE=InnoDB AUTO_INCREMENT=6 DEFAULT CHARSET=utf8;

INSERT INTO 't_feiyong' VALUES ('1', '贷款', '2013-04-01', '5.00', '0');
INSERT INTO 't_feiyong' VALUES ('2', '租场地', '2015-05-04', '222.00', '1');
INSERT INTO 't_feiyong' VALUES ('3', '出租场地', '2015-05-05', '200.00', '0');
INSERT INTO 't_feiyong' VALUES ('5', '采购电脑', '2018-06-13', '10.00', '2');

DROP TABLE IF EXISTS 't_gongzi';
CREATE TABLE 't_gongzi' (
'id' int(4) NOT NULL AUTO_INCREMENT,
'employeeInfor_id' int(4) DEFAULT NULL,
'jiben' decimal(8,2) DEFAULT NULL,
'gongling' decimal(8,2) DEFAULT NULL,
'zhiwu' decimal(8,2) DEFAULT NULL,
'butie' decimal(8,2) DEFAULT NULL,
PRIMARY KEY ('id')
) ENGINE=InnoDB AUTO_INCREMENT=4 DEFAULT CHARSET=utf8;

INSERT INTO 't_gongzi' VALUES ('1', '1', '2000.00', '300.00', '150.00', '220.00');
INSERT INTO 't_gongzi' VALUES ('2', '4', '3000.00', '200.00', '300.00', '100.00');
INSERT INTO 't_gongzi' VALUES ('3', '2', '5000.00', '600.00', '500.00', '300.00');

DROP TABLE IF EXISTS 't_jingying';
CREATE TABLE 't_jingying' (
'id' int(4) NOT NULL AUTO_INCREMENT,
'mingcheng' varchar(50) DEFAULT NULL,
'riqi' varchar(50) DEFAULT NULL,
'touru' decimal(8,2) DEFAULT NULL,
'shouyi' decimal(8,2) DEFAULT NULL,
'lirun' decimal(8,2) DEFAULT NULL,
PRIMARY KEY ('id')
) ENGINE=InnoDB AUTO_INCREMENT=7 DEFAULT CHARSET=utf8;

INSERT INTO 't_jingying' VALUES ('1', '项目A', '2013-03-01', '100.00', '95.00',
'-5.00');
INSERT INTO 't_jingying' VALUES ('4', '出租', '2015-05-06', '200.00', '100.00',
'-100.00');
INSERT INTO 't_jingying' VALUES ('5', '共享单车', '2018-05-07', '100.00', '200.00',
'100.00');
```

```
    INSERT INTO 't_jingying' VALUES ('6', '外卖', '2018-05-12', '100.00', '50.00',
'-50.00');

    DROP TABLE IF EXISTS 't_zhigong';
    CREATE TABLE 't_zhigong' (
    'id' int(4) NOT NULL AUTO_INCREMENT,
    'dept_id' int(4) DEFAULT NULL,
    'bianhao' varchar(50) DEFAULT NULL,
    'loginpw' varchar(50) DEFAULT NULL,
    'xingming' varchar(50) DEFAULT NULL,
    'xingbie' varchar(50) DEFAULT NULL,
    'ruzhi' varchar(50) DEFAULT NULL,
    'del' varchar(50) DEFAULT NULL,
    PRIMARY KEY ('id')
    ) ENGINE=InnoDB AUTO_INCREMENT=7 DEFAULT CHARSET=utf8;

    INSERT INTO 't_zhigong' VALUES ('1', '1', '201301', 'a', '赵明', '男', '2008-04-01',
'no');
    INSERT INTO 't_zhigong' VALUES ('2', '1', '201302', 'a', '刘红', '男', '2013-04-01',
'no');
    INSERT INTO 't_zhigong' VALUES ('3', '2', '030024', '030024', '张三', '男', '2015-
04-18', 'yes');
    INSERT INTO 't_zhigong' VALUES ('4', '1', '303333', '5555', 'zhangsan', '男', '2015-
05-12', 'no');
    INSERT INTO 't_zhigong' VALUES ('5', '1', '201100211', 'a', '张三', '男', '2015-05-
06', 'no');
    INSERT INTO 't_zhigong' VALUES ('6', '1', '123', '123', 'lisi', '男', '2018-05-07',
'no');

    DROP TABLE IF EXISTS 't_zichan';
    CREATE TABLE 't_zichan' (
    'id' int(4) NOT NULL AUTO_INCREMENT,
    'catelog_id' int(4) DEFAULT NULL,
    'bianhao' varchar(50) DEFAULT NULL,
    'mingcheng' varchar(50) DEFAULT NULL,
    'shijian' varchar(50) DEFAULT NULL,
    'jiazhi' varchar(50) DEFAULT NULL,
    'type' int(4) DEFAULT NULL,
    'fangshi' int(4) DEFAULT NULL,
    PRIMARY KEY ('id')
    ) ENGINE=AUTO_INCREMENT=13 DEFAULT CHARSET=utf8;

    INSERT INTO 't_zichan' VALUES ('2', '3', '20150426', '工具出租', '2015-03-11', '1',
'0', '2');
    INSERT INTO 't_zichan' VALUES ('3', '4', '01111', '融资收入', '2015-05-05', '200',
'0', '2');
    INSERT INTO 't_zichan' VALUES ('12', '11', '234', '阿里巴巴', '2018-05-09', '100',
'1', '1');
```

步骤 3：在 src 下新建一个配置文件 db.properties。配置信息如下：

```
dburl=localhost
dbport=3306
dbuser=root
dbpass=root
dbName=corporate_finance
```

步骤 4：在 src 下新建一个包 com.dao 来配置数据库，Java 类名为 DB.java。具体代码如下：

```java
public class DB{
    private Connection con;
    private PreparedStatement pstm;
    private String user;
    private String password;
    private String ip;
    private String port;
    private String dbName;
    private String url;
    public DB(){
        try{
            getDbConnProp();
        } catch (Exception e) {
            System.out.println("加载数据库驱动失败！");
            e.printStackTrace();
        }
    }
    private void getDbConnProp(){
        try{
            InputStream in = getClass().getClassLoader().getResourceAsStream("db.
            properties");
            Properties proHelper = new Properties();
            proHelper.load(in);
            in.close();
            ip=proHelper.getProperty("dburl");
            port=proHelper.getProperty("dbport");
            user=proHelper.getProperty("dbuser");
            password=proHelper.getProperty("dbpass");
            dbName=proHelper.getProperty("dbName");
            url="jdbc:mysql://"+ip+":"+port+"/"+dbName+"?useUnicode=true&amp;
            amp;amp;amp;characterEncoding=utf-8";
        }catch(Exception e){
            e.printStackTrace();
        }
    }
    /** 创建数据库连接 */
    public Connection getCon(){
        try{
            try{
                Class.forName("org.gjt.mm.mysql.Driver");
            } catch (ClassNotFoundException e){
                e.printStackTrace();
```

```
            }
            con = DriverManager.getConnection(url, user, password);
        } catch (SQLException e){
            System.out.println("创建数据库连接失败！");
            con = null;
            e.printStackTrace();
        }
        return con;
    }
    public void doPstm(String sql, Object[] params){
        if (sql != null && !sql.equals("")){
            if (params == null)
            params = new Object[0];
            getCon();
            if (con != null){
                try{
                    System.out.println(sql);
                    pstm = con.prepareStatement(sql,
                    ResultSet.TYPE_SCROLL_INSENSITIVE,
                    ResultSet.CONCUR_READ_ONLY);
                    for (int i = 0; i < params.length; i++){
                        pstm.setObject(i + 1, params[i]);
                    }
                    pstm.execute();
                } catch (SQLException e){
                    System.out.println("doPstm()方法出错！");
                    e.printStackTrace();
                }
            }
        }
    }
    public ResultSet getRs() throws SQLException{
        return pstm.getResultSet();
    }
    public int getCount() throws SQLException{
        return pstm.getUpdateCount();
    }
    public void closed(){
        try{
            if (pstm != null)
            pstm.close();
            } catch (SQLException e){
                System.out.println("关闭pstm对象失败！");
                e.printStackTrace();
            }
            try
            de.printStackTrace();
        }
    }
}
```

步骤 5：在 src 下新建一个包 com.util 来进行过滤器等资源的配置，Java 类名分别为 DateUtils. java、EncodingFilter.java。

DateUtils.java 的具体代码如下：

```java
public class DateUtils {
    /**
     * 字符串转日期
     */
    public static Date formatStr2Date(String strDate,String strFormat){
        Date retValue = null;
        try{
            SimpleDateFormat sdf = new SimpleDateFormat(strFormat);
            retValue = sdf.parse(strDate);
        }catch(ParseException e){
            e.printStackTrace();
        }
        return retValue;
    }
    /**
     * 日期转字符串
     */
    public static String formatDate2Str(Date date,String strFormat){
        String retValue = null;
        SimpleDateFormat sdf = new SimpleDateFormat(strFormat);
        retValue = sdf.format(date);
        return retValue;
    }
    /**
     * 获取两个日期之间相差的天数
     */
    public static int getTwoDateDays(Date et,Date st){
        int day = 0;
        day = (int)((et.getTime()-st.getTime())/(24*60*60*1000));
        return day;
    }
}
```

EncodingFilter.java 的具体代码如下：

```java
public class EncodingFilter implements Filter {
    protected String encoding = null;
    protected FilterConfig filterConfig = null;
    public void destroy() {
        this.encoding = null;
        this.filterConfig = null;
    }
    public void doFilter(ServletRequest request, ServletResponse response,
    FilterChain chain) throws IOException, ServletException {
        String encoding = selectEncoding(request);
        if (encoding != null) {
            request.setCharacterEncoding(encoding);
```

```
        response.setCharacterEncoding(encoding);
    }
    chain.doFilter(request, response);
}
public void init(FilterConfig filterConfig) throws ServletException {
    this.filterConfig = filterConfig;
    this.encoding = filterConfig.getInitParameter("encoding");
}
protected String selectEncoding(ServletRequest request) {
    return (this.encoding);
}
}
```

6.4.2 员工管理模块的实现

员工管理模块主要包括员工个人信息修改、个人工资查询、公司资产查询、公司经营查询、公司费用查询及资产分析等。

1. 个人信息修改

单击左侧菜单的"个人信息修改"选项，界面跳转到"个人信息修改"界面，其中显示出要修改的信息。在该界面中对个人信息进行修改，如图 6-7 所示。

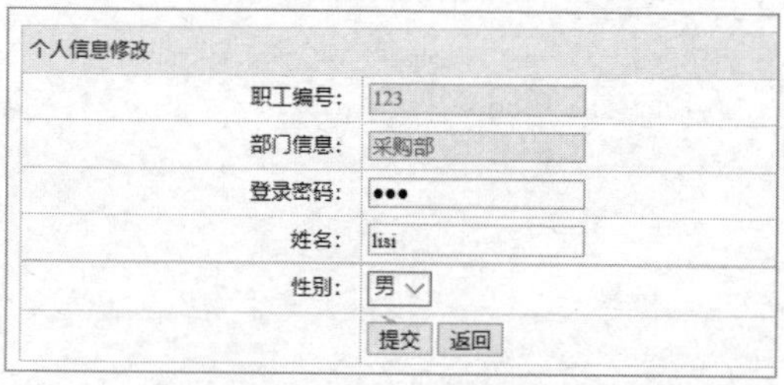

图 6-7　员工个人信息修改

2. 个人工资查询

单击左侧菜单的"个人工资查看"选项，界面跳转到"员工工资查询"界面，调用后台 src 下的 com.action 包中的类 Salary.java，查询出当前登录员工的工资信息，并把这些信息封存到数据集合 List 中，绑定 Request 对象，然后界面跳转到 WebContent 下的 admin 中找到相应的 salary 文件，显示出工资信息。

查询职工工资，如图 6-8 所示。

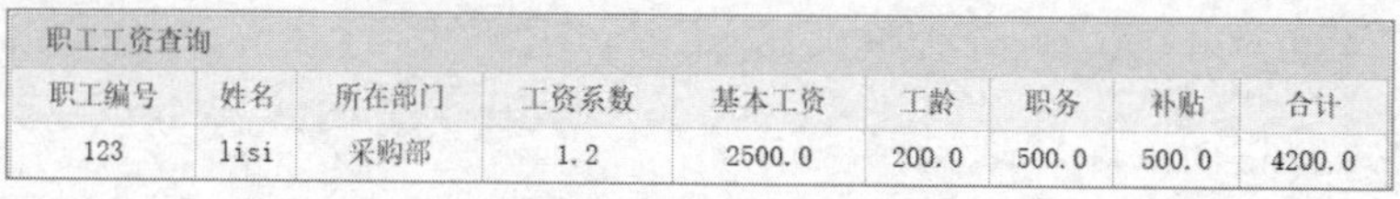

职工工资查询								
职工编号	姓名	所在部门	工资系数	基本工资	工龄	职务	补贴	合计
123	lisi	采购部	1.2	2500.0	200.0	500.0	500.0	4200.0

图 6-8　个人工资查询

3. 公司资产查询

员工单击左侧菜单的"公司资产查询"选项，界面跳转到"公司资产查询"界面，调用后台 src 下的 com.action 包中的类 CapitalInfor.java，查询出当前公司的资产信息，并把这些信息封存到数据集合 List 中，绑定 Request 对象，然后界面跳转到 WebContent 下的 admin 中找到相应的 capitalinfor 文件，显示出资产信息。

查询公司资产，如图 6-9 所示。

公司资产查询						
资产类别	资产编号	资产名称	资产价值（万元）	添加时间	类型	方式
融资收入	20150426	工具出租	1	2015-03-11	增加	出租
贷款	01111	融资收入	200	2015-05-05	增加	出租
投资	234	阿里巴巴	100	2018-05-09	减少	变卖
投资	1	卖房	100	2021-03-24	增加	投资

图 6-9　公司资产查询

4. 公司经营查询

员工单击左侧菜单的"公司经营查询"选项，界面跳转到"公司经营查询"界面，调用后台 src 下的 com.action 包中的 ManageInfor.java，查询出当前公司的经营信息，并把这些信息封存到数据集合 List 中，绑定 Request 对象，然后界面跳转到 WebContent 下的 admin 中找到相应的 manageinfor 文件，显示出经营信息。

查询公司经营情况，如图 6-10 所示。

公司经营查询					
项目名称	时间	投入	收入（万元）	利润	类型
项目A	2013-03-01	100.0	95.0	-5.0	亏损
出租	2015-05-06	200.0	100.0	-100.0	亏损
共享单车	2018-05-07	100.0	200.0	100.0	盈利
外卖	2018-05-12	100.0	50.0	-50.0	亏损

图 6-10　公司经营查询

5. 公司费用查询

员工单击左侧菜单的"公司费用查询"选项，界面跳转到"公司费用查询"界面，调用后台 src 下的 com.action 包中的 PayInfor.java，查询出公司费用信息，并把这些信息封存到数据集合 List 中，绑定 Request 对象，然后界面跳转到 WebContent 下的 admin 中找到相应的 payinfor 文件，显示出费用信息。

查询公司费用，如图 6-11 所示。

公司费用查询			
费用名称	发生时间	金额(万元)	类型
货款	2013-04-01	5.00	收入
租场地	2015-05-04	222.00	支出
出租场地	2015-05-05	200.00	收入
采购电脑	2018-06-13	10.00	报销

图 6-11　公司费用查询

6. 资产分析查询

员工单击左侧菜单的"资产分析查看"选项，界面跳转到"资产分析查看"界面，调用后台 action 中的相关类，查询出资产分析信息，并把这些信息封存到数据集合 List 中，绑定 Request 对象，然后界面跳转到相应的.jsp 文件，显示出资产分析信息。

查询资产分析情况，如图 6-12 所示。

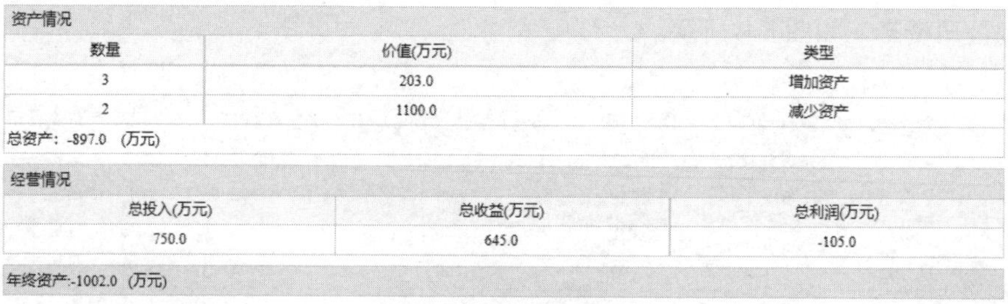

资产情况		
数量	价值(万元)	类型
3	203.0	增加资产
2	1100.0	减少资产

总资产: -897.0 （万元）

经营情况		
总投入(万元)	总收益(万元)	总利润(万元)
750.0	645.0	-105.0

年终资产:-1002.0 （万元）

图 6-12 资产分析查询

6.4.3 管理员模块的实现

管理员进入系统主界面，主界面中展示了管理员可操作的功能模块，进入相应的管理界面可以进行相关的操作。

1. 修改个人信息

管理员进行系统登录，登录成功后单击左侧"修改密码信息"选项，弹出"密码修改"界面，如图 6-13 所示。

图 6-13 修改管理员登录密码

2. 部门信息添加与管理

1）添加部门信息

在"部门信息添加"界面中管理员输入正确信息后，单击"提交"按钮。如果没有输入完整的部门信息，则会给出相应的错误提示，不能提交成功。输入的数据通过 form 表单中定义的方法 onsubmit="return checkForm( )"来检查，checkForm( )函数中提供各种校验输入数据的方式。

"部门信息添加"界面如图 6-14 所示。

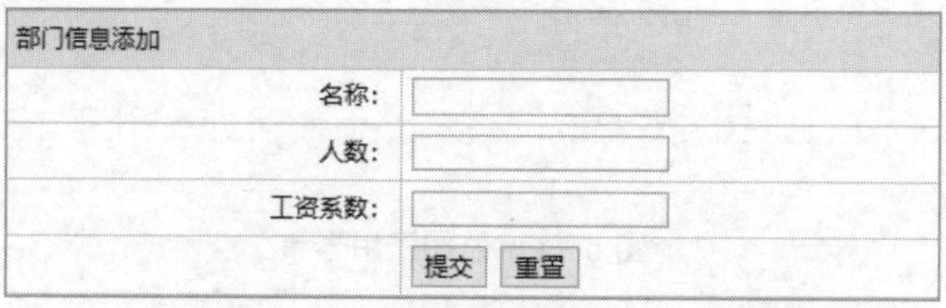

图 6-14 "部门信息添加"界面

2）管理部门信息

管理员进入部门管理模块，单击左侧"部门信息管理"选项，会弹出相应的界面，单击该界面右侧的相关按钮可以对部门信息进行修改及删除操作，如图 6-15 所示。

部门信息管理			
名称	人数	工资系数	操作
采购部	10	1.2	修改 删除
技术部	30	2.3	修改 删除
行政部	30	1.5	修改 删除

添加

图 6-15　部门信息管理

步骤 1：在 src 下新建包 com.action，在包中新建 Dept.java 类，具体代码如下：

```java
public class Dept extends HttpServlet{
    public void service(HttpServletRequest req,HttpServletResponse res)throws
ServletException, IOException {
        String type=req.getParameter("type");
        if(type.endsWith("deptMana")){
            deptMana(req, res);
        }
        if(type.endsWith("deptSele")){
            deptSele(req, res);
        }
        if(type.endsWith("deptAdd")){
            deptAdd(req, res);
        }
        if(type.endsWith("deptUpd")){
            deptUpd(req, res);
        }
        if(type.endsWith("deptDel")){
            deptDel(req, res);
        }
    }
    public void deptAdd(HttpServletRequest req,HttpServletResponse res)
    {
        String mingcheng=req.getParameter("mingcheng");
        String renshu=req.getParameter("renshu");
        String xishu=req.getParameter("xishu");
        String del="no";
        String sql="insert into t_bumen (mingcheng,renshu,xishu,del) values(?,?,?,?)";
        Object[] params={mingcheng,renshu,xishu,del};
        DB mydb=new DB();
        mydb.doPstm(sql, params);
        mydb.closed();
        req.setAttribute("message", "操作成功");
        req.setAttribute("path", "dept?type=deptMana");
        String targetURL = "/common/success.jsp";
        dispatch(targetURL, req, res);
    }
    public void deptUpd(HttpServletRequest req,HttpServletResponse res){
        String id=req.getParameter("id");
        String mingcheng=req.getParameter("mingcheng");
```

```java
            System.out.println(mingcheng);
            String renshu=req.getParameter("renshu");
            String xishu=req.getParameter("xishu");
            String sql="update t_bumen set mingcheng=?,renshu=?,xishu=? where id=?";
            Object[] params={mingcheng,renshu,xishu,id};
            DB mydb=new DB();
            mydb.doPstm(sql, params);
            mydb.closed();
            req.setAttribute("message", "操作成功");
            req.setAttribute("path", "dept?type=deptMana");
            String targetURL = "/common/success.jsp";
            dispatch(targetURL, req, res);
    }
    public void deptDel(HttpServletRequest req,HttpServletResponse res){
        String sql="update t_bumen set del='yes' where id="+Integer.parseInt(req.
getParameter("id"));
        Object[] params={};
        DB mydb=new DB();
        mydb.doPstm(sql, params);
        mydb.closed();
        req.setAttribute("message", "操作成功");
        req.setAttribute("path", "dept?type=deptMana");
        String targetURL = "/common/success.jsp";
        dispatch(targetURL, req, res);
    }
    public void deptMana(HttpServletRequest req,HttpServletResponse res) throws
ServletException, IOException{
        String sql="select * from t_bumen where del='no'";
        req.setAttribute("deptList", getdeptList(sql));
        req.getRequestDispatcher("admin/dept/deptMana.jsp").forward(req, res);
    }
    public void deptSele(HttpServletRequest req,HttpServletResponse res) throws
ServletException, IOException{
        String sql="select * from t_bumen where del='no'";
        req.setAttribute("deptList", getdeptList(sql));
        req.getRequestDispatcher("admin/dept/deptSele.jsp").forward(req, res);
    }
    private List getdeptList(String sql){
        List deptList=new ArrayList();
        Object[] params={};
        DB mydb=new DB();
        try{
            mydb.doPstm(sql, params);
            ResultSet rs=mydb.getRs();
            while(rs.next()){
                Tdept dept=new Tdept();
                dept.setId(rs.getInt("id"));
                dept.setMingcheng(rs.getString("mingcheng"));
                dept.setRenshu(rs.getString("renshu"));
                dept.setXishu(rs.getString("xishu"));
```

```
                deptList.add(dept);
            }
            rs.close();
        }
        catch(Exception e){
            e.printStackTrace();
        }
        mydb.closed();
        return deptList;
    }
    public void dispatch(String targetURI,HttpServletRequest request,HttpServletResponse
response) {
        RequestDispatcher dispatch = getServletContext().getRequestDispatcher(targetURI);
        try {
            dispatch.forward(request, response);
            return;
        }
        catch (ServletException e) {
            e.printStackTrace();
        }
        catch (IOException e) {
            e.printStackTrace();
        }
    }
    public void init(ServletConfig config) throws ServletException {
        super.init(config);
    }
    public void destroy() {
    }
}
```

步骤 2：新建一个名为 com.bean 的包，然后完成部门的 Bean 创建，新建类 TDept，具体代码如下：

```
package com.bean;
public class TDept{
    private int id;
    private String mingcheng;
    private String renshu;
    private String xishu;
    private String del;
    public int getId() {
        return id;
    }
    public void setId(int id) {
        this.id = id;
    }
    public String getMingcheng() {
        return mingcheng;
    }
    public void setMingcheng(String mingcheng) {
```

```
            this.mingcheng = mingcheng;
        }
        public String getRenshu() {
            return renshu;
        }
        public void setRenshu(String renshu) {
            this.renshu = renshu;
        }
        public String getXishu() {
            return xishu;
        }
        public void setXishu(String xishu) {
            this.xishu = xishu;
        }
        public String getDel() {
            return del;
        }
        public void setDel(String del) {
            this.del = del;
        }
    }
```

步骤 3：关于前端界面的实现，可以在 WebContent 下新建文件夹 action，在 action 下新建文件夹 dept，在 dept 文件夹下新建 4 个 .jsp 文件，分别为 deptAdd.jsp、deptEditpre.jsp、deptMana.jsp、deptSele.jsp。

添加新的部门信息，deptAdd.jsp 文件的具体代码如下：

```
<body leftmargin="2" topmargin="9" background='<%=path %>/img/1.gif'>
<form action="<%=path %>/dept?type=deptAdd" mingcheng="formAdd" method="post">
<table width="98%" align="center" border="0" cellpadding="4" cellspacing="1"
bgcolor="#CBD8AC" style="margin-bottom:8px">
<tr bgcolor="#E7E7E7">
<td height="14" colspan="30" background="<%=path%>/img/tbg.gif">部门信息添加</td>
</tr>
<tr align='center' bgcolor="#FFFFFF" onMouseMove="javascript:this.bgColor='red';"
onMouseOut="javascript:this.bgColor='#FFFFFF';" height="22">
<td width="25%" bgcolor="#FFFFFF" align="right">
名称:
</td>
<td width="75%" bgcolor="#FFFFFF" align="left">
<input type="text" mingcheng="mingcheng" size="20"/>
</td>
</tr>
<tr align='center' bgcolor="#FFFFFF" onMouseMove="javascript:this.bgColor='red';"
onMouseOut="javascript:this.bgColor='#FFFFFF';" height="22">
<td width="25%" bgcolor="#FFFFFF" align="right">
人数:
</td>
<td width="75%" bgcolor="#FFFFFF" align="left">
<input type="text" mingcheng="renshu" size="20"/>
</td>
```

```
</tr>
<tr align='center' bgcolor="#FFFFFF" onMouseMove="javascript:this.bgColor='red';"
onMouseOut="javascript:this.bgColor='#FFFFFF';" height="22">
<td width="25%" bgcolor="#FFFFFF" align="right">
工资系数:
</td>
<td width="75%" bgcolor="#FFFFFF" align="left">
<input type="text" mingcheng="xishu" size="20"/>
</td>
</tr>
<tr align='center' bgcolor="#FFFFFF" onMouseMove="javascript:this.bgColor='red';"
onMouseOut="javascript:this.bgColor='#FFFFFF';" height="22">
<td width="25%" bgcolor="#FFFFFF" align="right">
 
</td>
<td width="75%" bgcolor="#FFFFFF" align="left">
<input type="submit" value="提交"/> 
<input type="reset" value="重置"/> 
</td>
</tr>
</table>
</form>
</body>
```

3. 员工信息添加与管理

1) 添加员工信息

管理员输入员工正确的信息后，单击"提交"按钮。如果没有输入正确的员工信息，系统会给出相应的错误提示，不能提交成功。输入数据都通过 form 表单中定义的方法 onsubmit="return checkForm( )"来检查，checkForm( )函数提供全部校验输入数据的方式。

"员工信息添加"界面如图 6-16 所示。

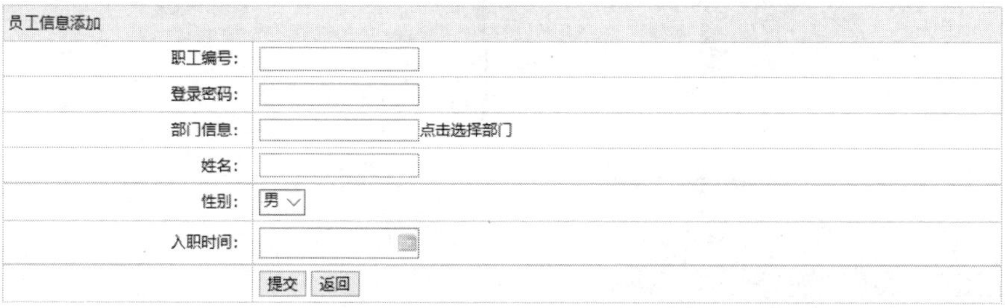

图 6-16 "员工信息添加"界面

2) 管理员工信息

管理员单击左侧"员工信息管理"选项，界面跳转到"员工信息管理"界面（见图 6-17），调用后台 action 中的 EmployeeInfor.java 类，查询出所有的员工信息，并把这些信息封存到数据集合 List 中，绑定 Request 对象，然后界面跳转到相应的 employeeinfor.jsp，可以对显示的信息进行修改及删除。

图 6-17 "员工信息管理"界面

员工信息管理的关键代码如下：

```
public void employeeInforMana(HttpServletRequest req,HttpServletResponse res) throws
ServletException, IOException{
    String sql="select ta.*,tb.mingcheng bmmc,tb.xishu from t_zhigong ta,t_bumen tb
" +"where ta.del='no'
    and ta.dept_id=tb.id";
    req.setAttribute("employeeInforList", getemployeeInforList(sql));
    req.getRequestDispatcher("admin/employeeInfor/employeeInforMana.jsp").forward(req,
res);
    }
```

（1）员工信息的修改：单击"员工信息管理"选项，界面跳转到"员工信息管理"界面，浏览所有的员工信息，单击要修改员工信息右侧的"修改"按钮，跳转到员工信息修改界面中修改该员工信息。

（2）员工信息的删除：单击"员工信息管理"选项，界面跳转到"员工信息管理"界面，浏览所有的员工信息，单击要删除员工信息右侧的"删除"按钮，在弹出的提示对话框中单击"确定"按钮，即可删除该员工信息。员工信息的删除如图 6-18 所示。

图 6-18 员工信息删除

4. 员工工资添加与管理

1）添加员工工资

管理员单击左侧菜单的"员工工资添加"选项，界面跳转到"员工工资添加"界面，在其中单击相关记录右侧的"添加工资"按钮，在展开的界面中管理员输入员工工资的正确信息后，单击"提交"按钮。如果没有输入正确的员工工资，系统会给出相应的错误提示，不能提交成功。输入数据都通过 form 表单中定义的方法 onsubmit="return checkForm( )"来检查，checkForm( )函数中提供各种校验输入数据的方式。

员工工资的添加如图 6-19 所示。

员工工资添加

职工编号	姓名	所在部门	性别	入职时间	添加工资
201100211	张三	采购部	男	2015-05-06	添加工资
123	lisi	采购部	?	2018-05-07	添加工资

图 6-19 员工工资添加

2）管理员工工资

管理员单击左侧菜单的"员工工资管理"选项，界面跳转到"员工工资管理"界面，调用后台 action 中的相关类，查询出所有的员工工资，并把这些信息封存到数据集合 List 中，绑定到 Request 对象，然后界面跳转到相应的.jsp 文件，显示出员工工资。

"员工工资管理"界面如图 6-20 所示。

员工工资管理

职工编号	姓名	所在部门	工资系数	基本工资	工龄	职务	补贴	合计	操作
201301	赵明	采购部	1.2	2000.0	300.0	150.0	220.0	3070.0	修改
303333	zhangsan	采购部	1.2	3000.0	200.0	300.0	100.0	4200.0	修改
201302	刘红	采购部	1.2	5000.0	600.0	500.0	300.0	7400.0	修改

添加

图 6-20 "员工工资管理"界面

在"员工工资管理"界面中，浏览所有员工工资，单击要修改员工工资右侧的"修改"按钮，跳转到"员工工资修改"界面中修改该员工工资系数等。修改员工工资如图 6-21 所示。

员工工资修改

职工编号：	201301
姓名：	赵明
所在部门：	采购部
工资系数：	0.8
基本工资：	2000.0 （元）
工龄：	300.0 （元）
职务：	150.0 （元）
补贴：	220.0 （元）
	提交 返回

图 6-21 "员工工资修改"界面

5. 经营信息添加与查看

1）添加经营信息

管理员输入经营信息相关正确信息后，单击"提交"按钮。如果是没有输入完整的经营信息，系统会给出相应的错误提示，不能提交成功。输入数据都通过 form 表单中定义的方法 onsubmit="return checkForm( )"来检查，checkForm( )函数中提供各种校验输入数据的方式。

"经营信息"界面如图 6-22 所示。

2）查看经营信息

管理员单击左侧菜单的"经营信息查看"选项，界面跳转到"经营信息查看"界面，调用后台 action 中的相关类，查询出所有的经营信息，并把这些信息封存到数据集合 List 中，绑定到 Request 对象，然后界面跳转到相应的.jsp 文件，显示出经营信息。

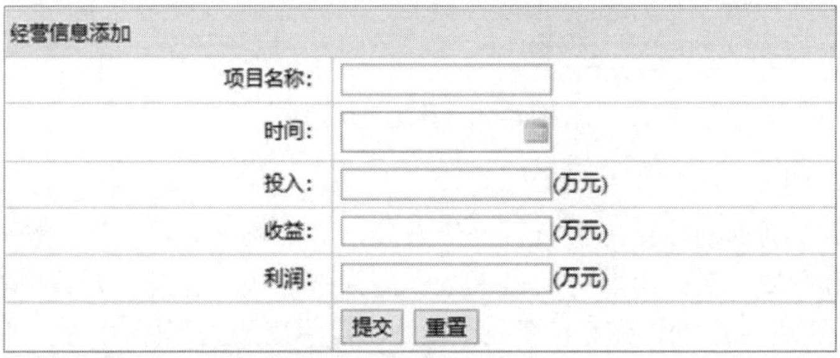

经营信息添加	
项目名称:	
时间:	
投入:	(万元)
收益:	(万元)
利润:	(万元)
	提交 重置

图 6-22 "经营信息添加"界面

"经营信息查看"界面如图 6-23 所示。

经营信息查看					
项目名称	时间	投入	收入（万元）	利润	类型
项目A	2013-03-01	100.0	95.0	-5.0	亏损
出租	2015-05-06	200.0	100.0	-100.0	亏损
共享单车	2018-05-07	100.0	200.0	100.0	盈利
外卖	2018-05-12	100.0	50.0	-50.0	亏损

图 6-23 "经营信息查看"界面

经营信息添加的关键代码如下：

```
public void jingyingAdd(HttpServletRequest req,HttpServletResponse res){
    String mingcheng=req.getParameter("mingcheng");
    String riqi=req.getParameter("riqi");
    String touru=req.getParameter("touru");
    String shouyi=req.getParameter("shouyi");
    String lirun=req.getParameter("lirun");
    String sql="insert into t_jingying (mingcheng,riqi,touru,shouyi,lirun) values
(?,?,?,?,?)";
    Object[] params={mingcheng,riqi,touru,shouyi,lirun};
DB mydb=new DB();
    mydb.doPstm(sql, params);
    mydb.closed();
    req.setAttribute("message", "操作成功");
    req.setAttribute("path", "jingying?type=jingyingMana");
    String targetURL = "/common/success.jsp";
    dispatch(targetURL, req, res);
}
```

6. 费用信息添加与管理

1）添加费用信息

管理员输入费用信息相关正确信息后，单击"提交"按钮。如果是没有输入完整的费用信息，则会给出对应的错误提示，不能提交成功。输入数据都通过 form 表单中定义的方法 onsubmit="return checkForm( )"来检查，checkForm( )函数中提供各种校验输入数据的方式。

"费用信息添加"界面如图 6-24 所示。

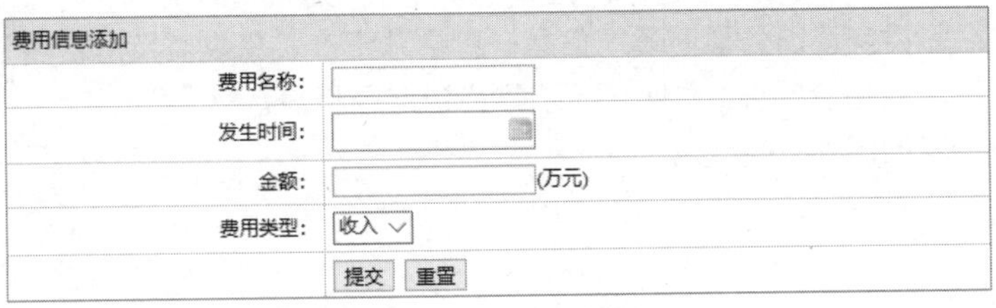

图 6-24　"费用信息添加"界面

2）查看费用信息

管理员单击左侧菜单的"费用信息查看"选项，界面跳转到"费用信息查看"界面，调用后台 action 中的相关类，查询出所有的费用信息，并把这些信息封存到数据集合 List 中，绑定到 Request 对象，然后界面跳转到相应的.jsp 文件，显示出费用信息。

"费用信息查看"界面如图 6-25 所示。

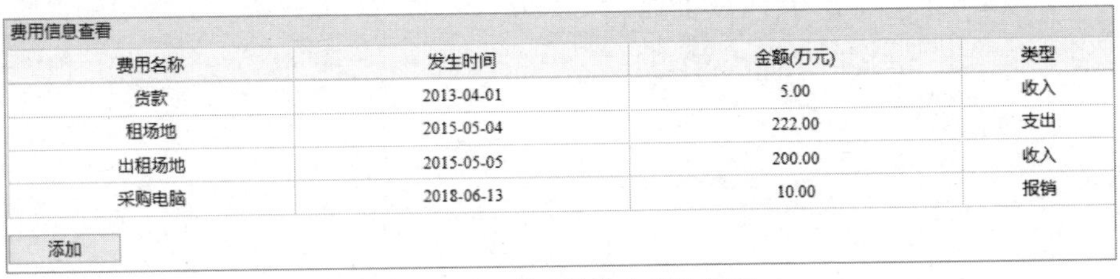

费用名称	发生时间	金额(万元)	类型
货款	2013-04-01	5.00	收入
租场地	2015-05-04	222.00	支出
出租场地	2015-05-05	200.00	收入
采购电脑	2018-06-13	10.00	报销

图 6-25　"费用信息查看"界面

费用信息添加的关键代码如下：

```
public void feiyongAdd(HttpServletRequest req,HttpServletResponse res){
    String mingcheng=req.getParameter("mingcheng");
    String shijian=req.getParameter("shijian");
    String feiyong=req.getParameter("feiyong");
    String leixing=req.getParameter("leixing");
    String sql="insert into t_feiyong (mingcheng,shijian,feiyong,leixing) values
(?,?,?,?)";
    Object[] params={mingcheng,shijian,feiyong,leixing};
    DB mydb=new DB();
    mydb.doPstm(sql, params);
    mydb.closed();
    req.setAttribute("message", "操作成功");
    req.setAttribute("path", "feiyong?type=feiyongMana");
    String targetURL = "/common/success.jsp";
    dispatch(targetURL, req, res);
}
public void feiyongMana(HttpServletRequest req,HttpServletResponse res) throws
ServletException, IOException{
    String sql="select * from t_feiyong";
    req.setAttribute("feiyongList", getfeiyongList(sql));
    req.getRequestDispatcher("admin/feiyong/feiyongMana.jsp").forward(req, res);
}
```

7. 年终资产分析

管理员单击左侧菜单的"年终资产分析"选项，界面跳转到"年终资产分析"界面，调用后台 action 中的相关类，查询公司的资产信息，包括总资产、总收益及总费用等，绑定 Request 对象，然后界面跳转到相应的.jsp 文件，显示年终资产分析表。

年终资产分析表如图 6-26 所示。

资产情况		
数量	价值(万元)	类型
3	203.0	增加资产
2	1100.0	减少资产

总资产: -897.0 (万元)

经营情况		
总投入(万元)	总收益(万元)	总利润(万元)
750.0	645.0	-105.0

年终资产:-1002.0 (万元)

图 6-26　年终资产分析表

在 src 下的 action 包中新建 Fenxi.java 类，具体代码如下：

```java
public class Fenxi extends HttpServlet{
    public void service(HttpServletRequest req,HttpServletResponse res)throws
ServletException, IOException {
        DB mydb=new DB();
        try{
            //增加的资产
            String sql = "select count(1)shuliang,ifnull(sum(jiazhi),0)jiazhi from
t_zichan where type=0 ";
            mydb.doPstm(sql, null);
            ResultSet rs=mydb.getRs();
            rs.next();
            double zjzcjz = rs.getDouble("jiazhi");
            Map zczj = new HashMap();
            zczj.put("sl", rs.getString("shuliang"));
            zczj.put("jz", zjzcjz);
            rs.close();
            //减少的资产
            sql = "select count(1)shuliang,ifnull(sum(jiazhi),0)jiazhi from t_zichan
            where type=1 ";
            mydb.doPstm(sql, null);
            rs=mydb.getRs();
            rs.next();
            double jszcjz = rs.getDouble("jiazhi");
            Map zcjs = new HashMap();
            zcjs.put("sl", rs.getString("shuliang"));
            zcjs.put("jz", jszcjz);
            rs.close();
            //总资产
            Map allCapital = new HashMap();
            double zzc = zjzcjz-jszcjz;
            allCapital.put("capital_infor", zzc);
            //利润
            sql = "select 1, ifnull(sum(touru),0)touru,ifnull(sum(shouyi),0)shouyi,
            ifnull(sum(lirun),0)lirun " +"from t_jingying";
            mydb.doPstm(sql, null);
```

```
            rs=mydb.getRs();
            rs.next();
            Map jingying = new HashMap();
            jingying.put("touru", rs.getDouble("touru"));
            jingying.put("shouyi", rs.getDouble("shouyi"));
            double zly = rs.getDouble("lirun");
            jingying.put("lirun", zly);
            rs.close();
            Map nz = new HashMap();
            nz.put("nz",zzc+zly);
            req.setAttribute("zczj", zczj);
            req.setAttribute("zcjs", zcjs);
            req.setAttribute("allCapital", allCapital);
            req.setAttribute("jingying", jingying);
            req.setAttribute("nz", nz);
        }
        catch(Exception e){e.printStackTrace();
    }
    req.getRequestDispatcher("admin/fenxi/fenxi.jsp").forward(req, res);
}
public void dispatch(String targetURI,HttpServletRequest  request,HttpServletResponse
response) {
    RequestDispatcher dispatch = getServletContext().getRequestDispatcher(targetURI);
    try {
        dispatch.forward(request, response);
        return;
    }
    catch (ServletException e) {
        e.printStackTrace();
    }
    catch (IOException e) {
        e.printStackTrace();
    }
}
public void init(ServletConfig config) throws ServletException {
    super.init(config);
    }
    public void destroy()
    {
    }
}
```

6.5　系统运行与测试

　　系统测试这一模块是系统开发过程中的重要部分，用来评价一个系统的品质或性能是否符合开发前所提出的部分要求。系统测试的目的是在系统投入运行前，通过对系统需求分析、设计说明和代码的最终复审，发现错误和不足等。它是系统质量得以保障的关键。

在设计系统的过程中，存在一些错误是必然的。对于语句的语法错误，在程序运行时会自动提示并请求立即纠正，因此，这类错误比较容易发现和纠正。但另一类错误是在程序执行时，由于不正确的操作或对某些数据的计算公式运用错误导致的，并且这类错误隐蔽性极强（有时会直接出现，有时又不直接出现），因此，排查这一类动态错误是较耗时费力的。

对于软件来讲，无论采用何种技术或方法，软件中仍然会有错。采用新的语言、新的开发方式、完善的开发过程可有效减少错误的引入，但是并不可能完全杜绝软件中的错误。这些引入的错误则需要测试来找出，软件中错误的密度也需要测试来进行具体的估计。测试是所有工程学科的基本组成单元，是软件开发的重要部分。自有程序设计的那天起，测试就一直伴随着。统计表明，在典型的软件开发项目中，软件测试工作量往往占软件开发总工作量的40%以上。而在软件开发的总成本中，用在测试上的开销要占30%～50%。如果把维护阶段也考虑在内来讨论整个软件生存期时，测试的成本比例也许会有所降低，但实际上维护工作相当于二次开发，乃至多次开发，其中必定还包含许多测试工作。

6.5.1 测试方法

测试的方法可分为以下 3 种。

（1）传统测试方法包括简单的单元测试，通常由开发人员来执行。设计这些测试需要了解系统内部知识，并且这些测试几乎是针对产品特定部分的。这种测试方法非常适合与其他代码组件极少交互，甚至没有交互的简单场景。

（2）功能验证也是一种测试方法。在测试过程中，由对产品源代码了解有限的设计者进行测试，以确认产品或服务的核心功能。设计这种测试是为了证明这个核心功能符合某个规范。举个例子，测试登录时输入错误的邮箱是不是有提示，如果测试失败，通常就意味着检测到了系统的一个基本问题。这种测试方法也较适合简单的 Web 服务场景，侧重检查服务是否能够正确执行它的各个功能。

（3）系统测试通常是在功能验证阶段完成对核心功能的验证后进行。它倾向于把整个系统作为一个整体来查找问题，以弄清 Web 服务作为系统的一部分怎样运作及 Web 服务之间如何进行交互。由于系统测试实际是在开发生命周期快结束时才进行，因此经常不能给它分配充足的时间来完成。系统测试阶段常常被忽略，并且有时一些极为常见的错误都不能被发现。即使发现了这种错误，这时也来不及确定错误的原因并设法修复它们了。因此，在查找代码错误时，必须把系统测试应用设计得尽可能高效。

6.5.2 测试结果

在系统开发完成后，对本系统进行了测试，所用方法是系统测试和功能测试。

（1）系统测试，即测试软件系统在异常情况下能否正常运行。健壮性有两层含义：一是容错的能力；二是恢复的能力。

（2）功能测试，即测试系统的功能是否正确。功能测试是必不可少的。

系统总体情况如下。

（1）各功能模块都可以正常进行工作，基本满足了系统设计时的各项功能要求。

（2）界面简洁，操作简单，系统使用方便。

本系统的下一步开发方向如下。

（1）加强网站个性化设计。

（2）加强网站人性化服务功能。

总之，本系统开发圆满成功，各模块运行正常。本次的设计与开发为下一步完善提供了重要帮助和支持。

6.6 开发常见问题及功能扩展

在开发的过程中可能会遇到各种各样的问题。下面介绍开发中常见的问题及项目功能方面的扩展。

常见的问题：作为小、中型企业财务管理系统，首先需要实现企业财务对于不同员工及部门的工资管理、企业财务对不同员工需求的显示和某些角色对于工资的设置；其次是提交公司近期财务状况，公司财务管理系统不仅需要对工资进行操作，也需要对公司近期的收入和支出进行一系列的记录，并且根据提交的这些记录状况来显示公司年终获利的信息；此外，对于某些特殊的角色，能够对员工本身信息进行增/删/改/查，并能够实现员工对自己工资和信息的查询，以及对公司最终获利的粗略计算。

功能的扩展有以下几个方面。

（1）对员工信息及员工进入系统所查看的信息设计不恰当的情况，需要进行进一步的修改。

（2）有一些模块功能较为简单，需要增加对业务功能的完善。

（3）可以增加其他的一些企业用户登录权限。

（4）界面需要优化，可以进行美化。

（5）需完善其中一些模块的功能。

第7章

酒店管理系统

本章概述

本系统前台主要使用 JSP 作为开发语言、后台使用 MySQL 作为数据库支持、开发环境为 MyEclipse、服务器采用 Tomcat，最终开发出一个基于 Web 技术、B/S 结构的酒店管理系统。

知识导读

本章要点（已掌握的在方框中打钩）

☐ 系统可行性分析
☐ 系统功能模块需求分析
☐ 数据库设计
☐ 登录功能的实现
☐ 前台网站模块的实现
☐ 后台功能模块的实现

7.1 项目开发技术背景

随着计算机网络技术的飞速发展，Internet 技术得到越来越广泛的应用，网络覆盖的区域不断扩大，也给酒店管理带来了蓬勃发展的机遇。

采用全新的计算机网络和管理系统将成为提高酒店管理效率、改善服务水准的重要手段之一。然而，绝大多数的小/中型酒店和宾馆由于资金、人员等多方面原因不易使用酒店管理类软件，全凭原始的手工记录管理，效率低、易出错；同时，市场上各类酒店入住信息管理软件基本上都是为大型酒店专门设计的，有很多对于一般酒店、宾馆根本用不上；更为关键的是，这些酒店入住信息管理软件都是基于 C/S（客户机/服务器）结构的，客人预订操作烦琐。所以基于 B/S 结构的城市酒店入住信息管理系统是酒店经营不可或缺的现代工具。

7.1.1 开发目的和意义

随着人员流动规模的不断扩大、酒店数量的急剧增加，酒店管理的各种信息量也在不断成倍增长。而传统手工的客房信息管理，管理过程烦琐而复杂，执行效率低，并且易于出错。面对庞大的信息量和低效传统手工管理，就需要有酒店客房订购管理系统来提高客房管理工作的效率。通过这样的系统，我们可以做到信息的规范管理和快速查询，实现了客房信息管理的系统化、规范化和自动化，这样不仅减少了管理工作量，还提高了管理效率、降低了管理成本。

酒店管理系统已经深入到日常工作和生活的方方面面。虽然现在世界上已经充满了各种酒店管理软件，但它们依然不能满足用户的各种特殊需要，人们还不得不开发适合自己特殊需求的酒店管理软件。今天，计算机已经成为我们学习和工作的得力助手。计算机的价格已经十分低廉，性能却有了很大的进步。通过计算机网络对宾馆、酒店进行管理，克服了人工管理中人为因素给企业管理带来的诸多不便，极大地提高了宾馆、酒店的工作效率，为企业创造了更大的利润。

7.1.2　系统可行性分析

开发任何一款系统往往都会受到时间和资源上的限制。因此，在每一个项目开发前都要进行可行性分析，以减少项目的开发风险和避免人力、物力和财力的浪费。下面就从技术、经济和操作 3 个方面来对本系统可行性进行介绍。

1. 经济可行性

由于选择的开发工具和服务器几乎全部为免费的开源软件，并且采用了开发成本较低的基于 Web 的 B/S 模式，而非成本费用相对较高的 C/S 模式，因此从经济上来讲，本系统是可行的。

2. 操作可行性

本系统操作简单，例如输入信息界面大多数都支持下拉框选择形式，在某些界面中信息可以自动生成，时间的输入使用的是日历控件；另外，对操作人员的要求很低，操作人员只需对 Windows 操作系统操作熟练，稍加培训即可工作，而且本系统可视性非常好，所以在操作上不会有很大难度。

3. 技术可行性

本系统开发工具为 MyEclipse 和 MySQL 数据库，开发语言为 Java，主要使用了 J2EE 技术。Java 是一种面向对象编程语言，简单易学且灵活方便。酒店管理系统总体上开发难度不高，数据库的设计和操作是本系统设计的核心。因此，本系统在技术上完全具有可行性。

7.2　系统功能设计

随着酒店的经营规模不断扩大，有关酒店客房预订的各种信息也开始成倍增长。面对庞大的信息量，有必要开发酒店管理系统来提高管理工作的效率。使用计算机对酒店客房预订与订购信息进行管理，具有手工管理所无法比拟的优点。通过这样的系统，可以做到信息的规范管理、科学统计和快速查询，从而减少管理方面的工作量，有效地提高酒店房间利用率。

7.2.1　系统功能模块需求分析

本系统最大的特点是使用操作简单、友好的提示信息。本系统将实现以下基本功能。

（1）系统具有简洁大方的界面，并使用简单、友好的错误操作提示。

（2）前台功能模块。

（3）后台功能模块。

（4）具有较强的安全性，避免用户的恶意操作。

前台功能包括以下几个模块。

（1）用户的登录和注册。

（2）客房信息的查看。

（3）客房预订。

（4）客房评论。

（5）留言板。

在后台功能模块中，管理员对系统的所有注册用户有着操作的权限，能够及时动态地掌握酒店客房信息的各项情况。后台功能包括以下 7 大模块。

（1）会员信息管理。在会员信息管理模块中可以查看和删除会员信息。

（2）客房信息管理。在客房信息管理模块中不仅可以添加和删除客房类型，还可以添加、删除和编辑客房信息。

（3）预订信息管理。在预订信息管理模块中可以查看和删除客户的预订信息，包括预订房间、预订天数、联系方式、预定时间及是否是会员等信息。

（4）入住信息管理。在入住信息管理模块中可以查看、添加和删除客户的入住信息，包括客户姓名、身份证号码、入住时间及退房时间等信息。

（5）公告信息管理。在公告信息管理模块中可以对公告进行添加、删除和查看等操作。

（6）留言板管理。在留言板管理模块中可以查看和删除留言信息，包括留言人的姓名、留言内容及留言时间等。

（7）修改个人密码。

基于 Java 的酒店管理系统功能模块如图 7-1 所示。

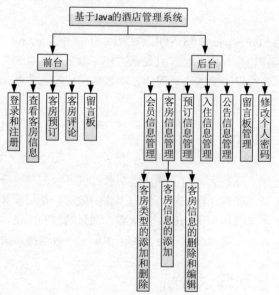

图 7-1　基于 Java 的酒店管理系统功能模块

7.2.2 界面需求

如今，界面设计已经成为评价软件质量的一条重要指标。毕竟，一个好的用户界面可以增加用户使用系统的兴趣、提高工作效率。本系统采用 JSP 技术，使用 Java 作为脚本语言，JSP 网页为整个服务器端的 Java 库单元提供了一个接口来服务于 HTTP 的应用程序，创建动态界面非常方便。用户界面是指软件系统与用户交互的界面，通常包括输出、输入、人—机对话的界面等。

1. 输出设计

输出是指由计算机对输入的原始信息进行加工处理以形成高质量的有效信息，并使其具有一定的格式，再提供给管理者使用。这也是输出设计的主要职责和目标。

系统设计的过程正好和实施过程相反，即并不是从输入设计到输出设计，而是从输出设计到输入设计。这是因为输出表格等直接与使用者相联系，设计的出发点应当是保证输出表格方便地为使用者服务，正确、及时地反映和组成用于各部门的有用信息。输出设计的原则是既要考虑全面反映不同管理层的各项需要，又要讲求精简（即不要将用户需要和不需要的都提供给用户）。

2. 输入设计

数据的收集和输入是比较费事的，需要大量的人力和一定数量的设备，并且容易出错。如果输入系统的数据有错误，则处理后的输出将扩大这些错误。因此，输入数据的正确与否对整个系统质量的好坏是具有决定性意义的。

输入设计的原则有如下几点。

（1）输入量应保持在能满足处理要求的最低限度。设计中可采用设置字段初值、下拉式选择数据等方式，以尽量减少用户的键盘输入量。输入量越少，错误率就越少，数据准备时间也减少。

（2）输入数据的准备及输入过程应尽量容易进行，从而减少错误的出现。

（3）应尽早对输入数据进行检查（尽量接近原数据发生点），以便使错误及时得到更正。

（4）输入数据应尽早地用处理时所需的形式记录，以避免数据由一种介质转到另一种介质时需要转录而可能出现的错误。

7.3 系统数据库设计

数据库的基本结构可以分为 3 个层次，包括物理数据层、概念数据层、逻辑数据层。数据库不同层次之间的联系是通过映射进行转换的。数据库的特点包括实现数据共享、减少数据的冗余度、实现数据集中控制、数据的独立性、数据的一致性和可维护性。

7.3.1 数据库的概念结构设计

概念设计是指在数据分析的基础上，自底向上地建立整个系统的数据库概念结构，从用户的角度进行视图设计，然后将视图集成，最后对集成的结构进行分析与优化，得到最终效果。概念设计的目标是产生反映企业组织信息要求的数据库概念结构，即概念模式。概念模式是独立于数据库逻辑结构、独立于支持数据库的 DBMS、不依赖于计算机系统的。

数据库的概念结构设计采用实体—联系（E-R）模型设计方法。E-R 模型法的组成元素有实体、属性、联系，E-R 模型用 E-R 图表示，实体是用户工作环境中所涉及的事物，属性则是对实体特性的描述。

下面根据本系统对功能的需求，并结合数据库系统概念模型的特点及建立方法，建立 E-R模型图。

1. 注册用户信息实体

注册用户信息实体包括登录名、密码、姓名、性别、照片、地址、电话和电子邮箱等属性。注册用户信息实体的 E-R 模型图如图 7-2 所示。

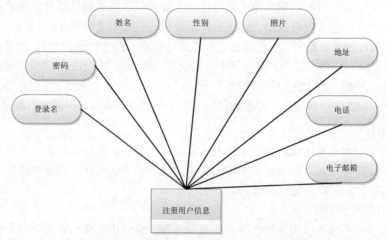

图 7-2　注册用户信息实体的 E-R 模型图

2. 类别信息实体

类别信息实体包括编号和名称属性。类别信息实体的 E-R 模型图如图 7-3 所示。

3. 房间信息实体

房间信息实体包括客房类别、房间号、房间照片、房间面积、房间介绍、房费和预订条件。房间信息实体的 E-R 模型图如图 7-4 所示。

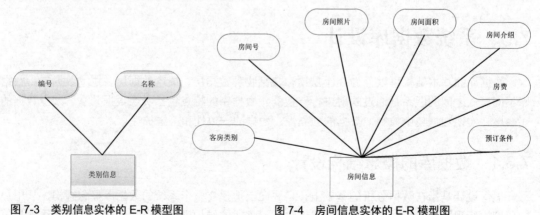

图 7-3　类别信息实体的 E-R 模型图　　　　图 7-4　房间信息实体的 E-R 模型图

4. 预订信息实体

预订信息实体主要包括预订人、预订房间、天数、预订人电话和预订时间。预订信息实体的 E-R 模型图如图 7-5 所示。

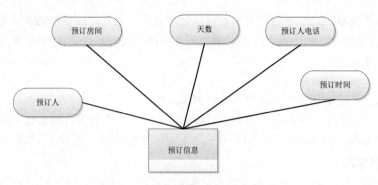

图 7-5　预订信息实体的 E-R 模型图

5. 评论信息实体

评论信息实体主要包括客房信息、评论内容和评论时间。评论信息实体的 E-R 模型图如图 7-6 所示。

6. 公告信息实体

公告信息实体主要包括标题、内容和公告时间。公告信息实体的 E-R 模型图如图 7-7 所示。

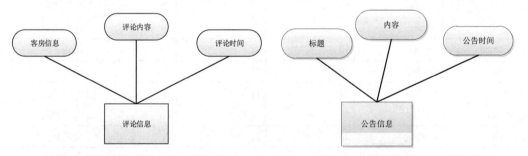

图 7-6　评论信息实体的 E-R 模型图　　　　　图 7-7　公告信息实体的 E-R 模型图

7. 留言信息实体

留言信息实体主要包括标题、内容和留言时间。留言信息实体的 E-R 模型图如图 7-8 所示。

8. 管理员信息实体

管理员信息实体主要包括登录名和密码。管理员信息实体的 E-R 模型图如图 7-9 所示。

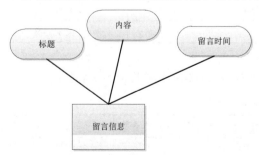
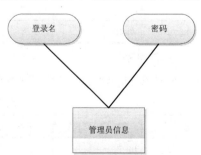

图 7-8　留言信息实体的 E-R 模型图　　　　　图 7-9　管理员信息实体的 E-R 模型图

7.3.2 数据库表设计

数据库概念模型独立于任何特定的数据库管理系统，因此，需要根据具体使用的数据库管理系统的特点进行转换，即转换为按照计算机观点处理的逻辑关系模型。E-R 模型向关系数据库模型转换应遵循以下原则。

（1）每一个实体转换成一个关系。

（2）所有的主键必须定义为非空（NOT NULL）。

（3）对于二元联系，应按照一对多、弱对实、一对一、多对多等联系来定义外键。

根据 E-R 模型，为酒店管理系统建立了以下逻辑数据结构。下面是各数据表的详细说明。

1. 会员信息表

会员信息表（t_user）主要记录注册会员的基本信息，具体结构设计如表 7-1 所示。

表 7-1　会员信息表

字 段 名	数 据 类 型	长度（bit）	允 许 空	是否为主键	备　注
user_id	int	4	否	是	编号
user_realname	varchar	50	否	否	姓名
user_address	varchar	50	否	否	地址
user_sex	varchar	50	否	否	性别
user_tel	varchar	50	否	否	联系电话
user_email	varchar	50	否	否	邮箱
user_qq	varchar	50	否	否	QQ
fujian	varchar	50	否	否	用户照片
user_type	varchar	50	否	否	用户类型
user_name	varchar	20	否	否	登录名
user_pw	varchar	20	否	否	登录密码

2. 类别信息表

类别信息表（t_catelog）主要记录客房类别的基本信息，具体结构设计如表 7-2 所示。

表 7-2　类别信息表

字 段 名	数 据 类 型	长度（bit）	允 许 空	是否为主键	备　注
catalog_id	int	4	否	是	编号
catalog_name	varchar	50	否	否	类别名称

3. 客房信息表

客房信息表（t_kefang）主要记录客房的基本信息，具体结构设计如表 7-3 所示。

表 7-3　客房信息表

字 段 名	数 据 类 型	长 度（bit）	允 许 空	是否为主键	备　注
id	Int	4	否	是	编号
catelog_id	Int	4	否	否	客房类别编号
fangjianhao	varchar	50	否	否	房间号

字　段　名	数　据　类　型	长度（bit）	允　许　空	是否为主键	备　　注
area	varchar	50	否	否	房间面积
jieshao	varchar	50	否	否	房间介绍
fujian	varchar	50	否	否	房间照片
qianshu	varchar	50	否	否	房费
yudingtiaojian	varchar	50	否	否	预订条件

4. 预订信息表

预订信息表（t_yuding）主要是记录客房预订的基本信息，具体结构设计如表 7-4 所示。

表 7-4　预订信息表

字　段　名	数　据　类　型	长度（bit）	允　许　空	是否为主键	备　　注
id	Int	4	否	是	编号
user_id	Int	4	否	否	预订会员编号
kefang_id	Int	4	否	否	客房信息编号
tianshu	varchar	50	否	否	预订天数
yudingzheTel	varchar	50	否	否	联系电话
shijian	varchar	50	否	否	预订时间

5. 评论信息表

评论信息表（t_pinglun）主要记录会员对客房的评论信息，具体结构设计如表 7-5 所示。

表 7-5　评论信息表

字　段　名	数　据　类　型	长度（bit）	允　许　空	是否为主键	备　　注
id	Int	4	否	是	编号
kefang_id	Int	4	否	是	客房信息编号
content	varchar	50	否	否	评论内容
shijian	varchar	50	否	否	评论时间

6. 公告信息表

公告信息表（t_gonggao）主要记录公告的基本信息，具体结构设计如表 7-6 所示。

表 7-6　公告信息表

字　段　名	数　据　类　型	长度（bit）	允　许　空	是否为主键	备　　注
id	int	4	否	是	编号
title	varchar	50	否	否	标题
content	varchar	5000	否	否	内容
shijian	varchar	50	否	否	发布时间

7. 留言信息表

留言信息表（t_liuyan）主要记录留言的基本信息，具体结构设计如表 7-7 所示。

表 7-7 留言信息表

字 段 名	数 据 类 型	长度（bit）	允 许 空	是否为主键	备　　注
id	int	4	否	是	编号
title	varchar	50	否	否	标题
content	varchar	5000	否	否	内容
shijian	varchar	50	否	否	发布时间
user_id	varchar	50	否	否	发布人

8. 管理员信息表

管理员信息表（t_admin）主要记录管理员的账号信息，具体结构设计如表 7-8 所示。

表 7-8 管理员信息表

字 段 名	数 据 类 型	长度（bit）	允 许 空	是否为主键	备　　注
userId	int	4	否	是	编号
userName	varchar	50	否	否	登录名
userPw	varchar	50	否	否	密码

7.4　系统功能技术实现

在本节中将会介绍酒店管理系统的核心代码和运行效果，以方便读者学习和理解。

7.4.1　系统登录界面的实现

为了保证系统的安全性，在使用本系统前必须先登录到系统中。用户需要正确地输入账号和密码，才能登录本系统。

在登录界面中输入用户名和密码，单击"提交"按钮，就会跳转到 Login Service 中，在该Service 中会对用户名、密码等进行判断，验证通过则进入对应的界面。LoginService 的关键代码如下：

```java
public String login(String userName,String userPw,int userType){
    String result="no";
    String sql="from t_admin where userName=? and userPw=?";
    Object[] con={userName,userPw};
    List adminList=adminDAO.getHibernateTemplate().find(sql,con);
    if(adminList.size()==0){
        result="no";
    }else{
        WebContext ctx = WebContextFactory.get();
        HttpSession session=ctx.getSession();
```

```
        TAdmin admin=(TAdmin)adminList.get(0);
        session.setAttribute("userType", 0);
        session.setAttribute("admin", admin);
        result="yes";
    }
    return result;
}
```

程序运行效果如图 7-10 所示。

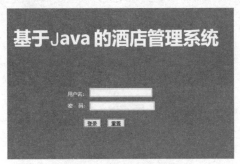

图 7-10　系统登录界面效果

7.4.2　前台网站模块的实现

酒店管理系统的首页由菜单和最新客房信息两个部分组成。酒店网站首页界面如图 7-11 所示。

图 7-11　酒店网站首页

1. 用户注册

新用户通过该模块实现网站注册功能。用户注册关键代码如下：

```
public String userReg(){
    TUser user=new TUser();
    user.setUserName(userName.trim());
    user.setUserPw(userPw);
    user.setUserAddress(userAddress);
    user.setUserTel(userTel);
```

```
user.setUserRealname(userRealname);
user.setUserEmail(userEmail);
user.setUserSex(userSex);
user.setUserQq(userQq);
user.setFujian(fujian.equals("")==true?"/img/none.gif":fujian);
user.setUserType("putongyonghu");
user.setUserDel("no");
userDAO.save(user);
return "successAdd";
}
```

用户注册界面如图 7-12 所示。

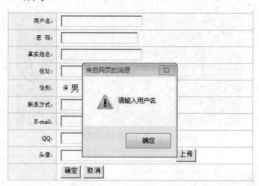

图 7-12 用户注册界面

2. 客房信息查看

用户单击客房图片，打开客房详细信息查看界面。客房信息查看关键代码如下：

```
public String kefangDetailQian(){
Map request=(Map)ServletActionContext.getContext().get("request");
TKefang kefang=kefangDAO.findById(id);
request.put("kefang", kefang);
return ActionSupport.SUCCESS;
}
```

客房详细信息界面如图 7-13 所示。

图 7-13 客房详细信息

3. 客房预订

注册用户通过该模块实现客房预订操作。客房预订关键代码如下：

```java
public String yudingAdd(){
    Map request=(Map)ServletActionContext.getContext().get("request");
    Map session=(Map)ActionContext.getContext().getSession();
    TUser user=(TUser)session.get("user");
    TKefang kefang=kefangDAO.findById(kefangId);
    if(liuService.panduannengfouyuding(kefang, user).equals("buneng")){
        request.put("msg", "你不是vip用户.不能预订vip客房");
    }
    if(liuService.panduannengfouyuding(kefang, user).equals("neng")){
        TYuding yuding=new TYuding();
        yuding.setUserId(user.getUserId());
        yuding.setKefangId(kefangId);
        yuding.setTianshu(tianshu);
        yuding.setYudingzheTel(yudingzheTel);
        yuding.setShijian(new Date().toLocaleString());
        yuding.setDel("no");
        yudingDAO.save(yuding);
        request.put("msg", "预订成功");
    }
    return "msg";
}
```

客房信息预订界面如图 7-14 所示。

图 7-14　客房信息预订界面

4. 客房评论

通过该模块实现对客房评论操作。客房评论关键代码如下：

```java
public String pinglunAdd(){
    HttpServletRequest request=ServletActionContext.getRequest();
    TPinglun pinglun=new TPinglun();
    pinglun.setContent(request.getParameter("content"));
    pinglun.setShijian(new Date().toLocaleString());
    pinglun.setKefangId(Integer.parseInt(request.getParameter("kefangId")));
    pinglunDAO.save(pinglun);
    request.setAttribute("msg", "评论成功");
    return "msg";
}
```

客房评论界面如图 7-15 所示。

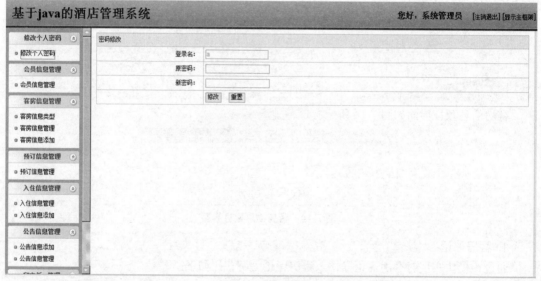

图 7-15 "写评论"界面

7.4.3 后台功能模块的实现

管理员进入系统主界面，主界面中展示了管理员可操作的几大功能模块，进入相应的管理界面可以进行相关的操作。管理员主界面如图 7-16 所示。

图 7-16 管理员主界面

为了提高系统安全性、防止用户不经过登录界面而进入任何子界面，我们在每个 JSP 界面中对相关用户进行了拦截操作。相关拦截代码如下：

```
if(session.getAttribute("user")==null){
    out.print("<script>alert('请先登录! ');window.open('../index.jsp','_self')</script>");
}
```

1. 注册会员管理

管理员单击左侧菜单的"会员信息管理"选项，界面跳转到会员管理界面，调用后台的 Action 类查询出所有的普通会员信息，并把这些信息封存到数据集合 List 中，绑定到 Request 对象，然后界面跳转到相应的 JSP，显示出普通会员信息。会员管理关键代码如下：

```
public String userMana_putong(){
```

```
    String sql = "from t_user where userDel='no' and userType='普通会员'";
    List userList=userDAO.getHibernateTemplate().find(sql);
    Map request=(Map)ServletActionContext.getContext().get("request");
    request.put("userList", userList);
    return ActionSupport.SUCCESS;
}
public String userMana_vip(){
    String sql = "from t_user where userDel='no' and userType='vipyonghu'";
    List userList=userDAO.getHibernateTemplate().find(sql);
    Map request=(Map)ServletActionContext.getContext().get("request");
    request.put("userList", userList);
    return ActionSupport.SUCCESS;
}
public String user_to_vip(){
    TUser user=userDAO.findById(userId);
    user.setUserType("vipyonghu");
    userDAO.attachDirty(user);
    Map request=(Map)ServletActionContext.getContext().get("request");
    request.put("msg", "操作成功");
    return "msg";
}
public String userDel(){
    TUser user=userDAO.findById(userId);
    user.setUserDel("yes");
    userDAO.attachDirty(user);
    Map request=(Map)ServletActionContext.getContext().get("request");
    request.put("msg", "操作成功");
    return "msg";
}
```

普通会员信息管理界面如图 7-17 所示。

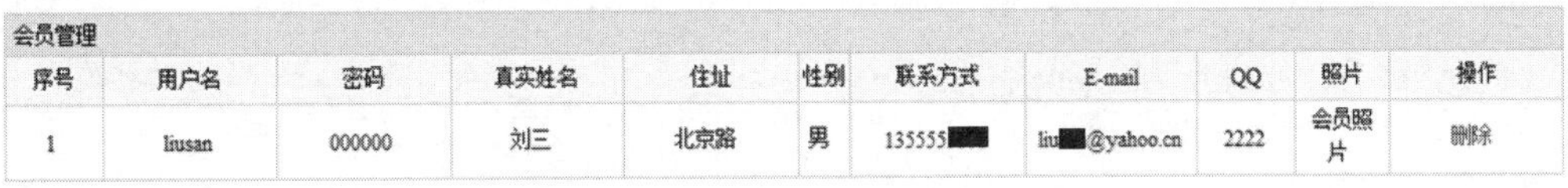

会员管理										
序号	用户名	密码	真实姓名	住址	性别	联系方式	E-mail	QQ	照片	操作
1	liusan	000000	刘三	北京路	男	135555▆▆	liu▆▆@yahoo.cn	2222	会员照片	删除

图 7-17　普通会员信息管理

在普通会员管理界面中，浏览所有的普通会员信息，单击要删除的普通会员右侧的"删除"按钮，弹出相应的对话框，单击"确定"按钮，即可删除该普通会员信息。

2. 类别信息添加与管理

1）添加类别信息

管理员输入类别相关正确信息后，单击"提交"按钮。如果没有输入完整的类别信息，系统会给出相应的错误提示，不能提交成功。输入数据都通过 form 表单中定义的方法 onsubmit="return checkForm( )"来检查，checkForm( )函数提供各种校验输入数据的方式。类别信息添加的界面如图 7-18 所示。

图 7-18 类别信息添加

2）管理类别信息

管理员单击左侧菜单的"客房类别管理"选项，界面跳转到客房类别管理界面，调用后台的 Action 类查询出所有的客房类别信息，并把这些信息封存到数据集合 List 中，绑定到 Request 对象，然后界面跳转到相应的 JSP，显示出客房类别信息。类别信息管理关键代码如下：

```java
public String catelogAdd(){
    TCatelog catelog=new TCatelog();
    catelog.setCatelogName(catelogName);
    catelog.setCatelogDel("no");
    catelogDAO.save(catelog);
    this.setMessage("操作成功");
    this.setPath("catelogMana.action");
    return "succeed";
}
public String catelogMana(){
    String sql="from t_catelog where catelogDel='no'";
    List cateLogList=catelogDAO.getHibernateTemplate().find(sql);
    Map request=(Map)ServletActionContext.getContext().get("request");
    request.put("cateLogList", cateLogList);
    return ActionSupport.SUCCESS;
}
public String catelogDel(){
    TCatelog catelog=catelogDAO.findById(catelogId);
    System.out.println(catelog+"TT");
    catelog.setCatelogDel("yes");
    catelogDAO.attachDirty(catelog);
    this.setMessage("操作成功");
    this.setPath("catelogMana.action");
    return "succeed";
}
```

客房类别信息管理界面如图 7-19 所示。

在客房类别管理界面中，浏览所有的客房类别信息，单击要删除的客房类别右侧的"删除"按钮，弹出相应的对话框，单击"确定"按钮，即可删除该客房类别信息。客房类别删除界面如图 7-20 所示。

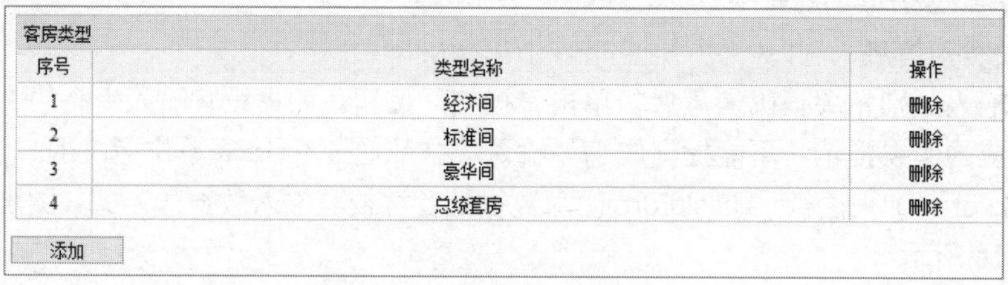

图 7-19 类别信息管理界面

图 7-20　客房类别信息删除

3. 客房信息添加与管理

1）添加客房信息

管理员输入客房相关正确信息后，单击"提交"按钮。如果没有输入完整的客房信息，系统会给出相应的错误提示，不能提交成功。输入数据都通过 form 表单中定义的方法 onsubmit="return checkForm( )"来检查，checkForm( )函数中提供各种校验输入数据的方式。客房信息添加界面如图 7-21 所示。

客房管理	
客房类型：	-请选择客房类型- ▼
房间号：	
房间面积：	
房间介绍：	**B** *I* ⋮≣ ⋮≣ 🖼 🖼 ⑦ 请输入内容
房间照片：	上传
房间费(一天)：	100
	提交 重置

图 7-21　客房信息添加

2）管理客房信息

管理员单击左侧菜单的"客房信息管理"选项，界面跳转到客房信息管理界面，调用后台的 Action 类查询出所有的客房信息，并把这些信息封存到数据集合 List 中，绑定到 Request 对象，然后界面跳转到相应的 JSP，显示出客房信息。客房信息管理关键代码如下：

```
public String kefangAdd(){
    TKefang kefang=new TKefang();
    kefang.setFangjianhao(fangjianhao);
    kefang.setArea(area);
    kefang.setJieshao(jieshao);
    kefang.setFujian(fujian);
    kefang.setQianshu(qianshu);
    kefang.setCatelogId(catelogId);
    kefang.setYudingtiaojian(yudingtiaojian);
```

```java
        kefang.setDel("no");
        kefangDAO.save(kefang);
        this.setMessage("操作成功");
        this.setPath("kefangMana.action");
        return "succeed";
    }
    public String kefangMana(){
        String sql="from t_kefang where del='no' order by catelogId";
        List kefangList=kefangDAO.getHibernateTemplate().find(sql);
        for(int i=0;i<kefangList.size();i++){
            TKefang kefang=(TKefang)kefangList.get(i);
            kefang.setCatelog(catelogDAO.findById(kefang.getCatelogId()));
        }
        Map request=(Map)ServletActionContext.getContext().get("request");
        request.put("kefangList", kefangList);
        return ActionSupport.SUCCESS;
    }
    public String kefangDel(){
        TKefang kefang=kefangDAO.findById(id);
        kefang.setDel("yes");
        kefangDAO.attachDirty(kefang);
        Map request=(Map)ServletActionContext.getContext().get("request");
        request.put("msg", "操作成功");
        return "msg";
    }
    public String kefangEditPre(){
        TKefang kefang=kefangDAO.findById(id);
        kefang.setCatelog(catelogDAO.findById(kefang.getCatelogId()));
        Map request=(Map)ServletActionContext.getContext().get("request");
        request.put("kefang", kefang);
        return ActionSupport.SUCCESS;
    }
    public String kefangEdit(){
        TKefang kefang=kefangDAO.findById(id);
        kefang.setFangjianhao(fangjianhao);
        kefang.setArea(area);
        kefang.setJieshao(jieshao);
        kefang.setFujian(fujian);
        kefang.setQianshu(qianshu);
        kefang.setCatelogId(catelogId);
        kefang.setYudingtiaojian(yudingtiaojian);
        kefangDAO.getHibernateTemplate().update(kefang);
        this.setMessage("操作成功");
        this.setPath("kefangMana.action");
        return "succeed";
    }
```

客房信息管理界面如图 7-22 所示。

客房管理						
客房类型	房间号	房间面积	房间介绍	房间照片	房间费(一天)	操作
单人房	2001	66	环境优雅，美国原装进口音响系统，一流点歌系统	客房图片	200	删除 编辑 评论管理
单人房	2002	100	环境优雅，美国原装进口音响系统，一流点歌系统	客房图片	150	删除 编辑 评论管理
标准房	3001	100	环境优雅，美国原装进口音响系统，一流点歌系统	客房图片	300	删除 编辑 评论管理
标准房	3002	100	环境优雅，美国原装进口音响系统，一流点歌系统	客房图片	150	删除 编辑 评论管理
商务房	4001	100	环境优雅，美国原装进口音响系统，一流点歌系统	客房图片	480	删除 编辑 评论管理
商务房	4002	100	环境优雅，美国原装进口音响系统，一流点歌系统	客房图片	150	删除 编辑 评论管理
商务房	5001	100	环境优雅，美国原装进口音响系统，一流点歌系统	客房图片	160	删除 编辑 评论管理
商务房	5002	100	环境优雅，美国原装进口音响系统，一流点歌系统	客房图片	150	删除 编辑 评论管理

添加客房

图 7-22　客房信息管理

3）客房信息修改：在客房信息管理界面中，浏览所有的客房信息，单击要修改的客房信息右侧的"编辑"按钮，打开客房信息修改界面。客房信息修改界面如图 7-23 所示。

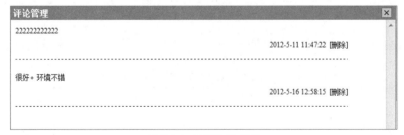

图 7-23　客房信息修改界面

4）客房信息删除：在客房信息管理界面中，浏览所有的客房信息，单击要删除的客房信息右侧的"删除"按钮，弹出相应的对话框，单击"确定"按钮，即可删除该客房信息。

5）客房评论管理：在客房信息管理界面中，浏览所有的客房信息，单击要查看评论的客房信息右侧的"评论管理"按钮，弹出客房评论管理界面，如图 7-24 所示。

评论管理 ✕

2222222222222

　　　　　　　　　　　　　　　　　　　　　　　　2012-5-11 11:47:22 [删除]

很好。环境不错

　　　　　　　　　　　　　　　　　　　　　　　　2012-5-16 12:58:15 [删除]

图 7-24　客房评论管理

4. 预订信息管理

管理员单击左侧菜单的"预订信息管理"选项，界面跳转到预订信息管理界面，调用后台的 Action 类查询出所有的预订信息，并把这些信息封存到数据集合 List 中，绑定到 Request 对象，然后界面跳转到相应的 JSP，显示出预订信息。预订信息管理关键代码如下：

```
public String yudingMana(){
    String sql="from t_yuding where del='no'";
    List yudingList=yudingDAO.getHibernateTemplate().find(sql);
    for(int i=0;i<yudingList.size();i++){
        TYuding yuding=(TYuding)yudingList.get(i);
        yuding.setUser(userDAO.findById(yuding.getUserId()));
        yuding.setKefang(kefangDAO.findById(yuding.getKefangId()));
    }
    Map request=(Map)ServletActionContext.getContext().get("request");
    request.put("yudingList", yudingList);
    return ActionSupport.SUCCESS;
}
public String yudingDel(){
    TYuding yuding=yudingDAO.findById(id);
    yuding.setDel("yes");
    yudingDAO.attachDirty(yuding);
    Map request=(Map)ServletActionContext.getContext().get("request");
    request.put("msg", "操作成功");
    return "msg";
}
```

预订信息管理界面如图 7-25 所示。

预订管理					
预订房间	预订天数	会员	联系方式	预订时间	操作
2001	1	liusan	135555▉▉▉	2012-5-11 12:01:43	删除
2002	1	lisisi	13444▉▉▉	2012-5-16 12:59:28	删除

图 7-25　预订信息管理界面

在预订信息管理界面中，浏览所有的预订信息，单击要删除的预订信息右侧的"删除"按钮，弹出相应的对话框，单击"确定"按钮，即可删除该预订信息。

5. 公告信息添加与管理

1）添加公告信息

管理员输入公告相关正确信息后，单击"提交"按钮。如果没有输入完整的公告信息，系统会给出相应的错误提示，不能提交成功。输入数据都通过 form 表单中定义的方法 onsubmit="return checkForm( )"来检查，checkForm( )函数中提供各种校验输入数据的方式。公告信息添加界面如图 7-26 所示。

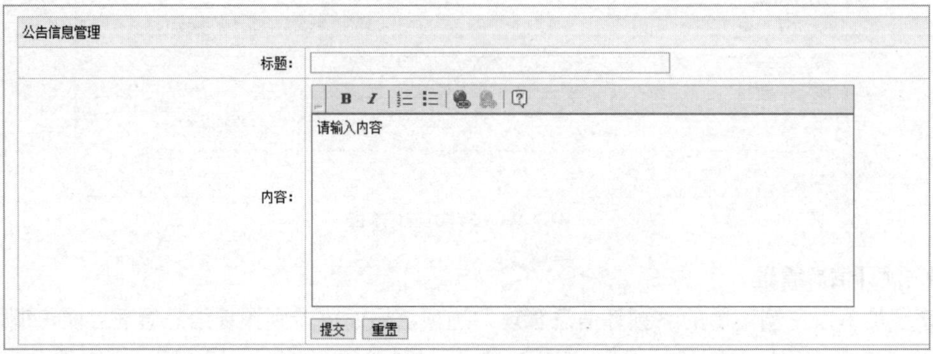

图 7-26　公告信息添加

2）管理公告信息

管理员单击左侧菜单的"公告信息管理"选项，界面跳转到公告信息管理界面，调用后台的 Action 类查询出所有的公告信息，并把这些信息封存到数据集合 List 中，绑定到 Request 对象，然后界面跳转到相应的 JSP，显示出公告信息。公告信息管理关键代码如下：

```java
public void gonggaoAdd(HttpServletRequest req,HttpServletResponse res){
    String id=String.valueOf(new Date().getTime());
    String title=req.getParameter("title");
    String content=req.getParameter("content");
    String shijian=new Date().toLocaleString();
    String sql="insert into t_gonggao values(?,?,?,?)";
    Object[] params={id,title,content,shijian};
    DB mydb=new DB();
    mydb.doPstm(sql, params);
    mydb.closed();
    req.setAttribute("message", "操作成功");
    req.setAttribute("path", "gonggao?type=gonggaoMana");
    String targetURL = "/common/success.jsp";
    dispatch(targetURL, req, res);
}
public void gonggaoDel(HttpServletRequest req,HttpServletResponse res){
    String id=req.getParameter("id");
    String sql="delete from t_gonggao where id=?";
    Object[] params={id};
    DB mydb=new DB();
    mydb.doPstm(sql, params);
    mydb.closed();
    req.setAttribute("message", "操作成功");
    req.setAttribute("path", "gonggao?type=gonggaoMana");
    String targetURL = "/common/success.jsp";
    dispatch(targetURL, req, res);
}
public void gonggaoMana(HttpServletRequest req,HttpServletResponse res) throws
ServletException, IOException{
    List gonggaoList=new ArrayList();
    String sql="select * from t_gonggao";
    Object[] params={};
    DB mydb=new DB();
    try{
        mydb.doPstm(sql, params);
        ResultSet rs=mydb.getRs();
        while(rs.next()){
            Tgonggao gonggao=new Tgonggao();
            gonggao.setId(rs.getString("id"));
            gonggao.setTitle(rs.getString("title"));
            gonggao.setContent(rs.getString("content"));
            gonggao.setShijian(rs.getString("shijian"));
            gonggaoList.add(gonggao);
```

```
        }
        rs.close();
    }catch(Exception e){
        e.printStackTrace();
    }
    mydb.closed();
    req.setAttribute("gonggaoList", gonggaoList);
    req.getRequestDispatcher("admin/gonggao/gonggaoMana.jsp").forward(req, res);
}
```

公告信息管理界面如图 7-27 所示。

公告				
序号	标题	内容	发布时间	操作
1	欢迎预订本酒店客房。预订送大礼	查看内容	2012-05-12 10 14:11:23	删除
2	本酒店部分豪华房8.8折。欢迎预订	查看内容	2012-05-12 10 14:11:23	删除
添加公告				

图 7-27 公告信息管理

在公告信息管理界面中，浏览所有的公告信息，单击要删除的公告信息右侧的"删除"按钮，弹出相应的对话框，单击"确定"按钮，即可删除该公告信息。

6. 留言信息管理

管理员单击左侧菜单的"留言信息管理"选项，界面跳转到留言信息管理界面，调用后台的 Action 类查询所有的留言信息。留言信息管理关键代码如下：

```
public void liuyanDel(HttpServletRequest req,HttpServletResponse res){
    String id=req.getParameter("id");
    String sql="delete from t_liuyan where id=?";
    Object[] params={id};
    DB mydb=new DB();
    mydb.doPstm(sql, params);
    mydb.closed();
    req.setAttribute("message", "操作成功");
    req.setAttribute("path", "liuyan?type=liuyanMana");
    String targetURL = "/common/success.jsp";
    dispatch(targetURL, req, res);
}
public void liuyanMana(HttpServletRequest req,HttpServletResponse res) throws
ServletException, IOException{
    List liuyanList=new ArrayList();
    String sql="select * from t_liuyan";
    Object[] params={};
    DB mydb=new DB();
    try{
        mydb.doPstm(sql, params);
        ResultSet rs=mydb.getRs();
        while(rs.next()){
            Tliuyan liuyan=new Tliuyan();
            liuyan.setId(rs.getString("id"));
            liuyan.setTitle(rs.getString("title"));
```

```
                liuyan.setContent(rs.getString("content"));
                liuyan.setShijian(rs.getString("shijian"));
                liuyan.setUser_id(rs.getString("user_id"));
                liuyan.setUser_name(liuService.getUserName(rs.getString("user_id")));
                liuyanList.add(liuyan);
            }
            rs.close();
        }catch(Exception e){
            e.printStackTrace();
        }
        mydb.closed();
        req.setAttribute("liuyanList", liuyanList);
        req.getRequestDispatcher("admin/liuyan/liuyanMana.jsp").forward(req, res);
    }
```

留言信息管理界面如图 7-28 所示。

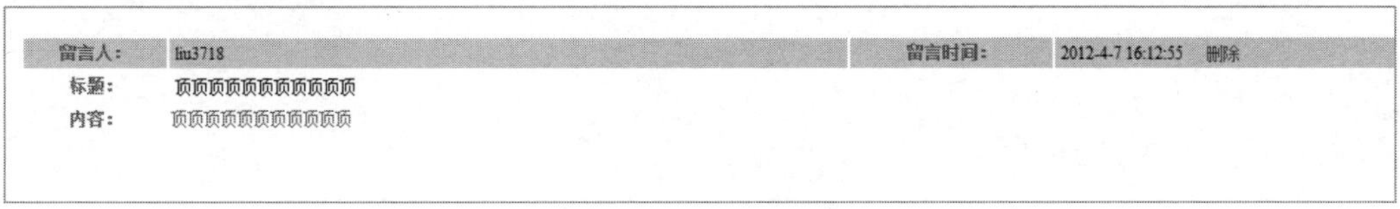
留言人：
liu3718
留言时间：
2012-4-7 16:12:55
删除
标题：
顶顶顶顶顶顶顶顶顶顶
内容：
顶顶顶顶顶顶顶顶顶顶

图 7-28　留言信息管理

在留言信息管理界面中，浏览所有的留言信息，单击要删除的留言信息右侧的“删除”按钮，即可删除该留言信息。

7. 修改密码

管理员输入登录名、原密码和新密码后，单击“修改”按钮，即可成功修改密码。修改密码界面如图 7-29 所示。

密码修改
登录名：
a
原密码：
新密码：
修改
重置

图 7-29　管理员修改密码

8. 退出系统

管理员单击“退出系统”按钮，返回到系统的主界面。它主要是通过 javascript 语句来实现，具体代码如下：

```
item_word[8][4]="退出系统";
item_link[8][4]="javascript:window.open('../index.jsp','_self')";
```

7.5　开发常见问题及功能扩展

本系统采用 B/S 模式开发，其优点是后台与前台处理层次分明，而且符合众多已经习惯网页方式的用户；采用面向对象的开发与设计理念（运用面向对象技术的前提是对整体系统的高度和准确抽象），通过它可以保证系统拥有良好的框架，进而带来产品较强的稳定性和运行效率。采用模块化设计，模块化设计要求将整个系统划分成小的模块，有利于代码的重载，以简化设计和实现过程；简单方便的系统界面，设计简单友好的系统界面可以方便用户较快地适应系统的操作。

对该系统的功能扩展还可以有以下几个方面：

（1）能够生成财务报表，对酒店的营业状况进行分析。

（2）增加酒店进销存功能。

（3）对退订房间的动态应及时更新。

第3篇
移动项目

在本篇中，将介绍在线考试系统、网上商城购物系统、"书博士教育"小程序等项目开发内容，并结合了 Java 开发中常用的 SSH 框架和 MySQL 数据库等知识内容。

- 第 8 章　在线考试系统
- 第 9 章　网上商城购物系统
- 第 10 章　"书博士教育"微信小程序

第8章

在线考试系统

本章概述

  随着科技的进步，人们的生活和工作方式正在发生改变，不仅仅体现在人们的衣、食、住、行，还体现在与时俱进的考试形式上。以前的考试需要组织者投入大量的时间和精力，如对考试的试题进行筛选、对考卷进行批阅等，极大地影响了考试执行的进度和效率。本章主要从项目开发技术背景、功能设计、数据库设计、技术实现、运行与测试、开发常见问题及功能扩展等方面来讲解在线考试系统的开发。

知识导读

  本章要点（已掌握的在方框中打钩）
- ☐ 系统功能设计
- ☐ 数据库设计
- ☐ 登录功能的实现
- ☐ 学生管理模块的实现
- ☐ 管理员模块的实现
- ☐ 功能测试与兼容性测试

8.1 项目开发技术背景

  在以往的考试经历中，可以知道，每次考试都需要经过出试卷、印试卷、发卷、做卷、收卷、阅卷、统计等过程，这几个过程有着很强的先后次序，不能顺序颠倒。这些过程中，又以出卷、阅卷和统计最为复杂。当考试涉及的人数较多时，老师需要批阅非常多的试卷，重复地批阅试卷浪费了大量的时间，不仅效率低下，同时大量的阅卷工作导致老师的阅卷疲劳，最后可能会导致阅卷的准确率下降。阅卷完成后，还需要对试卷进行分数登记、成绩统计及对各个题目进行错误率统计，不仅消耗的时间较长，而且效率非常低。

8.1.1　开发目的和意义

开发在线考试系统具有一定的现实意义，主要在于可解决教师在出卷、阅卷和统计上花费时间过多的问题。开发一个系统需要考虑很多方面的问题，例如时效性和高效性，这是两个最常见的因素。

（1）时效性关系到系统在投入使用时是不是真的能够解决当前所存在的问题。在线考试系统在国内虽然已经初具规模，一些学校也在使用这种方式考试，但还存在着一些未解决的问题，仍需进一步完善。

（2）高效性也是一个非常重要的因素。如果系统正式投入使用后的效率还不如以前，那么该系统的开发必定是不成功的，这也是我们开发需要考虑的一个重要问题。

因此，针对上述问题开发的本系统具有重要的实际意义，它不仅能够在当前的考试发展趋势下为学生和教师提供适当的帮助，还能够为今后此类系统的发展奠定一定的基础。

8.1.2　系统可行性分析

可行性分析是指以最小的代价，在最短的时间内确定问题是否能够解决。首先需要进一步对考试系统现状进行分析，初步确定项目的规模和目标，确定项目的约束和限制，必须分析几种方法的利弊，从而判定原定系统的目标和规模是否能够实现，系统完成后带来的效益是否能够达到最大值。总之，只有认真地进行可行性分析，才会避免或减少项目开发后期可能出现的问题。

1. 经济可行性

经济可行性最重要的是研究成本，其中包括设计所需的开发成本，还需要预估开发成本是否大于开发项目前期利润。

2. 技术可行性

本系统的开发语言使用 Java 语言，用 Java 语言编程的优点是快、精简、代码复用性高等。开发软件使用 Eclipse，Eclipse 开发软件有着开发所要使用的完整配备的功能，而且还有代码提示，便于初学者使用。数据库则选择使用 MySQL，开源的 MySQL 拥有可视化和稳定性强的优点、在安全方面做得很到位，而且 MySQL 拥有强大的保存数据功能及查询数据的功能。

3. 操作可行性

本系统部署容器为 Tomcat，运行项目时，只需要配置 Tomcat 服务器，便可运行在线考试系统。本系统采用 JSP 技术，利用网络就可以进行访问和操作，且界面简单，易操作。用户只要有计算机，都可以进行访问和操作。本系统具有易操作、易管理、交互性好的特点，在操作上是具有可行性的。

综上所述，本系统的开发是可以进行的。

8.1.3　需求分析

1. 功能需求分析

在线考试系统主要用于实现学生在线考试，本系统主要分为学生端和管理员端。

1）学生端

（1）登录模块：实现学生登录功能。

（2）在线考试：进行考试，并同意考试规则。

（3）成绩查询：查询个人成绩。

（4）修改个人资料：对个人的密码、提示问题、姓名等进行修改。

（5）退出系统：单击"退出系统"按钮后，则退出登录，返回首页。

2）管理员端

（1）登录模块：实现管理员登录功能。

（2）管理员信息管理：主要将管理员名称，也就是用户名显示出来，并对管理员名称进行修改和删除。

（3）考生信息管理：将每个考生的个人信息进行显示，并对考生个人信息进行删除。

（4）考生成绩查询：根据考生的准考证号或关键字对考生的成绩进行查询。

（5）课程信息管理：主要显示考生所选的课程、加入课程的时间及对课程的删除。

（6）套题信息管理：显示套题名称、所属课程及加入课程时间，并对信息进行修改和删除。

（7）考试题目管理：对考试试题、考试类型进行修改和删除。

（8）退出后台管理：单击"退出后台管理"按钮，将会退出登录，返回到首页。

2. 非功能需求分析

在整个系统的设计中，系统必须满足以下要求。

（1）数据安全性。存储有关隐私权的在线考试试题的系统数据，需要确保数据的安全性。在系统设计时必须采取安全防范措施，以解决潜在的安全问题，例如，如何防止学生上网查答案等。

（2）易用性。在用户权限范围内，可以在统一风格的界面内完成相关的所有业务流程操作或者获取所有相关信息，极大提高用户的工作效率和系统的易用性。

（3）应变性。由于在线考试系统涉及非常广泛的业务，设计出的系统必须具有能够处理和接受变化的能力。

（4）扩展性。随着互联网管理业务需求的不断变化，考试管理系统必然涉及业务的更新及扩展，这就要求在设计之初就应该考虑良好的可扩展性方案。

8.2 系统功能设计

系统功能设计主要考虑项目在设计上的具体过程及步骤，考虑实现项目的业务范围。下面将介绍本系统的功能结构及系统开发环境。

8.2.1 系统功能结构

本在线考试系统主要分成两个模块，即学生用户模块和管理员用户模块。两个模块都分别包含了几个子功能，如图 8-1 所示。

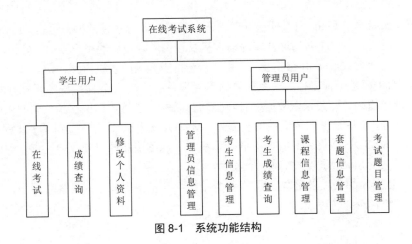

图 8-1 系统功能结构

8.2.2 系统开发环境

本在线考试系统运用了许多开发工具，并且使用以 Java 为基础的开发语言，在后台的代码编写中主要运用 Java；前台的设计中主要运用了 JavaScript、JQuery、CSS 等开发语言；通过 Eclipse 开发软件来编写这些程序；使用 MySQL 进行数据库的设计与分析；另外，本在线考试系统的部署容器使用的是 Tomcat。

1. Java

Java 作为一种计算机编程语言，其在企业网络和 Internet 环境的应用十分广泛，现已成为 Internet 中备受欢迎和有影响力的编程语言。其最大的特点就是面向对象，面向对象的程序设计更接近我们的思维方式；相对于面向过程的程序设计，它最大的优点就是具有可扩展性和可维护性，这也使得我们的代码更健壮。

在 Java 中面向对象的主要特性包括封装、继承和多态。

（1）封装：在面向对象语言中，封装特性最为直接地体现在类中，类即现实生活中实体的抽象，我们将其所拥有的属性和方法封装到类中，对外部提供相应的接口，通过实例化的对象可以调用类中封装好的属性和方法，并且在使用这些方法时并不用知晓其内部的具体实现。

（2）继承：继承就是指子类可以继承父类或接口，从而可以实现代码重用。其实，继承体现的是单继承关系，父类和子类本质上还是一类实体。

（3）多态：Java 中的多态具有多重含义。首先多态最直接的体现就是父类对象引用不同的子类对象，调用不同的子类重写的方法，从而表现出不同的行为。多态能够提高代码重用，还能够为程序提供更好的可扩展性。

2. MySQL

MySQL 是一款开源的数据库。它具有非常实用的价值，属于中型数据库。MySQL 提供了许多的技术支持，其中既包括多种操作系统的支持，也包括多线程的支持。除此以外，还可以提供多种的数据库连接方法，以解决数据库并发和大量数据操作的问题。MySQL 是完全开源和免费的，在使用成本上也不会有太大的损失，因此 MySQL 是当前小、中型企业主要使用的数据库之一。

从数据库关系来看，它是一款关系型数据库，具有很多优点，如使用的内存空间较小、用户界面操作简单、不需要太多烦琐的安装步骤。MySQL 本身的特性也非常突出，它能够兼容多种操作系统（如能够在 Linux 环境下使用），同时也能够兼容多种的编程语言。MySQL 不仅能够支持多种编程语言，还能够为这些编程语言提供它们所要使用的用户接口。另外，MySQL 在性能方面具有处理大数据高并发的能力，并且不会占用太多的主机内存。

MySQL 数据库是一种流行的关系型数据库管理系统，在 Web 应用程序开发方面，MySQL 数据库也是理想的选择。关系型数据库有较强的灵活性，它将数据保存到不同的表中，这样将数据进一步细分，读取速度和灵活性就会提高。MySQL 数据库是真正做到了多线程、多用户的 SQL 数据库。MySQL 数据库具有成本低、体积小、速度快和源码开放的优点，因此开发小、中型的网站都选用 MySQL 数据库作为数据库。

MySQL 数据库的实现采用客户机/服务器结构，它是由很多不同的客户程序、库和一个服务器守护程序组合而成的。

3. Eclipse

Eclipse 是一个开放源代码的、基于 Java 的可扩展开发平台。就其本身而言，它只是一个框架和一组服务，通过插件、组件构建而成的开发环境。Eclipse 附带了一个标准的插件集，包括 Java 开发工具（Java Development Kit，JDK）。

Eclipse 是 Java 开发者最喜欢的工具之一，它具有强大的编辑、调试功能。很多人把 Eclipse 作为一款 IDE 来使用，但从本质上而言，Eclipse 不仅仅局限于一个 IDE，只是它实现了一般 IDE 具有的普遍功能，同时经过不断地完善更新，现如今成为了 Java 开发的必备工具。

Eclipse 还包括插件开发环境，这个组件主要针对希望扩展 Eclipse 的软件开发人员，因为允许构建与 Eclipse 环境无缝集成的工具。由于 Eclipse 中的都是插件，对于给 Eclipse 提供插件及给用户提供一致和统一的集成开发环境而言，所有工具开发人员都具有同等的发挥平台。这种平等和一致性并不仅限于 Java 开发工具。尽管 Eclipse 是使用 Java 语言开发的，但它的用途并不限于 Java 语言。例如，支持诸如 C、C++、PHP 等编程语言的插件已经可用。Eclipse 框架还可用作与软件开发无关的其他应用程序类型的基础，如内容管理系统等。

4. JavaScript

JavaScript 看起来和 Java 很类似，实际上它们之间并没有直接联系，只是以 Java 开头命名而已。JavaScript 是互联网上最重要的语言。它不仅能跨平台、跨浏览器，还能跨后端语言。在 Web 快速发展的时代，JavaScript 语言像桥梁一样，将前端页面和后端服务器连接起来，这样前端页面不需要知道服务器使用的是什么语言编写的，也不用知道是如何编写的，而服务器也不用知道前端使用的是什么语言编写的，只需要知道前端会传过来一些固定格式的参数信息。JavaScript 编写的程序是在浏览器中运行的，它不会在服务器运行，一定程度上减少了服务器的压力。JavaScript 语言在网页加载完毕后，可以与网页产生互动来完成一些操作，利用这个特性，我们经常将 JavaScript 运用在验证表单、修改 HTML 元素和存储用户数据等方面。这些功能使用 Flash 和 Silverlight 都能完成，但是 Flash 和 Silverlight 都要单独地安装插件，使用门槛比较高，而且针对不同的浏览器，插件也不一样，在一堆插件中用户很难选择正确的插件进行安装。而 JavaScript 不同，它不需要额外安装，只需要一个浏览器就可以支持代码运行。JavaScript 的语法与 C 的语法类似，语句通过在最后加上 ";" 符号来表示结束，同样对大小写敏感，注释也是以 "//" 开始，因此学习过 C 语言的人能够很快地上手 JavaScript 的开发工作。

5. CSS 3

Cascading Style Sheets（CSS），中文称为层叠样式表。我们已经进入了 Web 3.0 的时代，Web 3.0 下的网站不仅需要好看的外观，同时还需要用户体验友好的界面。CSS 2 从现在的大环境下来看，显然已经不能满足日益增长的用户需求和开发需求，CSS 3 标准应运而生。CSS 3 的作用是控制页面的布局；除了控制布局外，它还能够对页面上的字体颜色、大小、字体、背景和在网页上看到的一切进行控制。如今，很多浏览器都能很好地支持 CSS 3 标准。

6. JSP

JSP（Java Script Pages）是由 Sun 公司推出的一种动态网页技术，它是建立在 HTML 文件基础上的。JSP 是在传统的网页 HTML 文件（*.htm、*.html）中加入 Java 程序开发而成的。首先 JSP 是跨平台的，因为 Java 就是可移植跨平台的，而 JSP 技术是建立在 Java 平台上的，所以使用 JSP 开发的 Web 应用程序也是跨平台的。JSP 页面不仅可以像使用普通网页一样使用标准标记语言的元素（如 HTML 标记），还可以使用其独有的 JSP 标记。JSP 可以直接向数据库中获取或写入数据，所以通过 JSP，我们可以在网页中加入更多动态内容。JSP 通过其独有的标签库，使静态 HTML 网页技术向动态网页技术完善；通过其在网络编程中的使用，可以利用嵌入 Java 代码使其充分利用 Java 语言。

JSP 具有如下优点。

（1）JSP 具有多平台支持。可以在任意平台上的任意环境中开发，在任意环境中进行系统的部署和扩展。相比 JSP 的多平台支持，ASP.NET 的局限性是显而易见的。

（2）一次编写，到处运行。除了系统外，代码不需要做任何更改。

（3）具有可伸缩性。

（4）功能强大的多样化开发工具支持。

7. Tomcat

Tomcat 服务器是 Apache 组织的一个开源子项目。它具备基本的 Web 服务功能，是小、中型系统首选的服务器，更是开发和调试 JSP 程序的首选。因为 Tomcat 技术不仅免费，而且性能稳定，所以有许多 Web 项目中也将 Tomcat 作为服务器来使用，其已成为比较流行的 Web 应用服务器。

如果 Tomcat 服务器配置正确，运行时，Tomcat 服务器实际上是在运行 JSP 页面和 Servlet 容器。Tomcat 与其他 Web 服务器一样，都具有基于处理 HTML 页面的功能。另外，它还是一个 Servlet 和 JSP 容器。独立的 Servlet 容器是 Tomcat 服务器的默认模式。

Tomcat 服务器运行时占用的系统资源较小，可扩展性良好，支持邮件服务和负载平衡等开发应用系统常用的功能。因此，这里利用 Tomcat 服务器作为在线考试系统的 Web 应用服务器。

8.3　系统数据库设计

在设计本系统数据库 exam 时，一共设计了 6 张数据表，包括课程表、管理员表、问题表、学生表、学生成绩表和套题表。

1. 课程表

课程表（lesson）主要用于记录用户所选的课程名称和加入课程的时间，该表结构如表 8-1 所示。

表 8-1　课程表

字　段　名	数 据 类 型	长度（bit）	主键是/否	备　　注
id	int	11	是	自动编号
Name	varchar	60	否	课程名称
JoinTime	datetime	0	否	加入时间

2. 管理员表

管理员表（manager）主要用于管理员的登录信息，例如管理员的账号和密码等，该表结构如表 8-2 所示。

表 8-2　管理员表

字　段　名	数 据 类 型	长度（bit）	主键是/否	备　　注
id	int	11	是	自动编号
Name	varchar	30	否	账号
PWD	varchar	30	否	密码

3. 问题表

问题表（questions）主要用于设置一些与问题有关的字段，例如题目、题目类型、选项、题目答案等，该表结构如表 8-3 所示。

表 8-3　问题表

字　段　名	数 据 类 型	长度（bit）	主键是/否	备　　注
id	int	11	是	自动编号
subject	varchar	50	否	题目
type	char	6	否	题目类型
joinTime	datetime	0	否	加入时间
lessonId	int	11	否	课程 id
taoTiId	int	11	否	套题 id
optionA	varchar	50	否	选择 A
optionB	varchar	50	否	选项 B
optionC	varchar	50	否	选项 C
optionD	varchar	50	否	选项 D
answer	varchar	10	否	题目答案
note	varchar	50	否	笔记

4. 学生表

学生表（student）主要用于保存学生用户的基本信息，例如姓名、密码、性别、加入时间、提示问题、问题答案、专业等，该表结构如表 8-4 所示。

表 8-4　学生表

字 段 名	数 据 类 型	长度（bit）	主键是/否	备　　注
id	varchar	16	是	自动编号
name	varchar	20	否	姓名
pwd	varchar	20	否	密码
sex	varchar	2	否	性别
joinTime	datetime	0	否	加入时间
question	varchar	50	否	提示问题
answer	varchar	50	否	问题答案
profession	varchar	30	否	专业
cardNo	varchar	18	否	卡

5. 学生成绩表

学生成绩表（sturesult）主要用于查询学生考试后的成绩，例如学号、所属课程、单选题分数、多选题分数、总分、考试时间等，该表结构如表 8-5 所示。

表 8-5　学生成绩表

字 段 名	数 据 类 型	长度（bit）	主键是/否	备　　注
id	int	11	是	自动编号
stuId	varchar	16	否	学号
whichLesson	varchar	60	否	所属课程
resSingle	int	11	否	单选题分数
resMore	int	11	否	多选题分数
resTotal	int	11	否	总分
joinTime	datetime	0	否	考试时间

6. 套题表

套题表（taoti）主要用于保存套题类别的基本信息，例如课程名称、课程 ID、考试时间等，该表结构如表 8-6 所示。

表 8-6　套题表

字 段 名	数 据 类 型	长度（bit）	主键是/否	备　　注
id	int	11	是	自动编号
Name	varchar	50	否	课程名称
LessonId	int	11	否	所属课程 id
JoinTime	datetime	0	否	考试时间

8.4 系统功能技术实现

在本节中将会讲解在线考试系统的核心代码和运行效果，以方便读者学习和理解。

8.4.1 登录界面的实现

登录功能是系统重要的组成部分，主要用于实现用户对系统的登录。在本系统的设计体系中，登录用户主要分为两种身份：学生和管理员。

1. 学生登录

运行代码后，进入登录界面，此时界面为学生界面，在界面中单击"进入后台"链接，即可跳转到管理员登录界面。

提示：学生账户为 CN20191201000001，密码为 111；管理员账户为 123，密码为 123。详细的密码记录可查看数据库中的 manager（管理员表）和 student（学生表）。

程序运行效果如图 8-2 所示。

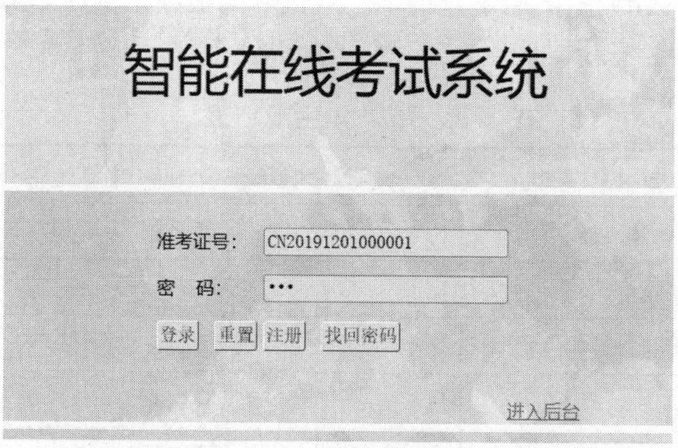

图 8-2　学生登录界面

学生登录界面功能的主要代码如下：

```java
public class Student extends Action {
    private StudentDAO studentDAO = null;
    public Student() {
        this.studentDAO = new StudentDAO();
    }
    public ActionForward execute(ActionMapping mapping, ActionForm form,
    HttpServletRequest request, HttpServletResponse response) {
        String action = request.getParameter("action");
        System.out.println("获取的查询字符串: " + action);
        if ("studentQuery".equals(action)) {
            return studentQuery(mapping, form, request, response);
        } else if ("login".equals(action)) {
            return studentLogin(mapping, form, request, response);
        } else if ("studentAdd".equals(action)) {
            return studentAdd(mapping, form, request, response);
        }else{
            request.setAttribute("error","您的操作有误! ");
            return mapping.findForward("error");
        }
```

```
    }
    //考生身份验证
    public ActionForward studentLogin(ActionMapping mapping, ActionForm form,
    HttpServletRequest request, HttpServletResponse response) {
        StudentForm studentForm = (StudentForm) form;
        int ret = studentDAO.checkStudent(studentForm);
        System.out.print("验证结果 ret 的值:" + ret);
        if (ret == 2) {
            request.setAttribute("error", "您输入的考生准考证号码或密码错误! ");
            return mapping.findForward("error");
        } else {
            HttpSession session = request.getSession();
            session.setAttribute("student", studentForm.getID());
            return mapping.findForward("studentLoginok");
        }
    }
    //查询考生信息
    private ActionForward studentQuery(ActionMapping mapping, ActionForm form,
    HttpServletRequest request, HttpServletResponse response) {
        request.setAttribute("studentQuery", studentDAO.query(null));
        return mapping.findForward("studentQuery");
    }
    //添加考生注册信息
    private ActionForward studentAdd(ActionMapping mapping, ActionForm form,
    HttpServletRequest request, HttpServletResponse response) {
        StudentForm studentForm = (StudentForm) form;
        String ret = studentDAO.insert(studentForm);
        System.out.println("返回值 ret: " + ret);
        if (ret.equals("re")) {
            request.setAttribute("error", "您已经注册,直接登录即可! ");
            return mapping.findForward("error");
        } else if(ret.equals("miss")){
            request.setAttribute("error", "注册失败! ");
            return mapping.findForward("error");
        }else{
            request.setAttribute("ret",ret);
            return mapping.findForward("studentAdd");
        }
    }
}
```

2. 管理员登录

管理员登录界面如图 8-3 所示。

提示：用户正确完成登录以后，系统会根据用户所输入的信息，通过功能代码实现与数据库中存储的数据进行对比，从而判别该登录用户是否存在。如果不存在，提示输入账号及密码错误；输入正确则登录系统，进入系统的主界面。

管理员登录界面功能的主要代码如下：

```
//管理员身份验证
public ActionForward managerLogin(ActionMapping mapping, ActionForm form,
HttpServletRequest request, HttpServletResponse response) {
    ManagerForm managerForm = (ManagerForm) form;
    int ret = managerDAO.checkManager(managerForm);
    System.out.print("验证结果 ret 的值:" + ret);
    if (ret == 2) {
```

```
        request.setAttribute("error", "您输入的管理员名称或密码错误！");
        return mapping.findForward("error");
    } else {
        HttpSession session = request.getSession();
        session.setAttribute("manager", managerForm.getName());
        return mapping.findForward("managerLoginok");
    }
}
```

下面将搭建在线考试系统的程序代码运行环境。

步骤 1：新建基于 Java 的 Web 项目，导入 Jar 包，如图 8-4 所示。

图 8-3　管理员登录界面

图 8-4　导入 Jar 包

步骤 2：导入 Jar 包后，可以进行数据库的搭建，这里将使用可视化工具 Navicat 来进行数据库及表的搭建，本系统使用 MySQL 数据库。具体的 SQL 命令如下：

提示：首先需要安装 MySQL 数据库，然后在自己的本机中连接 MySQL 数据库，连接后新建数据库 exam，在工具栏上方单击"查询"按钮，新建查询，将下面的 SQL 语句写入并运行即可。

```
SET FOREIGN_KEY_CHECKS=0;
DROP TABLE IF EXISTS 'lesson';
CREATE TABLE 'lesson' (
'ID' int(11) NOT NULL AUTO_INCREMENT,
'Name' varchar(60) DEFAULT NULL,
'JoinTime' datetime DEFAULT NULL,
  PRIMARY KEY ('ID')
) ENGINE=InnoDB AUTO_INCREMENT=8 DEFAULT CHARSET=utf8;
INSERT INTO 'lesson' VALUES ('1', '英语（二）', '2019-01-01 09:00:00');
INSERT INTO 'lesson' VALUES ('2', '计算机网络技术', '2019-01-01 09:00:00');
INSERT INTO 'lesson' VALUES ('3', '计算机专业英语', '2019-01-01 09:00:00');
INSERT INTO 'lesson' VALUES ('4', '高级数据库', '2019-01-01 09:00:00');
INSERT INTO 'lesson' VALUES ('5', '离散数学', '2019-08-02 09:00:00');
INSERT INTO 'lesson' VALUES ('6', '软件工程', '2019-08-02 09:00:00');
INSERT INTO 'lesson' VALUES ('7', 'Web 前端', '2020-05-13 17:34:30');
DROP TABLE IF EXISTS 'manager';
CREATE TABLE 'manager' (
'ID' int(11) NOT NULL AUTO_INCREMENT,
'name' varchar(30) DEFAULT NULL,
'PWD' varchar(30) DEFAULT NULL,
PRIMARY KEY ('ID')
```

```
    ) ENGINE=InnoDB AUTO_INCREMENT=4 DEFAULT CHARSET=utf8;
    INSERT INTO 'manager' VALUES ('1', '123', '123');
    INSERT INTO 'manager' VALUES ('2', 'abc', 'abc');
    INSERT INTO 'manager' VALUES ('3', '000', '000');
    DROP TABLE IF EXISTS 'questions';
    CREATE TABLE 'questions' (
    'id' int(11) NOT NULL AUTO_INCREMENT,
    'subject' varchar(50) DEFAULT NULL,
    'type' char(6) DEFAULT NULL,
    'joinTime' datetime DEFAULT NULL,
    'lessonId' int(11) DEFAULT NULL,
    'taoTiId' int(11) DEFAULT NULL,
    'optionA' varchar(50) DEFAULT NULL,
    'optionB' varchar(50) DEFAULT NULL,
    'optionC' varchar(50) DEFAULT NULL,
    'optionD' varchar(50) DEFAULT NULL,
    'answer' varchar(10) DEFAULT NULL,
    'note' varchar(50) DEFAULT NULL,
    PRIMARY KEY ('id')
    ) ENGINE=InnoDB AUTO_INCREMENT=8 DEFAULT CHARSET=utf8;
    INSERT INTO 'questions' VALUES ('1', '下列语句中（      ）是命题？', '单选题', '2019-01-01
00:00:00', '5', '10', '请把门关上',
    '地球外的星球上也有人', 'x+5>6', '下午有会吗？', 'B', '');
    INSERT INTO 'questions' VALUES ('2', '网络营销的发展经历几个阶段？', '单选题', '2019-01-01
00:00:00', '29', '17', '2个', '3个', '5个', '6个', 'C', '空');
    INSERT INTO 'questions' VALUES ('3', 'Internet 提供的基本服务有哪些？', '多选题',
'2019-01-01 00:00:00', '29', '17',
    'E-mail', 'FTP', 'Telnet', 'WWW', 'A,B,C,D', '空');
    INSERT INTO 'questions' VALUES ('4', 'EPROM 代表什么？', '单选题', '2019-01-01 00:00:00',
'8', '19', '可编程存储器', '可擦可编程存储器', '只读存储器', '可擦可编程只读存储器', 'D', '');
    INSERT INTO 'questions' VALUES ('5', '对于 WWW 的正确解释有哪些？', '多选题', '2019-01-01
00:00:00', '8', '19', '全球网', '万维网', '局域网', 'World Wide Web 的缩写', 'A,B,D', '');
    INSERT INTO 'questions' VALUES ('6', '5*5', '单选题', '2019-01-01 00:00:00', '31', '20',
'20', '30', '25', '50', 'C', '无');
    INSERT INTO 'questions' VALUES ('7', '下列数据属于整数的是？', '多选题', '2019-01-01 00:00:00',
'31', '20', '1', '2', '3', '4', 'A,B,C,D', '无');
    DROP TABLE IF EXISTS 'student';
    CREATE TABLE 'student' (
    'ID' varchar(16) DEFAULT NULL,
    'name' varchar(20) DEFAULT NULL,
    'pwd' varchar(20) DEFAULT NULL,
    'sex' varchar(2) DEFAULT NULL,
    'joinTime' datetime DEFAULT NULL,
    'question' varchar(50) DEFAULT NULL,
    'answer' varchar(50) DEFAULT NULL,
    'profession' varchar(30) DEFAULT NULL,
    'cardNo' varchar(18) DEFAULT NULL
    ) ENGINE=InnoDB DEFAULT CHARSET=utf8;
    INSERT INTO 'student' VALUES ('CN20191201000001', '王粒', '111', '女', '2019-01-01
00:00:00', '111', '221', '法律学', '220198301*********');
    INSERT INTO 'student' VALUES ('CN20191201000002', '张三', '112', '男', '2019-01-01
00:00:00', '112', '222', '计算机应用软件', '220198302*********');
    INSERT INTO 'student' VALUES ('CN20191201000003', '无花', '113', '女', '2019-01-01
00:00:00', '113', '223', '计算机应用软件', '220198303*********');
```

```
    INSERT INTO 'student' VALUES ('CN20191201000004', '明明', '114', '女', '2019-01-01
00:00:00', '114', '224', '公司管理', '220198304*********');
    INSERT INTO 'student' VALUES ('CN20191201000005', '丽丽', '115', '女', '2019-01-01
00:00:00', '115', '225', '编程', '220198305*********');
    INSERT INTO 'student' VALUES ('CN20191201000006', '李萌', '116', '女', '2019-01-01
00:00:00', '116', '223', '电子商务', '220198306*********');
    INSERT INTO 'student' VALUES ('CN20191201000007', '王雪', '117', '女', '2019-01-01
00:00:00', '117', '224', '会计', '220198307*********');
    INSERT INTO 'student' VALUES ('CN20191201000008', '李佩', '118', '女', '2019-01-01
00:00:00', '118', '225', '法律', '220198308*********');
    DROP TABLE IF EXISTS 'sturesult';
    CREATE TABLE 'sturesult' (
    'id' int(11) NOT NULL AUTO_INCREMENT,
    'stuId' varchar(16) DEFAULT NULL,
    'whichLesson' varchar(60) DEFAULT NULL,
    'resSingle' int(11) DEFAULT NULL,
    'resMore' int(11) DEFAULT NULL,
    'resTotal' int(11) DEFAULT NULL,
    'joinTime' datetime DEFAULT NULL,
    PRIMARY KEY ('id')
    ) ENGINE=InnoDB AUTO_INCREMENT=14 DEFAULT CHARSET=utf8;
    INSERT INTO 'sturesult' VALUES ('1', 'CN20191201000001', '计算机专业英语', '40', '60',
'100', '2019-02-01 00:00:00');
    INSERT INTO 'sturesult' VALUES ('2', 'CN20191201000002', '会计', '40', '60', '100',
'2019-02-01 00:00:00');
    INSERT INTO 'sturesult' VALUES ('3', 'CN20191201000003', '计算机文化基础', '40', '60',
'100', '2019-02-01 00:00:00');
    INSERT INTO 'sturesult' VALUES ('4', 'CN20191201000004', '高级数据库', '40', '60', '100',
'2019-02-01 00:00:00');
    INSERT INTO 'sturesult' VALUES ('5', 'CN20191201000005', '信息技术', '40', '60', '100',
'2019-02-01 00:00:00');
    INSERT INTO 'sturesult' VALUES ('6', 'CN20191201000006', '计算机网络技术', '40', '60',
'100', '2019-02-01 00:00:00');
    INSERT INTO 'sturesult' VALUES ('7', 'CN20191201000007', '数学', '40', '60', '100',
'2019-02-01 00:00:00');
    INSERT INTO 'sturesult' VALUES ('8', 'CN20191201000008', '计算机专业英语', '40', '60',
'100', '2019-02-01 00:00:00');
    INSERT INTO 'sturesult' VALUES ('9', 'CN20191201000009', '数学', '40', '60', '100',
'2019-02-01 00:00:00');
    INSERT INTO 'sturesult' VALUES ('10', 'CN20191201000010', '电子商务', '40', '60', '100',
'2019-02-02 00:00:00');
    INSERT INTO 'sturesult' VALUES ('11', 'CN20191201000011', '数学', '40', '60', '100',
'2019-02-02 00:00:00');
    INSERT INTO 'sturesult' VALUES ('12', 'CN20191201000012', '软件工程', '40', '60', '100',
'2019-02-02 11:43:15');
    INSERT INTO 'sturesult' VALUES ('13', 'CN20191201000013', '数学', '40', '60', '100',
'2019-02-02 13:10:12');
    DROP TABLE IF EXISTS 'taoti';
    CREATE TABLE 'taoti' (
    'ID' int(11) NOT NULL AUTO_INCREMENT,
    'Name' varchar(50) DEFAULT NULL,
    'LessonID' int(11) DEFAULT NULL,
    'JoinTime' datetime DEFAULT NULL,
    PRIMARY KEY ('ID')
```

```
) ENGINE=InnoDB AUTO_INCREMENT=6 DEFAULT CHARSET=utf8;
INSERT INTO 'taoti' VALUES ('1', '2019 年期末考试', '1', '2019-02-01 00:00:00');
INSERT INTO 'taoti' VALUES ('2', '2019 年上半年期中考试题', '2', '2019-06-20 00:00:00');
INSERT INTO 'taoti' VALUES ('3', '2019 年期末考试题', '3', '2019-02-01 00:00:00');
INSERT INTO 'taoti' VALUES ('4', '大学英语', '4', '2019-06-20 00:00:00');
INSERT INTO 'taoti' VALUES ('5', '大学数学', '5', '2019-06-20 00:00:00');
```

步骤 3：在 src 下新建一个配置文件 connDB.properties，配置信息如下：

```
DB_CLASS_NAME=com.MySQL.jdbc.Driver
DB_URL=jdbc:MySQL://localhost:3306/exam
DB_USER=root
DB_PWD=root
```

提示：DB_USER=root 和 DB_PWD=root，这是 MySQL 的用户名和密码。在安装时需要注意 MySQL 的用户名和密码，连接信息正确则会连接到数据库。

步骤 4：在 WEB-INF 下新建一个 Web.xml（如果有，则不需要新建），接着对项目进行环境的配置和搭建，具体代码如下：

```xml
<?xml version="1.0" encoding="UTF-8"?>
<Web-appxmlns="http://java.sun.com/xml/ns/j2ee"xmlns:xsi="http://www.w3.org/2001/
XMLSchema-instance"
    version="2.4"
xsi:schemaLocation="http://java.sun.com/xml/ns/j2eehttp://java.sun.com/xml/ns/j2ee/We
b-app_2_4.xsd">
    <servlet>
    <servlet-name>action</servlet-name>
    <servlet-class>org.apache.struts.action.ActionServlet</servlet-class>
    <init-param>
    <param-name>config</param-name>
    <param-value>/WEB-INF/struts-config.xml</param-value>
    </init-param>
    <init-param>
    <param-name>debug</param-name>
    <param-value>3</param-value>
    </init-param>
    <init-param>
    <param-name>detail</param-name>
    <param-value>3</param-value>
    </init-param>
    <load-on-startup>0</load-on-startup>
    </servlet>
    <servlet-mapping>
    <servlet-name>action</servlet-name>
    <url-pattern>*.do</url-pattern>
    </servlet-mapping>
</Web-app>
```

8.4.2 学生管理模块的实现

在本系统中使用者主要分为管理员和学生，在这里先介绍学生系统的运行情况。

1. 在线考试

在线考试模块是本系统的一个重要功能，可以实现用户的答题操作。学生在输入正确的准考证号和密码以后才能开始在系统中答题，在线考试答题的题目均来自数据库。在线考试系统的考试界面如图 8-5 所示。

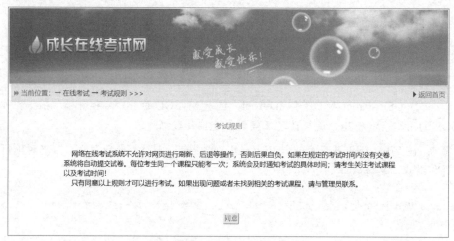

图 8-5　在线考试界面

2. 修改个人资料

修改个人资料模块是为了方便学生修改个人信息而设立的模块。在修改个人资料模块中，密码、性别、提示问题、问题答案及专业都是可以进行修改的，单击"保存"按钮提交，即可完成个人信息修改，如图 8-6 所示。

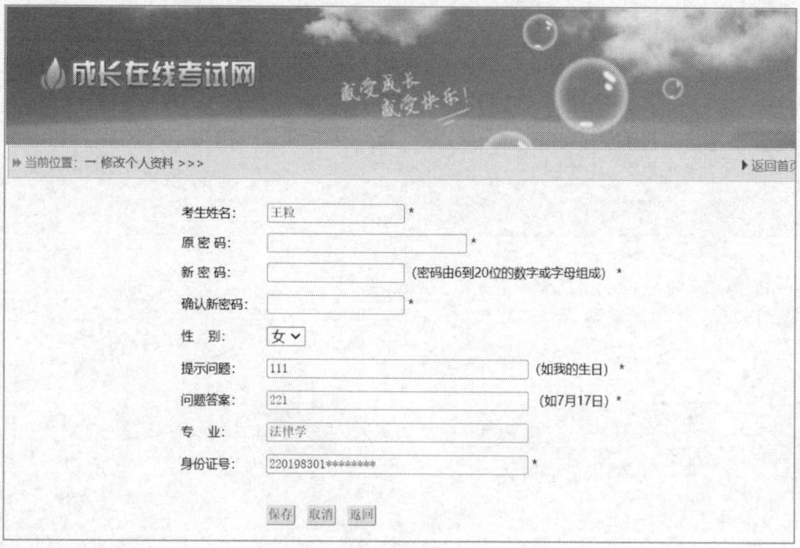

图 8-6　修改个人资料界面

修改个人资料功能的主要代码如下：

```
//修改考生信息时查询
private ActionForward modifyQuery(ActionMapping mapping, ActionForm form,
HttpServletRequest request, HttpServletResponse response) {
```

```
        System.out.println("获取的 ID: "+request.getParameter("ID"));
        StudentForm studentForm=(StudentForm)(studentDAO.query(request.getParameter("ID")).
get(0));
        System.out.println("从 Bean 中获取的 ID: "+studentForm.getID());
        request.setAttribute("modifyQuery", studentForm);
        return mapping.findForward("modifyQuery");
    }
    //找回密码（第一步）
    private ActionForward seekPwd1(ActionMapping mapping, ActionForm form,
    HttpServletRequest request, HttpServletResponse response){
        StudentForm studentForm = (StudentForm) form;
        StudentForm s=studentDAO.seekPwd1(studentForm);
        request.setAttribute("seekPwd2", s);
        if(s.getID().equals("")){
            request.setAttribute("error", "您输入的准考证号不存在！");
            return mapping.findForward("error");
        }else{
            return mapping.findForward("seekPwd1");
        }
    }
    //找回密码（第二步）
    private ActionForward seekPwd2(ActionMapping mapping, ActionForm form,
    HttpServletRequest request, HttpServletResponse response){
        StudentForm studentForm = (StudentForm) form;
        StudentForm s=studentDAO.seekPwd2(studentForm);
        request.setAttribute("seekPwd3", s);
        if(s.getID().equals("")){
            request.setAttribute("error", "您输入的密码提示问题的答案不正确！");
            return mapping.findForward("error");
        }else{
            return mapping.findForward("seekPwd2");
        }
    }
    //修改考生信息
    private ActionForward studentModify(ActionMapping mapping, ActionForm form,
    HttpServletRequest request, HttpServletResponse response) {
        StudentForm studentForm = (StudentForm) form;
        int ret = studentDAO.update(studentForm);
        if (ret == 0) {
            request.setAttribute("error", "修改考生信息失败！");
            return mapping.findForward("error");
        } else {
            return mapping.findForward("studentModify");
        }
    }
}
```

3. 成绩查询

答题得分功能实现了学生在答题结束以后对自己得分情况的查看，该功能是一个展示性质的辅助功能。学生在完成自己的试卷后，单击"提交"按钮，再单击"成绩查询"按钮，系统会显示所得分数，如图 8-7 所示。

4. 退出系统

单击"退出系统"按钮，系统会退出到登录界面。在登录界面中设有登录、重置、注册及找回密码的选项，提升了用户的体验感和操作的便捷性。

图 8-7　成绩查询界面

8.4.3　管理员模块的实现

管理员端的功能主要是为了让管理员更好地管理该系统，因此管理员功能在实现时需要开发人员考虑的因素和功能会比较多。下面对管理员如何在本系统中操作进行演示。

1. 管理员信息管理

管理员信息管理是该系统的重要功能之一，管理员不仅可以查看学生的信息，还可以对学生的信息进行添加、修改及删除等操作，如图 8-8 所示。

当前位置：管理员信息管理 >>>		当前管理员：123
		添加管理员信息
管理员名称	修改	删除
123	修改	删除
abc	修改	删除
000	修改	删除

图 8-8　管理员信息管理界面

管理员信息管理功能的主要代码如下：

```java
//查询管理员信息
private ActionForward managerQuery(ActionMapping mapping, ActionForm form,
HttpServletRequest request, HttpServletResponse response) {
    request.setAttribute("managerQuery", managerDAO.query(0));
    return mapping.findForward("managerQuery");
}
//添加管理员信息
private ActionForward managerAdd(ActionMapping mapping, ActionForm form,
HttpServletRequest request, HttpServletResponse response) {
    ManagerForm managerForm = (ManagerForm) form;
    managerForm.setPwd(managerForm.getPwd());
    int ret = managerDAO.insert(managerForm);
    System.out.println("返回值 ret: " + ret);
    if (ret == 1) {
        return mapping.findForward("managerAdd");
    } else if (ret == 2) {
        request.setAttribute("error", "该管理员信息已经添加！");
        return mapping.findForward("error");
    } else {
        request.setAttribute("error", "添加管理员信息失败！");
        return mapping.findForward("error");
    }
```

```
    }
    //修改密码时查询
    private ActionForward pwdQuery(ActionMapping mapping, ActionForm form,
    HttpServletRequest request, HttpServletResponse response) {
        request.setAttribute("pwdQueryif", managerDAO.query(Integer.parseInt(request.
getParameter("id"))));
        return mapping.findForward("pwdQueryModify");
    }
    //修改管理员密码
    private ActionForward modifypwd(ActionMapping mapping, ActionForm form,
    HttpServletRequest request, HttpServletResponse response) {
        ManagerForm managerForm = (ManagerForm) form;
        int ret = managerDAO.updatePwd(managerForm);
        if (ret == 0) {
            request.setAttribute("error", "修改管理员密码失败！");
            return mapping.findForward("error");
        } else {
            return mapping.findForward("pwdModify");
        }
    }
    //删除管理员信息
    private ActionForward managerDel(ActionMapping mapping, ActionForm form,
    HttpServletRequest request, HttpServletResponse response) {
        ManagerForm managerForm = (ManagerForm) form;
        managerForm.setID(Integer.parseInt(request.getParameter("id")));
        int ret = managerDAO.delete(managerForm);
        if (ret == 0) {
            request.setAttribute("error", "删除管理员信息失败！");
            return mapping.findForward("error");
        } else {
            return mapping.findForward("managerDel");
        }
    }
}
```

2. 考生信息管理

考生信息管理主要是针对学生来设计的，管理员可以看到所有的考生信息，包括考生准考证号、考生姓名、性别、加入时间、密码问题及身份证号，并可以对考生的信息进行删除操作，如图 8-9 所示。

准考证号	考生姓名	性别	加入时间	密码问题	身份证号	选项
CN20191201000001	王粒	女	2019-01-01 00:00:00	111	220198301********	☐
CN20191201000002	张三	男	2019-01-01 00:00:00	112	220198302********	☐
CN20191201000003	无花	女	2019-01-01 00:00:00	113	220198303********	☐
CN20191201000004	明明	女	2019-01-01 00:00:00	114	220198304********	☐
CN20191201000005	丽丽	女	2019-01-01 00:00:00	115	220198305********	☐
CN20191201000006	李萌	女	2019-01-01 00:00:00	116	220198306********	☐
CN20191201000007	王雪	女	2019-01-01 00:00:00	117	220198307********	☐
CN20191201000008	李佩	女	2019-01-01 00:00:00	118	220198308********	☐

当前位置：考生信息管理 >>>　　　　　　　　　　　　　▶当前管理员：123

☐ [全选/反选] [删除]

图 8-9　考生信息管理界面

考生信息管理功能的主要代码如下：

```
//删除考生信息
private ActionForward studentDel(ActionMapping mapping, ActionForm form,
HttpServletRequest request, HttpServletResponse response) {
    StudentForm studentForm = (StudentForm) form;
    int ret = studentDAO.delete(studentForm);
    if (ret == 0) {
        request.setAttribute("error", "删除考生信息失败！");
        return mapping.findForward("error");
    } else {
        return mapping.findForward("studentDel");
    }
}
```

3. 考生成绩查询

在考生成绩查询界面中，可以看到所有考生的准考证号、所属课程、考试时间及考生的考试分数等情况，如图 8-10 所示。

准考证号	所属课程	考试时间	单选题分数	多选题分数	合计分数
CN20191201000013	数学	2019-02-02 13:10:12	40	60	100
CN20191201000012	软件工程	2019-02-02 11:43:15	40	60	100
CN20191201000011	数学	2019-02-02 00:00:00	40	60	100
CN20191201000010	电子商务	2019-02-02 00:00:00	40	60	100
CN20191201000009	数学	2019-02-01 00:00:00	40	60	100
CN20191201000008	计算机专业英语	2019-02-01 00:00:00	40	60	100
CN20191201000007	数学	2019-02-01 00:00:00	40	60	100
CN20191201000006	计算机网络技术	2019-02-01 00:00:00	40	60	100
CN20191201000005	信息技术	2019-02-01 00:00:00	40	60	100
CN20191201000004	高级数据库	2019-02-01 00:00:00	40	60	100
CN20191201000003	计算机文化基础	2019-02-01 00:00:00	40	60	100
CN20191201000002	会计	2019-02-01 00:00:00	40	60	100
CN20191201000001	计算机专业英语	2019-02-01 00:00:00	40	60	100

图 8-10　考生成绩查询界面

考生信息管理功能的主要代码如下：

```
public class StuResult extends Action {
    private StuResultDAO stuResultDAO = null;
    public StuResult() {
        this.stuResultDAO = new StuResultDAO();
    }
    public ActionForward execute(ActionMapping mapping, ActionForm form,
    HttpServletRequest request, HttpServletResponse response) {
        String action = request.getParameter("action");
        System.out.println("获取的查询字符串: " + action);
        if (action == null || "".equals(action)) {
            return mapping.findForward("error");
        } else if ("stuResultQuery".equals(action)) {
            return stuResultQuery(mapping, form, request, response);
        } else if ("stuResultQueryS".equals(action)) {
```

```
        return stuResultQueryS(mapping, form, request, response);
    }
    request.setAttribute("error", "操作失败！");
    return mapping.findForward("error");
}
//管理员查询考生成绩
private ActionForward stuResultQuery(ActionMapping mapping, ActionForm form,
HttpServletRequest request, HttpServletResponse response) {
    if(form instanceof StuResultForm){
        request.setAttribute("stuResultQuery", stuResultDAO.query(""));
    }else{
        QueryResultIfForm ifForm = (QueryResultIfForm) form;
        request.setAttribute("stuResultQuery", stuResultDAO.query(ifForm));
    }
    return mapping.findForward("stuResultQuery");
}
//考生查询自己的成绩
private ActionForward stuResultQueryS(ActionMapping mapping, ActionForm form,
HttpServletRequest request, HttpServletResponse response) {
    request.setAttribute("stuResultQuery", stuResultDAO.query(request.getParameter
("ID").toString()));
    return mapping.findForward("stuResultQueryS");
    }
}
```

4. 课程信息管理

课程信息管理主要根据 ID 号查询出该学生的课程名称及加入时间，并且可以对学生的课程信息进行添加和删除操作，如图 8-11 所示。

图 8-11　课程信息管理界面

课程信息管理功能的主要代码如下：

```
public class Lesson extends Action {
    private LessonDAO lessonDAO = null;
    public Lesson() {
        this.lessonDAO = new LessonDAO();
    }
    public ActionForward execute(ActionMapping mapping, ActionForm form,
HttpServletRequest request, HttpServletResponse response) {
        String action = request.getParameter("action");
        System.out.println("获取的查询字符串: " + action);
        if (action == null || "".equals(action)) {
            return mapping.findForward("error");
        } else if ("lessonQuery".equals(action)) {
```

```
            return lessonQuery(mapping, form, request, response);
        } else if ("lessonAdd".equals(action)) {
            return lessonAdd(mapping, form, request, response);
        } else if ("lessonDel".equals(action)) {
            return lessonDel(mapping, form, request, response);
        }else if("selectLesson".equals(action)){
            return selectLesson(mapping, form, request, response);
        }else if("ready".equals(action)){
            return ready(mapping, form, request, response);
        }
        request.setAttribute("error", "操作失败！");
        return mapping.findForward("error");
}
//查询课程信息
private ActionForward lessonQuery(ActionMapping mapping, ActionForm form,
HttpServletRequest request, HttpServletResponse response) {
    request.setAttribute("lessonQuery", lessonDAO.query(0));
    return mapping.findForward("lessonQuery");
}
//添加课程
private ActionForward lessonAdd(ActionMapping mapping, ActionForm form,
HttpServletRequest request, HttpServletResponse response) {
    LessonForm lessonForm = (LessonForm) form;
    int ret = lessonDAO.insert(lessonForm);
    System.out.println("返回值 ret: " + ret);
    if (ret == 1) {
        return mapping.findForward("lessonAdd");
    } else if (ret == 2) {
        request.setAttribute("error", "该课程已经添加！");
        return mapping.findForward("error");
    } else {
        request.setAttribute("error", "添加课程失败！");
        return mapping.findForward("error");
    }
}
//删除课程
private ActionForward lessonDel(ActionMapping mapping, ActionForm form,
HttpServletRequest request, HttpServletResponse response) {
    LessonForm lessonForm = (LessonForm) form;
    int ret = lessonDAO.delete(lessonForm);
    if (ret == 0) {
        request.setAttribute("error", "删除课程失败！");
        return mapping.findForward("error");
    } else {
        return mapping.findForward("lessonDel");
    }
}
//在线考试时选择课程
private ActionForward selectLesson(ActionMapping mapping, ActionForm form,
HttpServletRequest request, HttpServletResponse response) {
    HttpSession session = request.getSession();
    String stu=session.getAttribute("student").toString(); //获取准考证号
    List list=lessonDAO.query(stu); //查询包括考试题目的课程列表,但不包括已经考过的科目
    if(list.size()<1){
        return mapping.findForward("noenLesson");
    }else{
        request.setAttribute("lessonList",list);
```

```
        return mapping.findForward("selectLesson");
    }
}
//准备考试
private ActionForward ready(ActionMapping mapping, ActionForm form,
HttpServletRequest request, HttpServletResponse response) {
    LessonForm lessonForm = (LessonForm) form;
    System.out.println("课程 ID: "+lessonForm.getID()+lessonForm.getName());
    HttpSession session = request.getSession();
    session.setAttribute("lessonID",String.valueOf(lessonForm.getID()));
    //查询选择的课程 ID
    return mapping.findForward("ready");
}
}
```

5. 套题信息管理

套题信息管理主要是根据考试的套题、考试的课程、加入时间对考生套题进行修改和删除等操作，如图 8-12 所示。

当前位置：套题信息管理 >>>　　　　　　　　　　　　　　　▶当前管理员：123

🎓 添加套题

套题名称	所属课程	加入时间	修改	选项
大学数学	离散数学	2019-06-20 00:00:00	修改	☐
大学英语	高级数据库	2019-06-20 00:00:00	修改	☐
2019年期末考试题	计算机专业英语	2019-02-01 00:00:00	修改	☐
2019年上半年期中考试题	计算机网络技术	2019-06-20 00:00:00	修改	☐
2019年期末考试	英语（二）	2019-02-01 00:00:00	修改	☐

☐ [全选/反选] [删除]

图 8-12　套题管理界面

套题信息管理功能的主要代码如下：

```
public class TaoTi extends Action {
    private TaoTiDAO taoTiDAO = null;
    private LessonDAO lessonDAO=null;
    public TaoTi() {
        this.taoTiDAO = new TaoTiDAO();
        this.lessonDAO=new LessonDAO();
    }
    public ActionForward execute(ActionMapping mapping, ActionForm form,
    HttpServletRequest request, HttpServletResponse response) {
        String action = request.getParameter("action");
        System.out.println("获取的查询字符串: " + action);
        if (action == null || "".equals(action)) {
            return mapping.findForward("error");
        } else if ("taoTiQuery".equals(action)) {
            return taoTiQuery(mapping, form, request, response);
        }else if("taoTiAddQuery".equals(action)){
            return taoTiAddQuery(mapping,form,request,response);
        } else if ("taoTiAdd".equals(action)) {
            return taoTiAdd(mapping, form, request, response);
        } else if ("taoTiDel".equals(action)) {
            return taoTiDel(mapping, form, request, response);
        }else if("taoTiModifyQuery".equals(action)){
```

```java
            return taoTiModifyQuery(mapping,form,request,response);
        }else if("taoTiModify".equals(action)){
            return taoTiModify(mapping,form,request,response);
        }
        request.setAttribute("error", "操作失败! ");
        return mapping.findForward("error");
    }
    //查询套题信息
    private ActionForward taoTiQuery(ActionMapping mapping, ActionForm form,
    HttpServletRequest request, HttpServletResponse response) {
        request.setAttribute("taoTiQuery", taoTiDAO.query(0));
        return mapping.findForward("taoTiQuery");
    }
    //添加套题
    private ActionForward taoTiAdd(ActionMapping mapping, ActionForm form,
    HttpServletRequest request, HttpServletResponse response) {
        TaoTiForm taoTiForm = (TaoTiForm) form;
        int ret = taoTiDAO.insert(taoTiForm);
        System.out.println("返回值ret: " + ret);
        if (ret == 1) {
            return mapping.findForward("taoTiAdd");
        } else if (ret == 2) {
            request.setAttribute("error", "该套题已经添加! ");
            return mapping.findForw ard("error");
        } else {
            request.setAttribute("error", "添加套题失败! ");
            return mapping.findForward("error");
        }
    }
    //添加套题时查询
    private ActionForward taoTiAddQuery(ActionMapping mapping, ActionForm form,
    HttpServletRequest request, HttpServletResponse response) {
        request.setAttribute("lessonList",lessonDAO.query(0)); //全部课程列表
        return mapping.findForward("taoTiAddQuery");
    }
    //修改套题时查询
    private ActionForward taoTiModifyQuery(ActionMapping mapping, ActionForm form,
    HttpServletRequest request, HttpServletResponse response) {
        TaoTiForm taoTiForm=(TaoTiForm)((taoTiDAO.query(Integer.parseInt(request.
getParameter("id")))).get(0));
        request.setAttribute("taoTiModifyQuery", taoTiForm);
        request.setAttribute("lessonList",lessonDAO.query(0)); //全部课程列表
        return mapping.findForward("taoTiModifyQuery");
    }
    //修改套题
    private ActionForward taoTiModify(ActionMapping mapping, ActionForm form,
    HttpServletRequest request, HttpServletResponse response) {
        TaoTiForm taoTiForm = (TaoTiForm) form;
        int ret = taoTiDAO.update(taoTiForm);
        if (ret == 0) {
            request.setAttribute("error", "修改套题失败! ");
            return mapping.findForward("error");
        } else {
            return mapping.findForward("taoTiModify");
        }
    }
    //删除套题
```

```
private ActionForward taoTiDel(ActionMapping mapping, ActionForm form,
HttpServletRequest request, HttpServletResponse response) {
    TaoTiForm taoTiForm = (TaoTiForm) form;
    int ret = taoTiDAO.delete(taoTiForm);
    if (ret == 0) {
        request.setAttribute("error", "删除套题失败! ");
        return mapping.findForward("error");
    } else {
        return mapping.findForward("taoTiDel");
    }
}
}
```

6. 考试题目管理

考试题目管理是本系统的核心功能，主要实现对学生考试试卷的管理，通过系统抽取的题目自动生成试卷并能将试卷存入数据库，供学生考试时进行选择；此外，还可以对试题进行添加、修改和删除等操作，如图 8-13 所示。

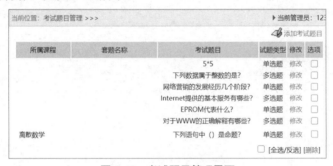

图 8-13 考试题目管理界面

考试题目管理功能的主要代码如下：

```
public class Questions extends Action {
    private QuestionsDAO questionsDAO = null;
    private LessonDAO lessonDAO=null;
    private TaoTiDAO taoTiDAO=null;
    public Questions() {
        this.questionsDAO = new QuestionsDAO();
        this.lessonDAO=new LessonDAO();
        this.taoTiDAO=new TaoTiDAO();
    }
    public ActionForward execute(ActionMapping mapping, ActionForm form,
    HttpServletRequest request, HttpServletResponse response) {
        String action = request.getParameter("action");
        System.out.println("获取的查询字符串: " + action);
        if ("questionsQuery".equals(action)) {
            return questionsQuery(mapping, form, request, response);
            }else if("questionsAddQuery".equals(action)){
                return questionsAddQuery(mapping,form,request,response);
            } else if ("questionsAdd".equals(action)) {
                return questionsAdd(mapping, form, request, response);
            } else if ("questionsDel".equals(action)) {
```

```java
            return questionsDel(mapping, form, request, response);
        }else if("questionsModifyQuery".equals(action)){
            return questionsModifyQuery(mapping,form,request,response);
        }else if("questionsModify".equals(action)){
            return questionsModify(mapping,form,request,response);
        }else if("queryTaoTi".equals(action)){
            return queryTaoTi(mapping,form,request,response);
        }else{
            request.setAttribute("error", "操作失败! ");
            return mapping.findForward("error");
        }
    }
    //查询考试题目信息
    private ActionForward questionsQuery(ActionMapping mapping, ActionForm form,
    HttpServletRequest request, HttpServletResponse response) {
        request.setAttribute("questionsQuery", questionsDAO.query(0));
        return mapping.findForward("questionsQuery");
    }
    //添加考试题目
    private ActionForward questionsAdd(ActionMapping mapping, ActionForm form,
    HttpServletRequest request, HttpServletResponse response) {
        QuestionsForm questionsForm = (QuestionsForm) form;
        int ret = questionsDAO.insert(questionsForm);
        if (ret == 1) {
            return mapping.findForward("questionsAdd");
        } else if (ret == 2) {
        request.setAttribute("error", "该考试题目已经添加! ");
        return mapping.findForward("error");
        } else {
            request.setAttribute("error", "添加考试题目失败! ");
            return mapping.findForward("error");
        }
    }
//添加考试题目时查询
private ActionForward questionsAddQuery(ActionMapping mapping, ActionForm form,
HttpServletRequest request, HttpServletResponse response) {
    request.setAttribute("lessonList",lessonDAO.query(-1)); //全部包括套题的课程列表
    return mapping.findForward("questionsAddQuery");
}
//根据课程查询套题ajax
private ActionForward queryTaoTi(ActionMapping mapping, ActionForm form,
HttpServletRequest request, HttpServletResponse response) {
    request.setAttribute("taoTiList",taoTiDAO.queryTaoTi(Integer.parseInt(request.
getParameter("id"))));
    return mapping.findForward("queryTaoTi");
}
//修改考试题目时的查询
private ActionForward questionsModifyQuery(ActionMapping mapping, ActionForm
```

```
form,
        HttpServletRequest request, HttpServletResponse response) {
        QuestionsForm questionsForm=(QuestionsForm)((questionsDAO.query(Integer.parseInt
(request.getParameter("id")))).get(0));
        request.setAttribute("questionsModifyQuery", questionsForm);
        return mapping.findForward("questionsModifyQuery");
    }
    //修改考试题目
    private ActionForward questionsModify(ActionMapping mapping, ActionForm form,
    HttpServletRequest request, HttpServletResponse response) {
        QuestionsForm questionsForm = (QuestionsForm) form;
        int ret = questionsDAO.update(questionsForm);
        if (ret == 0) {
            request.setAttribute("error", "修改考试题目失败！");
            return mapping.findForward("error");
        } else {
            return mapping.findForward("questionsModify");
        }
    }
    //删除考试题目
    private ActionForward questionsDel(ActionMapping mapping, ActionForm form,
    HttpServletRequest request, HttpServletResponse response) {
        QuestionsForm questionsForm = (QuestionsForm) form;
        int ret = questionsDAO.delete(questionsForm);
        if (ret == 0) {
            request.setAttribute("error", "删除考试题目失败！");
            return mapping.findForward("error");
        } else {
            return mapping.findForward("questionsDel");
        }
    }
}
```

7. 退出后台管理

退出后台管理主要是为了方便管理员退出该系统，增加用户的体验感。单击"退出后台管理"按钮，页面将返回到登录界面。

8.5 系统运行与测试

系统测试中一个很重要的任务便是检查系统中所存在的不足和需要改进的问题，以此来提高整个系统的可靠性。而系统建设的一个更重要的目的是检测整个系统的"执行情况"。这里可以分为三大步进行，分别是模块测试、组装测试和验证测试。

模块测试即是要测试整个程序的正确与否，组装测试便是测试程序的接口正确与否，最后的验证测试是使用者是否满足整个系统软件的功能和性能的关键。一旦经过系统检测测试出所存在的一系列问题就需要不断地进行调试，找出具体的错误所存在的位置，以便及时改正。系统检测是对整个系统进行一系列检测，进一步看看当前系统是否符合需求规格的定义。在与需求规格定义不吻合或者是产生矛盾的地方要做进一步的修改。

8.5.1　功能测试

为了确保程序正常运行及每个功能都能实现既定的任务，在程序开发结束时应该对整个系统进行功能测试。功能测试就是对所开发产品的各个功能进行逐一验证确保能够完成前期所设计的功能。在功能测试的过程中，我们需要用到一些测试用例对每一项功能进行测试，从而检测所设计的系统能不能达到原先所期望的所有功能。功能测试也可以叫作黑盒测试或者数据驱动测试，因为在用黑盒测试或数据驱动测试方法进行功能测试中，我们只需要考虑每一个独立功能，而不需要考虑整个代码的功能。一般来讲，我们可以从系统的每一个小功能开始测试，例如本系统的登录功能和题库功能，通过对这两个功能的测试可以得出结论，该系统是否满足我们所期望的功能需求。

8.5.2　兼容性测试

兼容性测试是一个系统是否能在各种情况下正常运行的关键，测试的环境主要在各个操作系统和各个浏览器上展开。软件测试中的兼容性测试很重要，如果说一个 B/S 系统与大多数的主浏览器都不兼容，那么这个系统将不能在市场上稳定运行。在本系统设计中，虽然不用考虑过多的商业因素，但是必须将兼容性测试考虑在其中，这样能让系统在以后的使用中更加稳定地运行。因此，对系统进行兼容性测试是很有必要的。

8.5.3　测试方法

软件测试的常用方法基本有以下两种。

（1）静态测试主要是指在不运行程序的前提下，通过人工评审程序源代码和程序有关的说明文档及其他各类资料，来发现软件中存在的逻辑错误和代码错误，但是该类方法有一定的局限性。

（2）动态测试，顾名思义就是要运行测试程序，检查运行结果和预期结果的差异，并分析运行效率和健壮性等属性。动态测试的关键就是测试用例的构建。目前，大部分公司采用的测试方法是动态测试。动态测试中涉及测试用例的是白盒测试与黑盒测试。

①白盒测试：也称为结构测试，是将软件看成了一个透明的白盒子，并按照程序的内部结构与处理逻辑来选定测试用例，对软件的逻辑路径及过程进行测试，检查它与设计是否相符。白盒测试是通过程序的源代码进行测试，而不使用用户界面。这种类型的测试需要从代码句法发现内部代码在算法、溢出、路径、条件等方面存在的缺点或错误，进而加以修正。

②黑盒测试：也称功能测试、数据驱动测试或基于规格说明的测试，它是通过使用整个软件或某种软件功能来严格地进行测试，而并没有通过检查程序的源代码或很清楚地了解该软件的源代码程序具体是怎样设计的。测试人员是通过输入数据，然后看输出的结果，从而了解软件怎样工作。将软件看作黑盒子，在完全不考虑程序的内部结构和特性的情况下，测试软件的外部特性。根据软件的需求规格说明书设计测试用例，从程序的输入和输出特性上测试是否满足设定的功能。

8.6　开发常见问题及功能扩展

在实现在线考试系统时，主要完成了以下几点内容。

（1）了解国内外在线考试系统的发展情况，深入思考该系统的工作流程。

（2）按照该考试系统的工作流程设计系统的总体结构，并绘制结构图。

（3）设计系统的功能模块，如后台试题的输入、整理、删除等功能；前台考试模块中试题的生成、发表评论、题目形式的选择等功能。

（4）熟练地运用和掌握 Java Web 技术和 MySQL 数据库编程，进行考试系统的程序代码编写、调试运行及功能测试。

（5）了解服务器的部署问题、数据库的存储问题及数据库与程序的交互问题。

本系统可拓展的功能还有考试时间的实现、试题的自动组卷、选择题自动判断答案、错题笔记、知识小结等功能，都需要我们进一步研究和开发。

至此，在线考试系统基本完成。但本系统中所提出的仅仅是一个考试设计，它所涉及的内容和形式都非常有限，并且在许多功能的实现和完成方式上还存在着诸多不足，这将在以后的实践中得到改进。

第9章

网上商城购物系统

本章概述

本系统为网上商城购物平台，主要分为用户和管理员两个角色，其中用户的主要功能包括注册、登录、商品分类查看、商品详情查看、购物车、下单、在线留言等；管理员的主要功能包括商品分类管理、商品管理、订单管理、用户管理、留言管理等。本章主要从项目开发技术背景、功能设计、数据库设计、技术实现等方面来讲解网上商城购物系统的开发。

知识导读

本章要点（已掌握的在方框中打钩）
☐ 系统总体功能设计
☐ 数据库表设计
☐ 注册及登录功能的实现
☐ 前台功能的实现
☐ 后台功能的实现

9.1　项目开发技术背景

因特网的迅猛发展正在以前所未有的广度影响着人类的生活，现代人们对于互联网技术的要求已不单单是浏览网站网页、收发电子邮件，足不出户就能购买到心仪的商品是越来越多上网爱好者实现购物的一种方式。对于商家来说，拥有一个属于自己的网站是至关重要的。

网上购物系统是一种新兴的能够实现在线交易的商业信息系统，它主要向会员提供静态及动态的信息资源。静态信息是指不经常更新的资源，如公司的简介、规范、制度等；动态信息是指变化的信息，如公告信息、商品报价等。网上购物系统有强大的在线交互功能，使商家和用户可以方便地传递信息，以完成在线交易。

本网上商城购物系统前端使用 JSP 来实现数据的展示，并使用原生的 HTML 页面技术进行渲染，同时加入 JQuery 技术制作控件效果；后端通过 Java 代码实现对数据的一系列操作，同时使用经典的 Spring 技术对整个系统进行统一调度，并且使用 Spring MVC 框架实现了前端和后端的交互。本系统的开发工具使用 Eclipse 和 Tomcat 服务器，同时使用 MySQL 数据库对数据进行存储和维护。

在本系统实现的过程中，使用 Spring 和 Spring MVC 的同时，后端使用了 MyBatis 技术对数据进行封装和操作；前端还采用 Dtree 框架规范页面的显示。整个系统的架构也是基于经典的 MVC 设计模式来实现的。

9.1.1　开发目的和意义

本系统旨在降低商品销售商家的工作强度，提高工作效率，大大地减少操作人员手工输入数据的工作量，极大限度地避免人力浪费及重复操作的时间消耗。此外，本系统方便用户对自己所需商品的查询和购买，打破了传统的销售模式，极大限度地为用户提供方便。商家应用本系统后，可以拓展销售门路、增加销售业绩。应用本系统是为了在传统的销售模式外，再开辟一条新的销售通道，减少商品的库存堆积。利用网络共享和互动、结合地面销售的优点，借助数据库管理技术开发此平台，是为了实现规范化、个性化、人性化的商品网上销售。本系统的数据统计分析功能灵活完善、稳定安全、使用方便、界面友好、操作简单，可以成为一个能真正帮助商品销售行业实现高效管理的有力工具。

9.1.2　系统可行性分析

可行性分析的目的就是以最小代价，在尽可能短的时间内确定问题是否能够解决，我们具体从以下 3 个方面考虑本系统的可行性。

1. 经济可行性

网上商城购物系统是一个小型的管理系统，在开发时需要软件开发人员花费一定的时间和精力，还需要一定的资金投入。但在开发完成后，正式投入使用时，它给企业带来的利润是不可估量的，节省了许多人力及物力上的开支，使库存管理工作化繁为简，更加合理化、规范化。工作效率的提高就意味着整体水平的提高，因此开发网上商城购物系统是非常值得投资的。

2. 操作可行性

本系统是在 JDK 环境下基于 My Eclipse 平台开发的，易于操作。此外，系统还采用了可视化面向对象的工具，其窗口、界面简洁易懂，所以本系统在操作上是可行的。

3. 技术可行性

本系统采用 Java 作为开发语言。Java 是一种简单的、面向对象的、分布式的、可移植的、性能优异的、多线程的、动态的语言。Java 具有理论严密、使用方便、易学易用等特点，利用它设计的系统具有界面友好、工具丰富，速度较快的特点。再结合 MySQL 数据库技术，编写 SQL 语言访问数据库，实现了强大的查询、修改、入库、出库等操作。

9.1.3　系统需求分析

通过需求分析，可以对网上商城购物系统进行有效的管理，从而形成完善的应用系统。下面从网站前台功能和后台功能两个方面入手，依次介绍用户的注册、登录、商品的查询及订购等功能。

1. 网站前台功能

（1）首页：在网站首页中，显示该企业的商标、该网站用户的登录和注册链接、所有商品的一级分类、热门商品和最新商品等。

（2）用户的注册：针对还未注册的用户，完成注册时的功能。在注册的过程中会涉及数据的合法性校验，以及利用 Ajax 完成用户名是否已被注册的异步校验。

（3）用户的登录：针对已经注册且激活的用户提供的登录功能。

（4）用户的退出：针对已经登录的用户提供的退出系统功能。

（5）首页商品展示：展示出最新商品和热门商品。

（6）分类页面商品展示：根据一级分类和二级分类展示该分类下的所有商品。

（7）商品详情展示：单击某个商品时可以展示该商品的具体详细信息。

（8）购物车：用于存放用户欲购买的目标商品信息，用户可根据自己的情况修改购物车内的信息。

（9）订单：对于已经登录的用户，可以对购物车的商品进行付款，生成订单。

（10）留言评价分享：网站单独开辟留言分享区域，以供登录的用户自由发布评价、分享心得和交流互动。

2. 网站后台功能

（1）管理员登录：管理员根据账户和密码进行登录。

（2）商品一级、二级分类管理：管理员可以对前台显示的一级、二级分类进行管理，包括添加、删除、修改等操作。

（3）商品管理：管理员可以对前台显示的商品进行管理（包括添加、修改、删除、查询功能），也可以上传商品的图片。

（4）用户管理：管理员可以查看该网站中已经注册的所有用户的信息。

9.1.4 系统用户用例图

作为系统的使用者，用户可以通过前台注册、登录后进行一系列的购物操作。其具体操作用例图如图 9-1 所示。

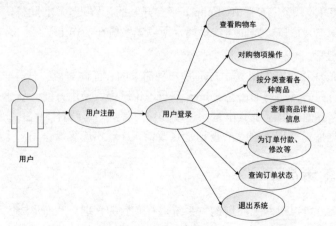

图 9-1 用户用例图

管理员是整个系统的最高权限拥有者，他/她可以对所有用户的信息进行查看，也可以对网站商品信息进行增/删/改/查及上传商品图片，还可以对所有商品所属一级、二级分类进行修改。其具体操作用例图如图 9-2 所示。

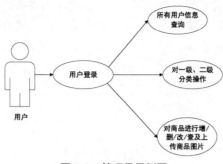

图 9-2　管理员用例图

9.2　系统功能设计

本节主要通过对系统需求的分析，介绍系统要实现的各个功能模块。

9.2.1　系统的总体设计

本系统采用 B/S 模式，整个系统的构建基于 SSM（Spring+Spring MVC+MyBatis）整合框架。深入研究 Java EE 体系结构，对该项目的技术所选取的框架进行分析和研究。Spring MVC 是一个 Web 端框架；MyBatis 是一个轻量级的持久层框架，以面向对象的方式提供了持久化类到数据库之间的映射，它是一种优秀的 ORM 框架；Spring 也是一种轻量级框架，它的 IOC 和 AOP 思想，值得架构师学习。通过三大框架的整合，可以很方便地构建出可扩展、可移植、可维护的软件系统。

SSM 框架是 J2EE 领域中最热门且比较成熟的一套开源框架，它基于 MVC 设计模式，充分发挥了 MVC 的优点。相对于 EJB 而言，SSM 继承了它的优点的同时，在开发和执行效率上也有了明显的提高，而对于开发者而言，它比 EJB 更加易学和掌握。目前 SSM 框架也正在不断地进行优化和维护，运行也是越来越稳定。

根据以上功能分析，得到系统功能模块结构图如图 9-3 所示。

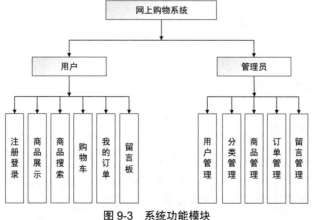

图 9-3　系统功能模块

9.2.2　平台功能设计

网上商城购物系统分为前台和后台。其中，根据网上购物系统前台的特点，可以将其分为首页、商品查询、商品展台、购物车、用户管理、我的订单及留言板 7 个模块，各个模块及其包括的具体功能模块如图 9-4 所示。

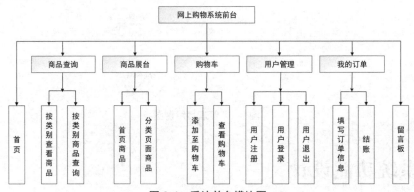

图 9-4　系统前台模块图

根据网上购物系统后台的特点，可以将其分为管理员管理、用户管理、分类管理、商品管理、订单管理、留言管理 6 个模块，其中各个模块及其包括的具体功能模块如图 9-5 所示。

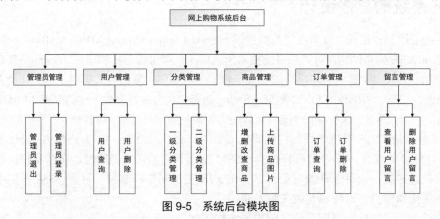

图 9-5　系统后台模块图

9.3　系统数据库设计

本网上商城购物系统采用 MySQL 作为后台数据库，数据库名称为 shop。本节将依次对本系统 E-R 模型图及数据库表的设计进行介绍。

9.3.1　系统 E-R 图

本系统是网上商城购物系统，根据前面的结构设计和初步的数据库设计思想，这里可规划出的实体主要有用户实体、管理员实体、商品实体和订单实体等。这些实体又包含各种具体的实际信息，通过相互之间的作用形成数据的流动。

1. 用户实体

用户实体包括用户 id（编号）、用户姓名、联系方式、用户性别、用户状态、用户邮箱、用户名、用户地址和用户密码等属性。用户实体的 E-R 模型图如图 9-6 所示。

2. 管理员实体

管理员实体包括编号、账号和密码属性。管理员实体的 E-R 模型图如图 9-7 所示。

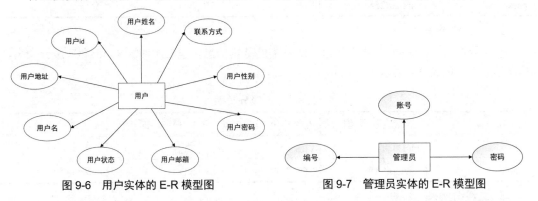

图 9-6　用户实体的 E-R 模型图　　　　图 9-7　管理员实体的 E-R 模型图

3. 商品实体

商品实体包括商品 id、商品名称、是否热门、商城价、市场价、商品图片、商品描述、上架日期、二级分类 id。商品实体的 E-R 模型图如图 9-8 所示。

4. 订单实体

订单实体主要包括订单 id、订单总价、订单状态、收货地址、收货电话、下单时间、购买者、用户 id、购买商品 id。订单实体的 E-R 模型图如图 9-9 所示。

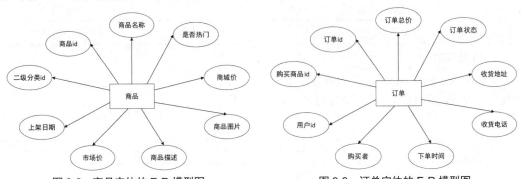

图 9-8　商品实体的 E-R 模型图　　　　图 9-9　订单实体的 E-R 模型图

9.3.2　数据库表设计

在详细设计前，应该对本系统中所涉及的对象实体进行信息建模，并最终得到完整的数据库表结构。

1. 管理员表

管理员表（adminuser）主要记录管理员的基本登录信息，具体结构设计如表 9-1 所示。

表 9-1　管理员表

字　段　名	数据类型	允许空值（默认 NO）	自动递增	备　　注
id	int(11)	YES	YES	管理员 id
username	varchar(255)	NO	NO	用户名/账号
password	varchar(255)	NO	NO	密码

2. 一级分类表

一级分类表（category）主要记录一级分类的基本信息，包括一级分类 id 和一级分类名，具体结构设计如表 9-2 所示。

表 9-2　一级分类表

字　段　名	数据类型	允许空值（默认 NO）	自动递增	备　　注
cid	int(11)	YES	YES	一级分类 id
cname	varchar(255)	NO	NO	一级分类名

3. 二级分类表

二级分类表（categorysecond）主要记录二级分类的基本信息，包括二级分类 id、二级分类名和所属一级分类 id，具体结构设计如表 9-3 所示。

表 9-3　二级分类表

字　段　名	数据类型	允许空值（默认 NO）	自动递增	备　　注
Csid	int(11)	YES	YES	二级分类 id
Csname	varchar(255)	NO	NO	二级分类名
cid	varchar(255)	NO	NO	所属一级分类 id

4. 订单项表

订单项表（orderitem）主要记录订单项的基本信息，包括订单项 id、购买数量、商品总价、所购商品 id 和所属订单 id，具体结构设计如表 9-4 所示。

表 9-4　订单项表

字　段　名	数据类型	允许空值（默认 NO）	自动递增	备　　注
Oiid	int(11)	YES	YES	订单项 id
count	varchar(255)	NO	NO	购买数量
subtotal	double	NO	NO	商品总价
Pid	int(11)	NO	NO	所购商品 id
cid	int(11)	NO	NO	所属订单 id

5. 订单表

订单表（order）主要记录订单的基本信息，包括订单 id、订单总价、订单状态、收货地址、收货电话、下单时间和所属用户 id，具体结构设计如表 9-5 所示。

表 9-5　订单表

字 段 名	数 据 类 型	允许空值（默认 NO）	自 动 递 增	备　　注
oid	int(11)	YES	YES	订单 id
money	double	NO	NO	订单总价
state	Int(11)	NO	NO	订单状态
Receiveinfo	Varchar(255)	NO	NO	收货地址
phonum	Varchar(255)	NO	NO	收货电话
Order_time	datetime	NO	NO	下单时间
Uid	Int(11)	NO	NO	所属用户 id

6. 商品表

商品表（product）主要记录商品的基本信息，包括商品 id、商品名称、市场价、商城价、商品图片、商品描述、是否热门、商品上架日期、所属二级分类 id，具体结构设计如表 9-6 所示。

表 9-6　商品表

字 段 名	数 据 类 型	允许空值（默认 NO）	自 动 递 增	备　　注
Pid	int(11)	YES	YES	商品 id
Pname	Varchar(255)	NO	NO	商品名称
Market_price	Int(11)	NO	NO	市场价
Shop_price	Varchar(255)	NO	NO	商城价
image	Varchar(255)	NO	NO	商品图片
Pdesc	Varchar(255)	NO	NO	商品描述
Is_hot	int(11)	NO	NO	是否热门
Pdate	datetime	NO	NO	商品上架日期
csid	int(11)	NO	NO	所属二级分类 id

7. 前台用户表

前台用户表（user）主要记录前台用户的基本信息，包括用户 id、用户名、用户密码、用户真实姓名、用户邮箱、用户手机号、用户地址和用户状态，具体结构设计如表 9-7 所示。

表 9-7　前台用户表

字 段 名	数 据 类 型	允许空值（默认 NO）	自 动 递 增	备　　注
Uid	int(11)	YES	YES	用户 id
Username	Varchar(255)	NO	NO	用户名/账号
password	Varchar(255)	NO	NO	用户密码
Name	Varchar(255)	NO	NO	用户真实姓名
Email	Varchar(255)	NO	NO	用户邮箱
Phone	Varchar(255)	NO	NO	用户手机号
Addr	Varchar(255)	NO	NO	用户地址
State	int(11)	NO	NO	用户状态

9.4 系统功能技术实现

本节主要通过对系统需求进行分析，实现系统前台用户功能模块。

9.4.1 系统注册界面的实现

用户在登录界面中单击"注册"按钮，进入注册界面，填写数据，单击"同意以下协议并注册"按钮，即可完成注册（注册完成的数据信息保存在数据库表中）。主要代码如下。
Ajax 异步校验代码：

```
var username = document.getElementById("username").value;
var xmlHttp = creatXMLHttpreauest();
xmlHttp.open("GET",
"${pageContext.request.contextPath}/registFindById.action?username="+ username, true);
xmlHttp.send(null);
xmlHttp.onreadystatechange = function() {
if (xmlHttp.readyState == 4 && xmlHttp.status == 200) {
document.getElementById("span1").innerHTML = xmlHttp.responseText;
```

服务器端二次数据合法性校验（此处采用配置文件加注解的方式）代码：

```
@Size(min=2,max=30,message="{user.username.length.error}")
private String username;
@NotNull(message="{user.email.notNull}")
private String email;
```

- user.username.length.error 表示用户名的长度必须为 1～30。
- user.email.notNull 表示邮箱不可为空。

注册界面效果如图 9-10 所示。

图 9-10 客户端用户注册界面

9.4.2 系统登录界面的实现

1. 用户登录

用户注册完成后，在客户端登录界面中输入正确的用户名和密码，即可进入网站购物。登录界面如图 9-11 所示。

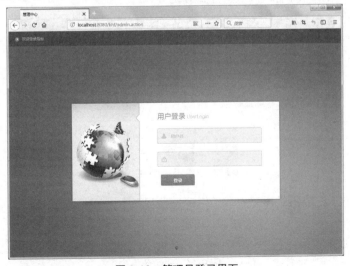

图 9-11　登录界面

设计思路：编写用户登录的界面 login.jsp。在首页单击"登录"按钮后，浏览器界面跳转到登录界面，用户可以填写用户名和密码进行登录。当用户填写用户名并使光标移开时，触发 onblur( )事件，进行 Ajax 异步请求，判断用户名是否可以登录。用户在填写验证码时可以单击图片更换验证码，触发 onclick="change( )"事件进行更换。当用户单击"登录"按钮时，服务器进行数据判断，如果用户名和密码都正确，则跳转到首页并显示该用户的用户名；如果有错误，则跳转到 msg.jsp 全局界面显示错误消息。

2. 管理员登录

后台管理员通过单击首页右上角的"后台登录"按钮，进入到管理员登录界面，如果访问的不是正确界面且出现 admin 路径则自动跳转到 admin 界面，接着输入正确的用户名和密码进行登录，如果出错，服务器会将错误信息回显到登录界面，如果正确则跳转到管理员界面。

管理员登录的界面如图 9-12 所示，管理员登录成功后的主界面如图 9-13 所示。

图 9-12　管理员登录界面

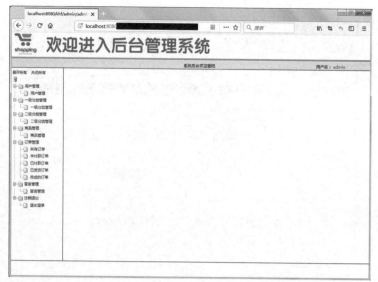

图 9-13   管理员登录成功后的主界面

9.4.3   系统前台功能的实现

系统前台界面包括：首页一级分类、热门商品、最新商品、二级分类、已登录用户的订单及用户所操作过的购物展示。由于其中一级分类和二级分类在各个界面中都有所涉及，因此这里采用的是界面包含技术。

1. 一级分类模块

1）查询一级分类

本系统中首页显示的一级分类都是存放于数据库中，当用户访问该网站首页的同时就查询了一级分类。一级分类显示效果如图 9-14 所示。

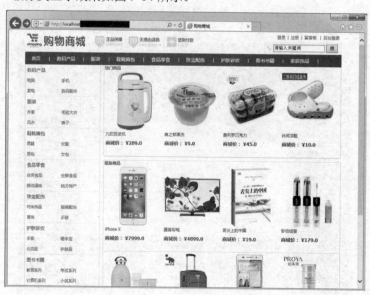

图 9-14   一级分类

设计思路：一级分类展示于系统的首页，当用户访问 index.action 时，最终跳转至系统首页（即访问 index.jsp）。跳转前，服务器内部已经进行了一级分类的查询，并将已经查询到的一级分类存放于 List 集合中，最终存放于 Session 域中。

2）查询二级分类

用户进入系统首页后，当单击一级分类时，就要求查询系统在下一个页面中显示出该一级分类中包含的所有二级分类。查询某个二级分类的效果如图 9-15 所示。

图 9-15　二级分类

设计思路：当用户单击首页中的一级分类时，系统则根据一级分类的 id 查询出该一级分类下所有的二级分类并存放于 Session 域中，同时将界面进行跳转并进行展示。主要代码如下：

```
request.getSession().setAttribute("cid",cid);
PageBean<Product> proPageBean = productService.findProductyBycid(cid,page);
model.addAttribute("pageBean",proPageBean);
return "category";
```

2. 商品模块

1）查询热门商品

当用户访问该网站时，在网站的首页中将显示本网站中热门的商品。程序运行效果如图 9-16 所示。

图 9-16　首页热门商品

设计思路：用户访问首页时，系统首先调用 index.action，然后跳转至系统的首页（index.jsp）。

因为热门商品显示于首页中，所以在界面跳转前必须前往数据库查询出本系统中所有的热门商品，这时需要用到 findHotProduct( )方法。由于首页中仅仅显示了热门商品中的前 10 个，因此这里使用的是分页查询。最终查询的结果是一个 List 集合，会保存在 Model 中。主要代码如下。

前端控制层代码：

```
List<Product> hList= productService.findHotProduct();
```

service 层代码：

```
List<Product> list = productMapper.selectByExample(example);
```

2）查询最新商品

当用户访问该网站时，在网站的首页中将显示本网站中最新的商品。程序运行效果如图 9-17 所示。

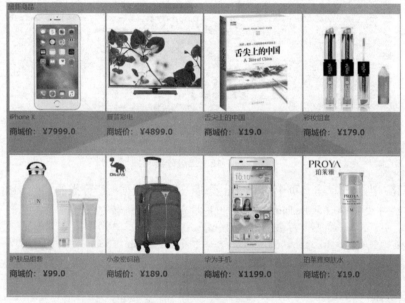

图 9-17　首页最新商品

设计思路：用户访问首页时，系统首先调用 index.action，然后跳转至系统的首页（index.jsp）。因为最新商品和热门商品一样都是显示于首页中，所以在界面跳转前必须前往数据库查询出本系统中所有的最新商品，这时需要用到 findNewProduct( )方法。查询最新商品的依据是商品被上传的时间，根据时间来进行排序。由于首页中仅仅显示了最新商品中的前 10 个，因此这里是使用的分页查询。最终查询的结果是一个 List 集合，会保存在 Model 中。主要代码如下。

前端控制层代码：

```
List<Product> nList=productService.findNewProduct();
```

service 层代码：

```
ProductExample example=new ProductExample();
ProductExample.Criteria criteria = example.createCriteria();
example.setOrderByClause("pdate DESC");
example.setBeginPage(0);
example.setEnd(10);
```

3）查询分类商品

用户在单击首页的一级分类时，系统自动跳转界面，同时要求显示某个二级分类下的商品。程序运行效果如图 9-18 所示。

图 9-18　查询某个分类商品

设计思路：首先导入界面，显示和查询二级分类下的商品使用的是同一个界面 category.jsp。当用户单击"查询"按钮时，客户端向服务器发送请求并携带一级分类的主键 id，服务器端应该接收参数并使用这个参数来调用方法，然后到数据库进行数据查询，最后将查询出的数据保存于 Model 中，并跳转界面。

由于界面大小的关系，这里每个界面中仅仅显示 12 个商品，因此这里采用了分页查询，并在右下角设置相应的按钮，方便用户来回查看该分类下所有的商品。主要代码如下。

前端控制层接收参数并调用 Service 层代码：

```
//根据一级目录查找二级目录下面的商品
productService.findProductyBycid(cid,page);
model.addAttribute("pageBean",proPageBean);
```

Servive 层代码：

```
int totlePage = 0;
totlePage = productMapper.countProducyByCid(cid);
if(Math.ceil(totlePage % limitPage)==0){
totlePage=totlePage / limitPage;}else{
totlePage=totlePage / limitPage+1;
pageBean.setTotlePage(totlePage);
int beginPage= (page-1)*limitPage;
```

4）查询二级分类商品

用户在单击首页的一级分类时，系统自动跳转界面，并且在新界面的左侧显示所有一级分类包含的二级分类，同时要求在右侧显示某个二级分类下的商品。程序运行效果如图 9-19 所示。

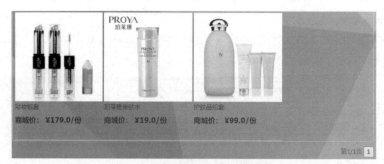

图 9-19　查询某个二级分类商品

设计思路：首先编写 category.jsp，这个页面用来显示某个二级分类下的所有商品。当用户单击二级分类时，系统访问对应的 Action，并且携带参数（相应二级分类的主键 id）到前端控制层，然后使用 findCategorySecond1( )方法接收主键 id 和分页的数量在 product 表中查询商品，最终将查询到的结果存放于 Model 中。由于页面大小的关系，这里每个界面中仅仅显示 12 个商品，因此这里采用了分页查询，并在右下角设置相应的按钮，方便用户查看该分类下所有的商品。

前端控制层接收参数并调用 Service 层代码如下：

```
//根据 csid 来分页查询商品
PageBean<Product> proPageBean = productService.finbProductByCsid(csid,page);
model.addAttribute("pageBean",proPageBean);
```

5）查询商品信息

用户浏览该网上购物商城，还可以查看某个商品的详细信息。程序运行效果如图 9-20 所示。

图 9-20　某个商品的详细信息

设计思路：首先编写界面，这里使用的是 product.jsp，在这个界面中显示了商品分类的详细信息，还有每个一级分类下的二级分类。一般右侧为某个商品的详细信息，其中包括商品的名称、商品的商城价和参考价，还有一个选择框，用于用户选择购买数量；最下面则是商品的具体介绍。当用户单击某个想要查看的商品图片时，其实就是单击了某个超链接，向服务器发送链接并携带参数（商品的主键 id），服务器端接收这个参数，并使用这个参数去数据库中查看该商品的具体信息，最后封装于 Product 中，存放于 Model 中。

前端控制层接收参数并调用 Service 层，Service 层直接调用 MyBatis 提供的 Mapper 接口。主要代码如下：

```
//根据pid来查询商品
Product product = prodcutService.productFindByPid(pid);
model.addAttribute("product", product);
```

3. 购物模块

1）添加到购物车

对于已经登录的用户，可以将满意的商品加入自己的购物车中，如图 9-21 所示。

图 9-21　购物车

设计思路：首先编写 cart.jsp，它用于显示登录用户的购物车（如果用户没有登录会有提示）。单击查看商品的详情后会出现一个"加入购物车"按钮，当单击此按钮时，自动访问服务器，并通过隐藏表单携带参数（商品的主键 id），服务器端接收此参数和用户选购的数量，最终将信息保存在为每个用户在 Session 域中创建的 Cart 中，最后进行界面跳转。在 cart.jsp 中展示购物车的信息，主要包括商品的具体信息和购物车内商品的总价。对于已登录用户来说，可以看到一个购物车的图标，并且用户还可以查看自己的购物车。主要代码如下：

```
//添加到购物车
Product product = productService.finbProductByPid(pid);
//存进一个购物项
CartItem cartItem = new CartItem();
cartItem.setCount(count);
cartItem.setProduct(product);
cartItem.setSubtotle(count*product.getShopPrice());
//存进购物车
Cart cart=getCart(request);
cart.addCart(cartItem);
```

2）从购物车中移除商品

用户在购物车界面中，单击每个购物项右侧的"删除"按钮，即可删除该购物项。程序运行效果如图 9-22 所示。

图 9-22 移出购物车

设计思路：当用户单击"删除"按钮时，向服务器端进行请求，并携带参数（商品的主键 id），服务器端在设计购物车时采用的是用 Map 集合存储的，Key 值为商品的 id，因此删除时只需要删除 Session 中的主键即可，最后将界面重定向到 cart.jsp。主要代码如下：

```
Cart cart=getCart(request);
cart.delProFromCart(pid); //删除某个购物项
```

3）清空购物车

用户单击"清空购物车"按钮，购物车内的购物项全部删除。程序运行效果如图 9-23 所示。

图 9-23 清空购物车

设计思路：当用户单击"清空购物车"按钮时，向服务器端进行请求，服务器端接收到请求后，从 Session 域中取出 Cart，由于 Cart 在设计时使用的是 Map 集合，因此只需调用 Map 中的 clear( )方法即可，并且还需将购物车的总价改为 0，最后将界面重定向到 cart.jsp。主要代码如下：

```
//清空购物车
Cart cart=getCart(request);
cart.clearCart();
```

4. 订单模块

1）生成订单

当用户单击"提交订单"按钮时，界面跳转至 order.jsp，并让用户填写相关信息。程序运行效果如图 9-24 所示。

图 9-24 生成订单

设计思路：首先编写 order.jsp，其中包含用户的购物信息、收货地址、收货人和联系方式。当用户单击 cart.jsp 中的"提交订单"按钮时，向服务器发送请求，服务器端从 Session 域中获取 Cart 中的信息，并将这些信息保存于 Order 表中，此时需要清空购物车并将订单信息保存到 Session 域中，最后跳转到 order.jsp 让用户填写相关信息并付款。主要代码如下：

```
Orders orders = new Orders();
Cart cart = (Cart) request.getSession().getAttribute("cart");
User loginUser = (User) request.getSession().getAttribute("loginUser");
if(loginUser==null){
model.addAttribute("message", "对不起您还没有登录");
return "msg";}//生成订单
```

2）我的订单

生成订单后，进入"我的订单"界面可以查看订单信息。程序运行效果如图 9-25 所示。

设计思路：订单付款界面还是使用的 order.jsp，当用户单击 cart.jsp 中的"我的订单"按钮时，界面进行跳转并显示相关的订单信息，用户可以暂时不对订单进行付款，此时订单的状态为 0。如果用户在生成订单的同时一并付款，或者用户单击最上方的"我的订单"时，界面会进行跳转，并显示该用户的所有订单和订单的状态，此时想要付款则单击"付款"按钮，也会跳转到 order.jsp，需要用户填写订单的具体信息，包括收货地址、收货人、联系方式及付款的银行，客户端和服务器端一样会进行非空和数据合法性校验；当用户填写好信息并单击"付款"按钮时，其实就是告知服务器端订单的具体信息，并将订单的状态改为"1"，同时将用户填写的收货信息保存于数据库 order 表中，最终服务器端会将界面重定向到 orderList.jsp，向用户展示所有的订单及订单的具体信息。在 orderList.jsp 中展示该用户的所有订单时采用的是分页查询，在订单的右下角同时也设置了按钮，方便用户查看自己的所有订单。

图 9-25　我的订单

5. 留言模块

当用户单击"留言板"按钮时，界面跳转至 messageList.jsp，并让用户填写相关信息。程序运行效果如图 9-26 所示。

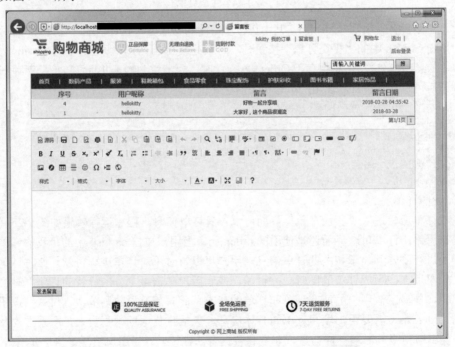

图 9-26　留言板界面

9.4.4　系统后台功能的实现

本节主要通过对系统需求的分析，实现系统后台管理员的功能模块。

1. 用户管理模块

查询用户：管理员进入后台管理界面后，单击"用户管理"选项，在主界面中显示所有用户的详细信息。程序运行效果如图 9-27 所示。

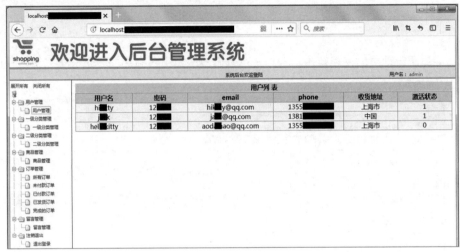

图 9-27　用户列表

设计思路：先编辑 list.jsp，当用户单击"用户管理"选项时，服务器端接收到请求，调用 Service 层的 admin_findAll( )方法，由 Service 层调用 MyBatis 提供的 Mapper 接口，返回一个 List 集合，最终将所有信息封装于 Model 中，将界面跳转到 list.jsp 并进行展示。主要代码如下：

```
if(adminuserLogin==null){
    request.getSession().setAttribute("message","对不起,您还没有登录");
    return "admin/index";
```

2. 一级分类模块

1）添加一级分类

此功能属于管理员的权限范围，管理员为网站添加新的一级分类商品。程序运行效果如图 9-28 所示。

图 9-28　添加一级分类

设计思路：首先编写 add.jsp，当用户在一级分类 list.jsp 界面中单击"添加"按钮时，服务器将界面跳转至 add.jsp，在此界面共有 3 个按钮，"确定"按钮用于提交信息，"重置"按钮用于清空表单中的内容，"返回"按钮用于返回前一个界面。当用户填写好要添加的一级分类名称后单击"确定"按钮，服务器端接收此表单中的内容，然后调用 Service 层的 addCategory( )方法，将新增的一级分类保存到数据库的 category 表中，最后将界面重定向到 list.jsp，展示所有的一级分类。主要代码如下：

```
Category addCategory = new Category();
addCategory.setCname(cname);
categoryService.addCategory(addCategory);
```

2）修改一级分类

此功能属于管理员的权限范围，管理员可以修改网站中各商品的一级分类名称。程序运行效果如图 9-29 所示。

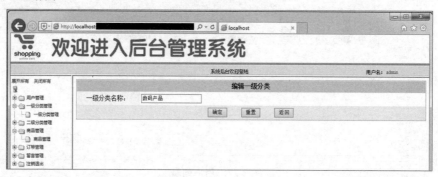

图 9-29　编辑一级分类

设计思路：首先编写 edit.jsp。当用户在一级分类 list.jsp 界面中单击"编辑"按钮时，服务器将界面跳转至 edit.jsp，在此页面共有 3 个按钮，"确定"按钮用于提交信息，"重置"按钮清空表单中的内容，"返回"按钮返回前一个界面。当用户填写好要修改的一级分类名称后单击"确定"按钮，服务器端接收此表单中的内容，然后调用 Service 层的 adminCategory_update( )方法，将修改的一级分类更新到数据库的 category 表中，最后将界面重定向到 list.jsp，展示所有的一级分类。

3）删除一级分类

后台管理员单击每个一级分类右侧的"删除"按钮，即可删除该一级分类。程序运行效果如图 9-30 所示。

一级分类 列 表			
			添加
ID	一级分类名称	编辑	删除
1	数码产品	编辑	删除
2	服装	编辑	删除
3	鞋靴箱包	编辑	删除
4	食品零食	编辑	删除

图 9-30　删除一级分类

设计思路：当用户单击每个一级分类右侧的"删除"按钮时，服务器接收到请求和携带过来的参数（一级分类主键 id）。当我们准备删除一级分类时，需知道如果删除了该一级分类，那么相应的二级分类和二级分类下的商品就会全部删除。因此，根据 MyBatis 的规则，可以先根据外键删除二级分类，再删除一级分类。在这里，首先调用 adminCategorySecond_deleteByCid(cid)

删除二级分类，再调用 categoryService.deleteCategoryByCid(cid)删除一级分类，最终将界面重定向到 list.jsp。主要代码如下：

```
categorySecondService.adminCategorySecond_deleteByCid(cid);
categoryService.deleteCategoryByCid(cid);
```

4）查询一级分类

管理员单击"一级分类管理"选项时，可以展示所有一级分类的详细信息。程序运行效果如图 9-31 所示。

图 9-31 查询一级分类

设计思路：首先编写 list.jsp。当管理员单击"一级分类管理"选项时，服务器端接收请求，然后调用 adminbFindCategory( )方法，再由 Service 层调用 MyBatis 提供的 Mapper 接口，将所有一级分类的信息查询出来保存到 List 集合中，最终保存到 Model 中并将信息进行展示。考虑到一级分类比较多，这里采用分页查询，在界面展示的效果就是每页显示固定的记录个数，并在右下角提供了相应的按钮，方便用户查看其他的一级分类。主要代码如下：

```
List<Category> categoryList = categoryService.adminbFindCategory();
model.addAttribute("categoryList", categoryList);
```

3. 二级分类模块

1）添加二级分类

管理员可以为新增加的一级分类添加二级分类。程序运行效果如图 9-32 所示。

图 9-32 添加二级分类

设计思路：首先编写二级分类添加页面 add.jsp。管理员单击"添加"按钮时，界面跳转到 add.jsp，同时服务器端将查询出所有一级分类的名称，用于管理员选择新增二级分类的归属，这在 add.jsp 界面中会通过一个下拉列表进行显示。管理员在填写好新增二级分类的名称并选择所属的一级分类后单击"确定"按钮，服务器端接收新增的二级分类名称和所属一级分类的主键 id，然后调用 adminCategorySecond_save( )方法将新增的 Categorysecond 保存于数据库的 categorysecond 表中，最后将界面重定向到二级分类的 list.jsp 界面进行展示。主要代码如下：

```
Categorysecond categorysecond = new Categorysecond();
categorysecond.setCsname(csname);
categorysecond.setCid(cid);
categorySecondService.adminCategorySecond_save(categorysecond);
```

2）修改二级分类

管理员可以对网站中所有二级分类的名称进行编辑。程序运行效果如图 9-33 所示。

图 9-33　二级分类编辑界面

设计思路：首先编写二级分类修改界面 edit.jsp，管理员在 list.jsp 界面中单击"编辑"按钮时，界面跳转到 edit.jsp。跳转前，服务器端查询到对应二级分类的名称并将二级分类的名称保存到 edit.jsp 对应的表单中，这样方便用户知道自己修改的是哪个二级分类，增加了用户的体验度。主要代码如下：

查询出对应二级分类的名称存放于表单中：

```
Categorysecond findByCsid = categorySecondService.findByCsid(csid);
model.addAttribute("findByCsid", findByCsid);
```

更新修改的二级分类：

```
Categorysecond categorysecond = new Categorysecond();
categorysecond.setCsname(csname);
categorysecond.setCsid(csid);
categorySecondService.adminCategorySecond_update(categorysecond);
```

3）删除二级分类

后台管理员根据查询出的二级分类列表对二级分类进行操作。根据系统的要求，管理员在删除二级分类的同时应该删除该二级分类下的所有商品。

设计思路：管理员在单击"二级分类管理"选项时，在管理员界面会展示所有的二级分类。当单击"删除"按钮时，服务器端接收到客户端发来的请求，并接收客户端传来的数据（二级分类的主键 id），根据二级分类的主键 id 调用 adminCategorySecond_delete(csid)方法，删除二级分类，然后根据外键删除商品，最后将界面重定向到二级分类的 list.jsp 界面。主要代码如下：

```
//删除二级分类及二级分类下面的商品
categorySecondService.adminCategorySecond_delete(csid);
categorySecondService.adminProduct_deleteByCsid(csid);
```

4）查询二级分类

管理员通过单击"二级分类管理"选项来查看网站中所有的二级分类。

程序运行效果如图 9-34 所示。

图 9-34 二级分类展示

设计思路：首先编写二级分类的 list.jsp 页面。管理员单击"二级分类管理"选项时，给服务器发送请求，并携带分页参数，服务器端接收此参数后开始查询所有的二级分类，这里创建了一个 pageBean 对象用于封装查询出来的数据，包括二级分类的集合、当前的页数、总的页数等信息，最后直接返回一个 pageBean 对象。因为二级分类较多，所以这里采用了分页查询，用户可以通过二级分类的 list.jsp 界面右下方的按钮来查看所有的二级分类。

4. 商品分类模块

1）添加商品

管理员通过单击商品展示界面 list.jsp 中的"添加"按钮，可以为网站添加新的商品。程序运行效果如图 9-35 所示。

图 9-35 商品添加界面

设计思路：首先编写商品添加界面 add.jsp。管理员单击商品展示界面 list.jsp 中的"添加"按钮，客户端跳转到 add.jsp。在客户端界面跳转前，服务器端需要查询出所有商品的二级分类，方便用户选择该商品所属的二级分类。管理员需要填写或设置界面上的信息，包括商品名称、是否热门、市场价格、商城价格、商品图片、所属的二级分类和商品描述，单击"确定"按钮，客户端将数据提交给服务器，在上传组件时必须将上传组件表单 Type 设置为 File 类型，这样服务器端才能正确地识别。服务器端接收到数据后将其封装于 Product 对象中，并调用 adminProduct_save(product)，将新上传的 Product 保存到数据库的 Product 表中，最后将界面重定向到商品的 list.jsp 界面。主要代码如下：

```
product.setPdate(new Date());
if (file != null) {
    String path = request.getServletContext().getRealPath(
    "/products");
    String uploadFileName = file.getOriginalFilename();
    String fileName = UUIDUtiils.getUUID()+uploadFileName;
    File diskFile = new File(path + "//" + fileName);
    product.setImage("products/" + fileName);
```

2）删除商品

管理员单击"商品管理"选项进入展示所有商品的界面，再通过单击该界面中的"删除"按钮，即可删除指定的商品。

设计思路：这个功能是基于商品的展示界面 list.jsp 进行开发的。pageBean 中封装了 product 的所有信息，当单击"删除"按钮时，即向服务器发送请求并携带参数（商品的主键 id），服务端在接收到请求后，根据客户端传送来的参数删除该商品，最终将页面重定向到商品的展示界面 list.jsp。主要代码如下：

```
function deletecs(pid) {
    window.location.href = " ${pageContext.request.contextPath}/
    admin/adminProduct_deletecs.action?pid="+pid;
```

3）查询商品

管理员可以通过单击"商品管理"选项来查询本网站中所有的商品信息。程序运行效果如图 9-36 所示。

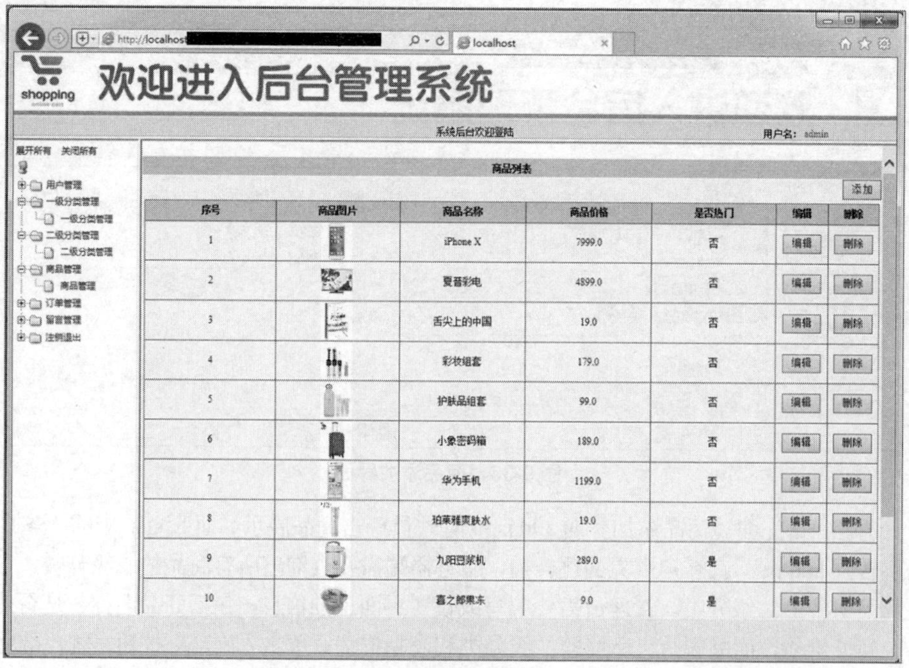

图 9-36 查询商品

设计思路：首先编写商品下面的 list.jsp 界面。管理员在单击"商品管理"选项时，给服务器发送请求，并携带分页参数，服务器端接收此参数后开始查询所有的商品信息，这里创建了一个 pageBean 对象用于封装查询出来的数据，包括商品的集合、当前的页数、总的页数等信息，最后直接返回一个 pageBean 对象。因为商品个数较多，所以这里采用了分页查询。用户可以通过商品文件夹中 list.jsp 页面右下方的按钮来查看所有的商品信息。主要代码如下：

```
//admin 的商品管理（查询所有的商品）
PageBean<Product> allProPageBean = productService.findAllProduct(page);
model.addAttribute("allProPageBean", allProPageBean);
```

5. 留言管理模块

留言管理：管理员通过单击"留言管理"选项，即可打开留言列表界面，并且可以删除不合时宜的留言信息。程序运行效果如图 9-37 所示。

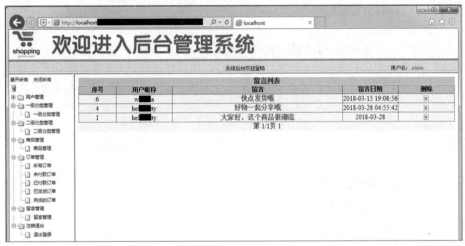

图 9-37　留言列表界面

9.5　开发常见问题及功能扩展

本章以当前比较流行的网上商城购物系统为项目背景，遵循 Java EE 应用软件的规则进行系统开发，将系统划分为 4 个层次（包括模型 Model 层、持久层、业务逻辑 Service 层和表现层），并整合了如今企业中广泛运用的 Spring、Spring MVC 和 MyBatis 框架进行开发。Spring 用于整个系统的统一调度，贯穿于各层之间；Spring MVC 框架着重于 MVC 模式的实现；MyBatis 框架完成数据的映射和持久化工作；MyBatis 的逆向工程极大地方便了 DAO 层的开发，也方便了系统 DAO 层的维护。

对该系统的功能扩展还可以有以下几个方面：

（1）后期可以添加促销商品管理模块。

（2）售后管理模块也是该系统中必不可少的一部分。

（3）商品搜索可以进一步更新及优化，例如添加热门关键词搜索、类别搜索等。

第 10 章

"书博士教育"微信小程序

本章概述

　　随着信息时代的不断发展，小程序的出现极大地契合了市场需求，给人们的生活带来了便利和全新的体验。本章主要从小程序开发背景、开发环境、小程序设计、小程序功能技术实现、小程序系统测试、开发常见问题及功能扩展等方面来讲解"书博士教育"微信小程序的开发。

知识导读

　　本章要点（已掌握的在方框中打钩）
　　☐ 运行及开发环境的搭建
　　☐ 小程序功能设计
　　☐ 主界面的实现
　　☐ 课程介绍功能的实现
　　☐ 教师简介和学员风采界面的实现
　　☐ 小程序系统测试

10.1　小程序开发背景

　　微信小程序是一种不需要下载和安装即可使用的应用程序，它实现了应用程序"触手可及"的梦想。用户扫一扫或搜索即可打开应用程序。

10.1.1　小程序开发技术背景

　　小程序出现的背景有以下两点。

1. 好的体验

　　平时在微信内浏览微信公众号的网页时，会发现某些网页经常出现加载缓慢的情况，甚至有些页面还会出现短暂的白屏问题，所以微信小程序的诞生就是为了让我们拥有更好的原生应用体验，保证页面的资源能够快速地加载。

2. 规范与管理

对于微信来说，它可以更方便地接入和管理我们开发的小程序。在微信推出小程序前曾经推出过一款针对网页开发者的工具包 JSSDK，它可以根据微信的原生能力来做一些事情，如微信支付、微信定制化、分享微信卡券等功能。网页开发者根据网页开发标准来进行开发，就可以轻易地绕过微信平台的审核和管控。所以微信小程序有自己的一套框架描述语言。微信在应用质量上可以做一个严格的把控。

10.1.2 什么是微信小程序

微信小程序（Wechat Mini Program）体现了"用完即走"的理念，用户不需要关心是否安装太多应用工具等的问题。小程序应用无处不在，随时可用，但无须安装、卸载。对于开发者而言，微信小程序开发门槛相对较低，难度不及 App，能够满足简单的基础应用，适合生活服务类线下商铺及非必需低频应用的转换。微信小程序能够实现消息通知、线下扫码、公众号关联等七大功能。其中，通过公众号关联，用户可以实现公众号与小程序之间相互跳转。

微信小程序在产品功能设计上给用户更多控制力。在微信小程序的设置页，为用户提供了数据权限开关，一旦用户授权后又关闭，微信小程序再次使用该用户数据时需要重新获得授权，为用户提供更方便的数据控制权。用户在微信小程序的资料页还可以看到隐私数据保护的提示及投诉入口。

10.1.3 需求分析

需求分析在项目开发过程中是不可或缺的步骤。下面将介绍"书博士教育"小程序项目的需求分析。

（1）业务需求：能够实现对"书博士教育"基本内容的展示、课程简介、教师简介及公司简介。

（2）性能需求：界面清晰，通俗易懂，操作简捷，且开发便利。

（3）用户需求：用户可以了解课程的种类及学习的类型，方便用户学习。

10.2 小程序搭建环境

10.2.1 运行环境

小程序对于系统环境没有硬性要求，对于计算机也没有很高的要求。具体来说，需要一台计算机进行开发，一台手机可以随时对计算机开发的小程序进行预览。

使用的时候只需要登录即可，如果是有权限，则开通权限就可以访问了。对于用户来说，使用非常便利。

10.2.2 开发环境

微信小程序和微信的原生功能应用在本质上是一样的，它们都是 Web App。Web App 就是一种通过 HTML 5 页面技术实现的，与 Native App 的功能界面几乎一样的手机 App 形态。许多企业为了节省技术人员等的人力投入和资金投入，往往会选择使用 Web App 制作工具来免费、快速制作自己的 Web App。

下面将简单介绍开发小程序的工具下载及安装。

步骤 1：单击链接 https://developers.weixin.qq.com/miniprogram/dev/devtools/download.html 进入相应的官网界面，在其中会出现稳定版、预发布版、开发版等各种版本，在本章研发小程序中选择的是稳定版、基于 Windows 64 的版本，如图 10-1 所示。

图 10-1 开发工具版本

步骤 2：单击并完成自己需要的版本下载后，在相应的下载位置上选中下载的工具，并双击左键，弹出一个安装界面，单击"下一步"按钮，如图 10-2 所示。

图 10-2 安装开发工具

步骤 3：单击"下一步"按钮后，则弹出"许可证协议"界面，单击"我接受"按钮，表示同意授权协议，如图 10-3 所示。

步骤 4：在弹出的界面中，如果需要更改安装路径，则通过"浏览"按钮选择自己所需要的安装路径即可；如果不需要修改，则为默认路径。这里选择下载到 D:盘，然后单击"安装"按钮，如图 10-4 所示。

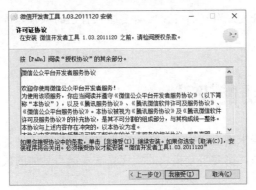

图 10-3 同意授权协议

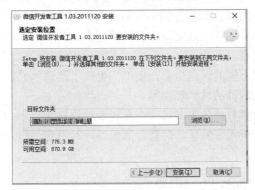

图 10-4 选择安装路径

步骤 5:安装成功后,打开软件即可进行项目开发,如图 10-5 所示。

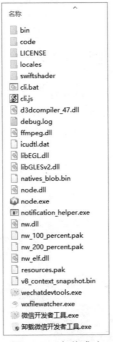

图 10-5 安装成功

提示：在使用微信开发软件进行开发时需要登录自己的微信账号，这也是为了方便随时在手机上预览所开发的项目。

10.3　小程序功能设计

软件设计是从软件需求规格说明书出发，根据需求分析阶段确定的功能来设计软件系统的整体结构、划分功能模块、确定每个模块的实现算法及编写具体的代码，从而形成软件的具体设计方案。

软件设计是把许多事物和问题抽象起来，并且从不同的层次和角度来抽象它们。将问题或事物分解并模块化可以使得解决问题变得更容易。分解得越细，模块数量也就越多。其副作用就是，设计者需要考虑更多的模块之间耦合度的情况。

该小程序的功能主要有以下几点。

（1）课程介绍：介绍不同的课程信息，使用户更加了解这本书。

（2）教师简介：介绍教师的教学经验等。

（3）学员风采：介绍学员的学习书籍、产品列表等信息。

（4）联系我们：介绍研发者的基本信息，增加用户对书籍、作者及研发团队的了解。

10.4　小程序功能技术实现

小程序的功能技术实现可以让我们更加有深度地学习和了解小程序，以增加相关知识内容的储备。

10.4.1　小程序主界面的实现

小程序主界面由轮播图、菜单栏、特色课程、教育环境、底部导航栏 5 个部分组成。

（1）轮播图和菜单栏的部分代码如下：

```
data:{
    //向模板传入数据
    //轮播
    images:[
        '/image/course/1.jpg',
        '/image/course/2.jpg',
        '/image/course/3.jpg',
        '/image/course/4.jpg',
    ],
    indicatorDots:true,
    vertical:false,
    autoplay:true,
    interval:3000,
    duration:1200,
    navs:[{
        url:'/pages/list/index',
        image:'/image/i1.png',
```

```
      text:'课程介绍'
    },{
      url:'/pages/strength/index',
      image:'/image/i2.png',
      text:'教师简介'
    },{
      url:'/pages/mien/index',
      image:'/image/i3.png',
      text:'学员风采'
    },{
      url:'/pages/contact/index',
      image:'/image/i4.png',
      text:'联系我们'
    }
    ]
},
```

轮播图和菜单栏的代码运行效果如图 10-6 所示。

（2）特色课程的部分代码如下：

```
<view class="ubom"></view>
<view class="utitle">
<view class="mtitle">特色课程</view>
<view class="ztitle">characteristic</view>
</view>
<view class="introduct">
<view class="inner">
<navigator class="pleft" url="/pages/detail/index?id={{courses[0].id}}">
<image src="{{courses[0].adthumb}}" mode="scaleToFill"></image></navigator>
<view class="pright">
<navigator class="psmall" url="/pages/detail/index?id={{courses[1].id}}">
<image src="{{courses[1].adthumb}}" mode="scaleToFill"></image></navigator>
<view class="ubom10rpx"></view>
<navigator class="psmall" url="/pages/detail/index?id={{courses[2].id}}">
<image src="{{courses[2].adthumb}}" mode="scaleToFill"></image></navigator>
</view>
</view>
</view>
```

特色课程的代码运行效果如图 10-7 所示。

图 10-6　轮播图和菜单栏界面

图 10-7　特色课程界面

（3）教育环境的部分代码如下：

```
<view class="ubom"></view>
<view class="utitle">
```

```
<view class="mtitle">教育环境</view>
<view class="ztitle">environmental</view>
</view>
<view class="introduct">
<view class="inner">
<view class="pbig" url=""><image src="/image/1.jpg" mode="scaleToFill"></image></view>
<view class="ubom10rpx"></view>
<view class="ubom10rpx"></view>
<view class="pbig" url=""><image src="/image/1.jpg" mode="scaleToFill"></image></view>
</view>
</view>
```

教育环境的代码运行效果如图 10-8 所示。

图 10-8 教育环境界面

（4）底部导航栏的部分代码如下：

```
{
    "pagePath":"pages/index/index",
    "iconPath":"image/icon_component.png",
    "selectedIconPath":"image/icon_component_HL.png",
    "text":"首页"
},
{
    "pagePath":"pages/list/index",
    "iconPath":"image/icon_product.png",
    "selectedIconPath":"image/icon_product_HL.png",
    "text":"课程简介"
},
{
    "pagePath":"pages/contact/index",
    "iconPath":"image/icon_API.png",
    "selectedIconPath":"image/icon_API_HL.png",
    "text":"联系我们"
}
```

底部导航栏的代码运行效果如图 10-9 所示。

图 10-9　底部导航栏

10.4.2　课程介绍界面的实现

在主界面的菜单栏中显示的就是小程序的模块信息，菜单栏的设计可以方便快速地找到模块分类。课程介绍模块的具体代码如下：

```
module.exports.courses=[
    {"id":1,"thumb":"/image/course/1.jpg","adthumb":"/image/course/1.jpg","name":
    "Java 从入门到项目实践","detail":"这里是详情:本书由经验丰富的移动端开发工程师编写,从零开始
介绍了 Java 编程的方方面面,包括基础语法、编程技巧与经典实例等.",
    "course":[{"name":"Java 从入门到项目实践","price":"76.4 元"}]
    },
    {"id":2,"thumb":"/image/course/2.jpg","adthumb":"/image/course/2.jpg","name":
    "Java Web 从入门到项目实践","detail":"这里是详情:《Java Web 从入门到项目实践(超值版 超
值微视频版)/软件开发魔典》
    采用"基础知识→核心应用→核心技术→高级应用→项目实践"结构和"从入门到项目实践"的学习模式进行讲
解.","course":[{"name":"Java Web 从入门到项目实践",
    "price":"67.9 元"}]
    },
    {"id":3,"thumb":"/image/course/3.jpg","adthumb":"/image/course/3.jpg","name":
    "Mysql 从入门到项目实践","detail":"这里是详情:本丛书针对"零基础"和"入门"级读者,通过案例引导
读者深入技能学习和项目实践.
    为满足初学者在基础入门、扩展学习、编程技能、行业应用、项目实践 5 个方面的职业技能需求,特意采用"
基础知识→核心应用→核心技术→高级应用→行业应用→项目实践"的结构和"由浅入深,由深到精"的学习模式进行讲
解.","course":[{"name":"Mysql 从入门到项目实践","price":"74.6 元"}]
    },
    {"id":4,"thumb":"/image/course/4.jpg","name":"Html 5 从入门到项目实践",
    "detail":"这里是详情:本书采用"基础知识→核心技术→高级应用→项目实践"结构和"从入门到项目实践"
的学习模式进行讲解.全书共 4 篇 21 章.首先,讲解了 HTML 5 和 CSS 3 的基础知识,包括 HTML 5 快速上手、使用
HTML 5 设计移动页面结构、使用 HTML 5 设计移动页面表单、使用 HTML 5 绘制移动页面元素、CSS 3 样式入门与
基础语法、使用 CSS 3 设计移动页面样式、设计 Web App 页面布局;其次,讲解了 JavaScript、jQuery 框架、
AngularJS 框架、jQuery Mobile 等核心技术.在实践篇中,介绍了 HTML 5 在不同行业的应用,通过项目实战案例,
全面展示了项目开发实践的全过程.
    ","course":[{"name":"Html 5 从入门到项目实践","price":"67.9元"}]
    },
    {"id":5,"thumb":"/image/course/5.jpg","name":"HTML 5+CSS 3+JS 从入门到项目实践",
    "detail":"这里是详情:《HTML 5+CSS 3+JavaScript 从入门到项目实践:超值版》采用"基础知识→
核心应用→核心技术→高级应用→行业应用→项目实践"的结构和"由浅入深,由深到精"的模式进行讲
解.","course":[{"name":"HTML 5+CSS 3+JS 从入门到项目实践","price":
    "84.9元"}]
    },
    {"id":6,"thumb":"/image/course/6.jpg","name":"C 语言从入门到项目实践",
    "detail":"这里是详情:本书采取"基础知识→核心应用→核心技术→高级应用→行业应用→项目实践"结构和
"由浅入深,由深到精"的学习模式进行讲解.全书共 33 章,不仅介绍了 C 语言的基本概念、数据类型、语句、表达式、
运算符、函数、指针等基础知识,还介绍了 C 语言常用库函数、动态数据结构、网络编程及程序异常处理等.在行业应
用环节学习了 C 语言在游戏行业、ATM 系统、航空管理、银行业务等行业的开发技术,最后在项目实践环节重点介绍了
C 语言在图书管理、通讯录管理、网络通信、学生成绩管理、酒店管理、代码注释处理器、记忆大师游戏、商品信息管
```

```
理等大型项目中的应用,全面展现了项目开发实践的全过程.","course":[{"name":"C 语言从入门到项目实践
","price":
    "76.4元"}]
    },
    {"id":7,"thumb":"/image/course/7.jpg","name":"Spring MVC+MyBatis 从入门到项目实践",
    "detail":"这里是详情:《Spring MVC+MyBatis 开发从入门到项目实践:超值版》共 4 篇,分别是基础知识、
核心应用、核心技术、项目实践,内容由浅入深,由深到精.全书共 18 章.首先讲解了 Spring 环境搭建、Spring 简
单介绍、Spring IoC 容器、Spring AOP 容器和 Spring Bean 管理的基础知识,深入介绍了 Spring MVC 入门技
术、Spring MVC 的控制器、Spring MVC 异常处理和 Spring MVC 的拦截器等核心编程技术,详细探讨了 MyBatis
的映射器、事务管理、缓存机制和动态 SQL.在实践环节,不仅讲述了基于 Spring MVC+MyBatis 框架的电子邮件系
统、图书管理系统,还介绍了中小型企业中的财务管理系统,全面展现了项目开发的全过
程.","course":[{"name":"Spring MVC+MyBatis 从入门到项目实践",
    "price":"75.7元"}]
    },
    {"id":8,"thumb":"/image/course/8.jpg","name":"Linux 从入门到项目实践",
    "detail":"这里是详情:《Linux 从入门到项目实践(超值版)/软件开发魔典》中首先讲解了学习 Linux
操作系统的前提、操作系统的基本概念和安装方法、操作系统基本结构及 Linux 常用命令等基础知识,接着深入介绍了
BashShill 基础知识、用户权限管理、文件系统管理、系统进程和内存管理等核心应用技术,然后详细探讨了 Shell
脚本编程、正则表达式与文件格式化处理、网络安全及高性能集群软件 Keepalived 等高级应用,最后在实践环节,
通过对服务器的部署、数据库的部署及 Linux 故障排查内容的讲解,读者能够掌握在实际操作中如何安装及部署服务
器和数据库,同时学会应对出现错误问题的方法.",
    "course":[{"name":"Linux 从入门到项目实践","price":"76.4元"}]
    }
    ]
```

课程介绍的代码运行效果如图 10-10 所示。课程详情界面如图 10-11 所示。

图 10-10　课程介绍界面

图 10-11　课程详情界面

10.4.3　教师简介界面的实现

教师简介模块主要介绍教师的基本信息,为用户学习中选择导师提供了媒介。在教师简介界面中,主要介绍了教师的姓名、教师级别、简介等内容。

教师简介模块的具体代码如下:

```
<view class="main">
<view class="utitle">
<view class="mtitle">师资力量</view>
<view class="ztitle">strength</view>
</view>
<view class="strengtharea">
<view class="inner">
<view class="strengthlist">
<view class="strengthimg"><image src="/image/i2.png"></image></view>
<view class="strengthinfo">
<view class="ilist">张三老师<text class="zhicheng">特级教师</text></view>
<view class="ilist">简介：一级讲师,从事编程工作 8 年</view>
</view>
</view>
<view class="strengthlist">
<view class="strengthimg"><image src="/image/i2.png"></image></view>
<view class="strengthinfo">
<view class="ilist">小明老师<text class="zhicheng">特级教师</text></view>
<view class="ilist">简介：一级讲师,从事编程 5 年</view>
</view>
</view>
<view class="strengthlist">
<view class="strengthimg"><image src="/image/i2.png"></image></view>
<view class="strengthinfo">
<view class="ilist">Lisa 老师<text class="zhicheng">特级教师</text></view>
<view class="ilist">简介：知名的计算机开发老师,从事编程工作 10 年,曾获许多奖项</view>
</view>
</view>
<view class="strengthlist">
<view class="strengthimg"><image src="/image/i2.png"></image></view>
<view class="strengthinfo">
<view class="ilist">李老师<text class="zhicheng">特级教师</text></view>
<view class="ilist">简介：知名的计算机开发老师,从事编程工作 6 年</view>
</view>
</view>
</view>
</view>
</view>
<view class="lastpage" bindtap="goback">返回到首页</view>
```

教师简介的代码运行效果如图 10-12 所示。

图 10-12 教师简介界面

10.4.4 学员风采界面的实现

学员风采模块主要介绍用户的学习乐趣及学习的书籍等内容。

学员风采模块的具体代码如下：

```
<view class="main">
<view class="utitle">
<view class="mtitle">学员书籍</view>
<view class="ztitle">student</view>
</view>
<view class="mienlist">
<view class="imagearea"><image src="/image/course/1.jpg" mode="widthFix"></image>
</view>
<view class="text">学员书籍 </view>
</view>
<view class="mienlist">
<view class="imagearea"><image src="/image/course/2.jpg" mode="widthFix"></image>
</view>
<view class="text">学员书籍</view>
</view>
<view class="mienlist">
<view class="imagearea"><image src="/image/course/3.jpg" mode="widthFix"></image>
</view>
<view class="text">学员书籍</view>
</view>
<view class="mienlist">
<view class="imagearea"><image src="/image/course/4.jpg" mode="widthFix"></image>
</view>
<view class="text">学员书籍</view>
</view>
<view class="mienlist">
<view class="imagearea"><image src="/image/course/5.jpg" mode="widthFix"></image>
</view>
<view class="text">学员书籍</view>
</view>
<view class="mienlist">
<view class="imagearea"><image src="/image/1.jpg" mode="widthFix"></image></view>
<view class="text">产品列表</view>
</view>
</view>
<view class="lastpage" bindtap="goback">返回到首页</view>
```

学员风采的代码运行效果如图 10-13 所示。

图 10-13 学员风采界面

10.4.5 联系我们界面的实现

学员在学习过程中遇到的问题,可以通过联系我们模块联系相关的人员进行解决。该模块的设计拉近了产品和用户之间的距离。

联系我们模块的部分代码如下:

```
<view class="main">
<view class="topthumb">
<image src="/image/1.jpg" mode="scaleToFill"></image>
</view>
<view class="utitle">
<view class="mtitle">关于我们</view>
<view class="ztitle">aboutus</view>
</view>
<view class="text2">
书博士教育科技有限公司,经营范围包括:教育软件开发;计算机软硬件的技术开发、技术服务、技术转让;人才
中介服务;教育信息咨询(不含出国留学咨询、办班培训服务);电子产品的技术开发;商务信息咨询;企业营销策划;
设计、制作、代理、发布国内广告业务;会议及展览服务、文化艺术活动交流策划;企业管理咨询;企业形象策划;摄影服
务;销售国内版出版物、电子出版物、计算机软硬件、电子产品、办公用品.
</view>
<view class="text3">地址: 深圳</view>
<view class="text3">电话: 401-0000-000</view>
<view class="text3">
<image src="/image/qrcode.png" class="qrcode" mode="widthFix"></image>
</view>
</view>
<view class="telicon" bindtap="calling"><image src="/image/tel.png"></image></view>
```

联系我们的代码运行效果如图 10-14 所示。

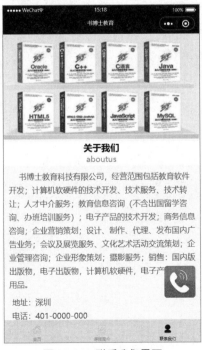

图 10-14 联系我们界面

10.5　小程序系统测试

经过第 10.4 节的代码运行演示，课程介绍、教师简介、学员风采及联系我们 4 个模块都可以正常使用，说明代码没有问题。

图 10-15　使用手机预览小程序

在使用微信小程序开发工具的过程中，在项目界面的导航部分单击"预览"按钮，可以选择使用自己的微信进行扫码预览或选择自动预览，如图 10-15 所示。

10.6　开发常见问题及功能扩展

结果证明需求分析中的功能已经被实现，并且用户对课程介绍、教师简介、学员风采、联系我们这 4 个模块的效果进行了预览。但总体功能仍存在一些不足之处，后期可以加入图书购买、购物车、学员评论等功能。

第4篇
智能项目

在本篇中，将介绍人工智能——人脸识别系统、人工智能——图像识别系统、航空订票系统、电子邮件系统、智能停车管理系统等项目，让读者了解到 Java 语言的应用范围之广，可以开发不同领域的项目。通过本篇的学习，读者将对使用 Java 开发智能项目有一个深入的学习和了解，为日后进行软件项目管理及实战开发积累经验。

第11章

人工智能——人脸识别系统

本章概述

近年来，人工智能的话题持续升温，全球都刮起一阵人工智能风潮。国内有很多不错的人工智能公司，但人工智能技术的范畴很广，难分高低。它们在各自的领域都有出色的产品和系统出现。本章主要从项目开发技术背景、环境搭建、系统设计目标、人脸功能识别技术实现、人脸识别技术难点等方面来讲解人工智能——人脸识别系统的开发。

知识导读

本章要点（已掌握的在方框中打钩）
- ☐ 需求分析
- ☐ 系统开发环境的搭建
- ☐ 系统开发前的准备
- ☐ App 布局模块的实现
- ☐ 人脸维护模块的实现
- ☐ 人脸识别模块的实现

11.1 项目开发技术背景

人工智能（Artificial Intelligence），英文缩写为 AI。它是研究、开发用于模拟、延伸和扩展人类智能的理论、方法、技术及应用系统的一门新技术科学。

人工智能是计算机科学的一个分支，它想要了解智能的实质，并制造出一种能以与人类智能相似的方式做出反应的智能机器。该领域的研究包括机器人、语言识别、图像识别、人脸识别、自然语言处理和专家系统等。人工智能从诞生以来，理论和技术日益成熟，应用领域也不断扩大。可以设想，未来人工智能带来的科技产品将会是人类智慧的"容器"。

11.1.1 研究背景

人脸识别技术具有广泛的应用前景，在安全领域，智能视频监控、智能门禁、司机驾照验证等都是典型的应用；在经济等领域，各类银行卡、信用卡、金融卡、储蓄卡、社会保险人的身份验证等具有重要的应用价值；在家庭娱乐等领域，人脸识别也得到一些有趣的应用，例如识别主人身份的智能玩具、机器人等。

近年来，许多神经生理学家在视觉系统上已展开了全面的研究，并且取得了一些重要的研究成果，这就使得在工程上利用计算机模拟视觉系统成为可能。通过这一研究，利用已有生物学科的研究成果，联系信号处理、计算理论及信息论知识，对视觉系统进行计算机建模，计算机能在一定程度上模拟人的视觉系统，可以用来解决人工智能在图像处理领域中碰到的问题。神经稀疏编码算法正是这样一种建模视觉系统的人工神经网络办法。这种算法编码方式的实现仅仅依靠自然环境的统计特性，并不依赖输入数据的性质，因而这是一种自适应的图像统计方法。

那么这种研究，我们也可以称其为生物特征识别技术，该技术主要利用人体生物特征进行身份验证。生物特征是人的内在属性，具有很强的自身稳定性和个体差异性，因此可以将其作为身份验证的依据。生物特征识别系统对生物特征进行特征提取并组成了特征模板，当用户使用该系统进行身份识别时，识别系统提取本人的特征并与数据库中的特征模板进行对比，确认是否匹配，从而进行判断是否属于其本人。一般来说，对人的识别方法有以下 3 种。

（1）特征物品：各种证件，例如身份证、学生证和护照等。

（2）特殊知识：包括各种密钥，例如密码、暗号等。

（3）人类的生物特征：包括各种人类的生理和行为特征，例如人脸、声音和指纹等。

前两种识别方法属于传统意义上的身份识别技术，它们的优点主要是方便、快捷；缺点就是安全性较差、容易伪造。相比之下，人体生物特征由于其稳定性和独特性，而成为较理想的身份识别特征。相对于其他生物特征，人脸面部特征的识别更具有主动性、非侵犯性和用户友好性等许多优点，它是一种更方便直接、更友好、更容易被人们接受的识别方法。

11.1.2 项目开发意义

人脸识别是当前人工智能和模式识别的研究热点，其实它在 20 世纪 90 年代后期才开始成为科研热点。在我国，人脸识别最初的应用源于公安部门对于信息的存档管理和刑侦破案，但是随着科技的不断发展和社会的进步，各个领域对快速、有效、自动人脸识别技术的需求日益迫切。如今，人脸识别在众多领域或行业都有应用，主要体现在以下几个方面。

（1）证件验证。在不同的场合，证件验证都是检验身份的一种常用方法。身份证、护照和驾驶照上都有照片，这种情况下就可以完全交由机器进行人脸识别工作。

（2）入口控制。在机场、港口等许多出入境的关口，由于人力有限，我们需要借助人脸识别系统对关键出入口进行监控，以控制秩序。

（3）刑侦破案。在大数据下，借助人脸识别系统，根据人的照片可以查到其具体活动范围，对刑侦破案起到相当大的帮助作用。

（4）视频监控。在许多公司、银行及其他公共场合等都安装了视频监控系统。当出现异常时，需要对采集到的图像进行具体分析，就要用到人脸检测、跟踪和识别技术。

另外，人脸识别技术在医学、人机交互等领域也有广阔的应用前景。在学术领域，人脸识别技术的研究涉及图像处理、模式识别、计算机视觉、人工智能、心理学和科学等多个方面的知识。对人脸识别的深入研究不仅可以促进这些基础研究的发展，而且有助于新的研究方向的产生，具有重要的学术价值。

由此可见，人脸识别技术的研究具有极大的社会意义，可能会形成一个巨大的、对人们的生活产生深远影响的产业。

11.1.3　需求分析

随着社会信息化进程的不断深入，人们对计算机软件的需求越来越复杂，规模也越来越大。但软件危机问题自 20 世纪 60 年代提出，至今仍无法很好地得到解决。

究其原因，主要还是忽视了软件开发过程中的质量监控，以及软件开发过程中对需求的准确把握不能做到很好的定位。因此，这要求我们在需求分析的过程中要准确把握需求的内容，并予以准确地定位。需求工程作为软件工程生命周期的起点是软件开发后继阶段的基础。软件需求是软件开发的目标，也是其项目开发成功与失败的重要因素。

需求分析是指将整个项目"拆碎""嚼烂"，从甲方希望实现的项目功能出发，考虑操作性、工作量、技术性等因素，提出细致的需求，再从需求中提取出确定的需求用例。而提取出需求用例、完成需求文档、完成 UML 用例图，实际上又是对需求的再一次检验。在完成这些工作时，我们仍然会遇到许多不同的问题，它们关系着项目中不同角色的权限、功能、角色之间的关系等。因此，在整个过程中，团队的所有人都对项目进行深度的剖析，对后续的实现有极大的意义。

11.2　环境搭建

当前在我国的人工智能发展热潮中，依然以中国三大互联网公司 BAT 为代表，并被视为人工智能技术的引领者。在本节中，我们将学习百度 AI 人脸识别。

1. 系统运行环境

本人脸识别系统运行在安卓手机设备上，安卓版本为 9.0 以上，当版本为 10 以上时需要动态设置权限。

2. 系统开发环境

本人脸识别系统运行在安卓手机上，它是一款手机 App 软件，开发过程中会使用 Android Studio 作为开发工具、Java 作为开发语言、百度 AI 人脸识别 SDK 作为类库。

下面将简单介绍本系统开发工具的下载及安装。

步骤 1：打开 Android Studio 官网界面（https://developer.android.google.cn/），找到 Android Studio 并单击"下载"链接，进入下载界面，如图 11-1 和图 11-2 所示。单击 DOWNLOAD ANDROID STUDIO 按钮，开始下载 Android Studio 软件。

图 11-1　Android Studio 界面

图 11-2　下载 Android Studio 界面

　　步骤 2：下载完成后，在相应的下载位置上选中下载的工具并双击鼠标左键，随后弹出安装向导，单击 Next 按钮，如图 11-3 所示。

　　步骤 3：根据提示进行安装操作，如图 11-4 所示。

图 11-3　单击 Next 按钮

图 11-4　Android Studio 安装中

　　注意：在安装 Android Studio 前需要先安装 JDK，安装 JDK 的步骤这里不再讲解。安装 Android Studio 时根据提示选择 JDK 所在的路径，如图 11-5 所示。

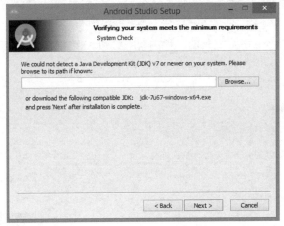

图 11-5　在 Android Studio 中配置 JDK 环境

11.3　系统设计目标

　　为了实现人脸识别系统，我们需要掌握以下知识点，但是还有很多关于人脸识别的学习点，所以需要我们不断学习，补充学习内容。

　　（1）人脸维护：人脸注册、人脸删除、人脸更新。

　　（2）人脸识别：人脸检测、人脸比对、人脸搜索。

11.4 系统开发前的准备

想要使用百度 AI SDK，需要在百度 AI 官网中进行注册申请。那如何申请呢？下面就进行简单介绍。

步骤 1：打开百度 AI 官网（https://ai.baidu.com/），如图 11-6 所示。

图 11-6 百度 AI 界面

步骤 2：在图 11-6 中单击右上角的"控制台"按钮，进入百度智能云注册/登录界面，如图 11-7 所示。

图 11-7 百度智能云注册/登录界面

步骤 3：单击"注册"按钮进行注册，注册完成后输入账号和密码，单击"登录"按钮进行登录。登录成功界面如图 11-8 所示。

图 11-8　登录成功界面

步骤 4：单击左侧导航栏中的"人脸识别"按钮，展开后界面如图 11-9 所示。

图 11-9　人脸识别界面

步骤 5：单击"创建应用"按钮，打开如图 11-10 所示的界面。在其中输入应用名称，选择应用归属为"个人"，输入应用描述后，单击"立即创建"按钮进行应用的创建。

图 11-10　创建应用界面

步骤 6：创建后返回应用列表，应用列表中有 AppID、API Key、Secret Key 这 3 个应用名称在开发中是需要用到的，如图 11-11 所示。

图 11-11　显示应用名称

步骤 7：单击右侧的"管理"链接，进入应用详情界面，如图 11-12 所示。

步骤 8：单击"下载 SDK"按钮，进入 SDK 资源界面，选择人脸识别→java HTTP SDK 进行下载，如图 11-13 所示。

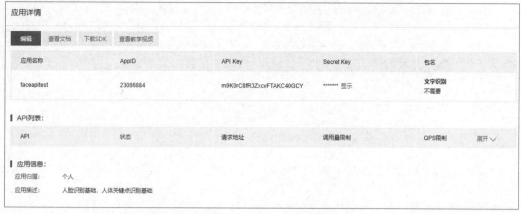

图 11-12　进入应用详情界面

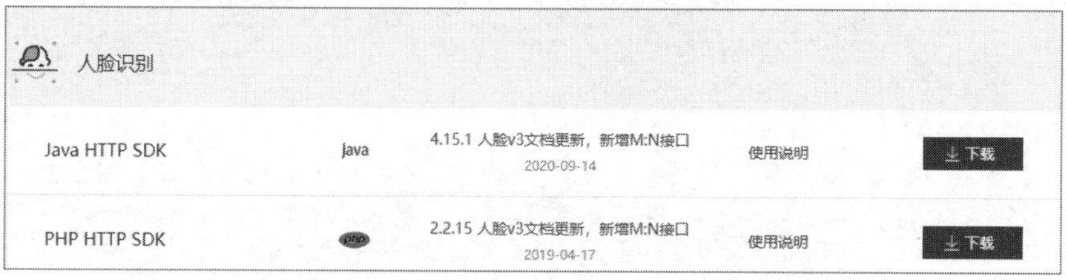

图 11-13　下载 Java HTTP SDK 界面

步骤 9：解压后，将文件复制到项目 libs 文件夹下，在 Java HTTP SDK 文件上单击鼠标右键，在弹出的快捷菜单中选择 Add As Library，如图 11-14 所示。

提示： 在使用人脸识别资源时，要根据需要选用合适的资源，例如使用 API 方式就不再需要下载 SDK。

11.5　人脸功能技术实现

下面学习人脸功能代码的编写和功能的技术实现。

11.5.1　App 布局模块的实现

在创建工程并引入百度 AI Java HTTP SDK 后，由于百度 AI 调用返回结果是 JSON 数据格式，还要引入 Gson 和 Json 类库作为支持。实现 App 布局代码如下：

图 11-14　添加 Library

```
<RelativeLayout xmlns:android="http://schemas.android.com/apk/res/android"
xmlns:tools="http://schemas.android.com/tools"
android:id="@+id/activity_main"
android:layout_width="match_parent"
android:layout_height="match_parent"
tools:context="com.example.myapplication.MainActivity"
```

```
android:orientation="vertical"
>
<ImageView android:layout_width="wrap_content" android:layout_height="wrap_content"
android:src="@mipmap/ic_launcher"
android:id="@+id/img1"
/>
<com.example.myapplication.Myview android:id="@+id/myview"
android:layout_width="wrap_content"
android:layout_height="wrap_content"
/>
<LinearLayout android:layout_width="match_parent" android:layout_height="match_parent"
android:layout_weight="1"
android:orientation="vertical"
>
<LinearLayout android:layout_width="match_parent" android:layout_height="wrap_content"
android:orientation="horizontal"
android:gravity="bottom"
android:layout_marginBottom="0dp"
android:layout_marginTop="500dp"
>
<Button android:layout_width="wrap_content" android:layout_height="wrap_content"
android:text="选择图片 1"
android:id="@+id/btn_sel"
android:layout_alignParentBottom="true"
/>
<Button android:layout_width="wrap_content" android:layout_height="wrap_content"
android:text="注册"
android:id="@+id/btn_reg"
android:layout_alignParentBottom="true"
/>
<Button android:layout_width="wrap_content"  android:layout_height="wrap_content"
android:text="删除"
android:id="@+id/btn_delete"
android:layout_alignParentBottom="true"
/>
<Button android:layout_width="wrap_content" android:layout_height="wrap_content"
android:text="更新"
android:id="@+id/btn_update"
android:layout_alignParentBottom="true"
/>
</LinearLayout>
<LinearLayout android:layout_width="match_parent" android:layout_height="wrap_content"
android:orientation="horizontal"
>
<Button android:layout_width="wrap_content" android:layout_height="wrap_content"
android:text="选择图片 2"
android:id="@+id/btn_sel1"
android:layout_alignParentBottom="true"
/>
<Button android:layout_width="wrap_content" android:layout_height="wrap_content"
```

```
android:text="人脸检测"
android:id="@+id/btn_check"
android:layout_alignParentBottom="true"
/>
<Button android:layout_width="wrap_content" android:layout_height="wrap_content"
android:text="人脸比对"
android:id="@+id/btn_match"
android:layout_alignParentBottom="true"
/>
<Button android:layout_width="wrap_content" android:layout_height="wrap_content"
android:text="人脸搜索"
android:id="@+id/btn_seach"
android:layout_alignParentBottom="true"
/>
</LinearLayout>
</LinearLayout>
</RelativeLayout>
```

提示：其中 ImageView 部分用于选择人脸图片的显示，Myview 为接收人脸检测关键点返回绘图层，LinearLayout 为功能按钮层。

11.5.2　图片选择模块的实现

在 MainActivity 中实现对应功能按钮的功能，包括人脸图片选择、注册、删除、更新、人脸检测、人脸对比和人脸搜索。

图片选择模块的主要实现代码如下：

```
@Override
protected void onActivityResult(int requestCode, int resultCode, Intent data) {
    super.onActivityResult(requestCode, resultCode, data);
    if (data != null) {
        if (requestCode == 1001 && resultCode == Activity.RESULT_OK) {
            Uri selectedImage = data.getData();
            String[] filePathColumn = {MediaStore.Images.Media.DATA};
            Cursor cursor = getContentResolver().query(selectedImage,filePathColumn,
            null, null, null);
            cursor.moveToFirst();
            int columnIndex = cursor.getColumnIndex(filePathColumn[0]);
            picturePath = cursor.getString(columnIndex);
            cursor.close();
            img.setImageBitmap(BitmapFactory.decodeFile(picturePath));
            Toast.makeText(MainActivity.this, picturePath, Toast.LENGTH_LONG).show();
            //转成 Base64
            try {
                byte [] imageDate = FileUtil.readFileByBytes(picturePath);
                //把字节转成 Base64 格式
                imageBase64 = Base64Util.encode(imageDate);
            }catch (Exception e)
            {}
        }
```

```
if (requestCode == 1002 && resultCode == Activity.RESULT_OK) {
    Uri selectedImage = data.getData();
    String[] filePathColumn = {MediaStore.Images.Media.DATA};
    Cursor cursor = getContentResolver().query(selectedImage,
    filePathColumn, null, null, null);
    cursor.moveToFirst();
    int columnIndex = cursor.getColumnIndex(filePathColumn[0]);
    picturePath = cursor.getString(columnIndex);
    cursor.close();
    img.setImageBitmap(BitmapFactory.decodeFile(picturePath));
    Toast.makeText(MainActivity.this, picturePath, Toast.LENGTH_LONG).show();
    //转成 Base64
    try {
        byte [] imageDate = FileUtil.readFileByBytes(picturePath);
        //把字节转成 Base64 格式
        imageBase64_1 = Base64Util.encode(imageDate);
    }catch (Exception e)
    {}
}
}
}
```

上述代码中，通过设置返回标志实现对两张图片进行选择，并根据需要把选择的图片转成 Base64 编码格式。

提示：Base64 编码是广泛应用在网络中的用于传输字节码的编码方式。本项目中需要把选中的头像图片发送到百度 AI 建立的项目中进行分析。

11.5.3 人脸维护模块的实现

人脸维护模块实现了人脸的注册、删除、更新，在百度 AI SDK 中提供了更多的人脸维护接口功能。人脸维护模块的主要实现代码如下：

```
//注册人脸
private void RegFace(String image){
    //人脸库写入
    HashMap<String, String> options = new HashMap<String, String>();
    options.put("user_info", "test1");
    options.put("quality_control", "NORMAL");
    options.put("liveness_control", "LOW");
    options.put("action_type", "REPLACE");
    String imageType = "BASE64";
    String groupId = "001";
    String userId = "001";
    verifyStoragePermissions(this);
    JSONObject res = client.addUser(image, imageType, groupId, userId, options);
    System.out.println(res.toString());
    try {
        String result = res.getString("error_msg");
        runOnUiThread(new Runnable() {
            @Override
```

```
        public void run() {
            //人脸识别
            Toastshow(result);
        }
    });
}
catch (Exception e){
    System.out.println(e.toString());
}
}
//更新人脸库
private void UpdateFace(String image){
    //人脸库写入
    HashMap<String, String> options = new HashMap<String, String>();
    options.put("user_info", "test1");
    options.put("quality_control", "NORMAL");
    options.put("liveness_control", "LOW");
    options.put("action_type", "REPLACE");
    String imageType = "BASE64";
    String groupId = "001";
    String userId = "001";
    verifyStoragePermissions(this);
    JSONObject res = client.updateUser(image, imageType, groupId, userId, options);
    System.out.println(res.toString());
    try {
        String result = res.getString("error_msg");
        runOnUiThread(new Runnable() {
            @Override
            public void run() {
                //人脸识别
                Toastshow(result);
            }
        });
    }
    catch (Exception e){
        System.out.println(e.toString());
    }
}
//人脸删除
private void DeleteFace(String image){
    HashMap<String, String> options = new HashMap<String, String>();
    String userId = "001";
    String groupId = "001";
    String faceToken = "4089ff04f75fbf7137a194c68042f853";
    JSONObject res = client.faceDelete(userId, groupId, faceToken, options);
    System.out.println(res.toString());
}
```

在整个过程中，根据不同的需求调用对应功能的接口、传递相应的参数，并返回注册、更新、删除结果。例如，注册人脸成功后会在人脸库中添加一条人脸识别记录，如图 11-15 所示。

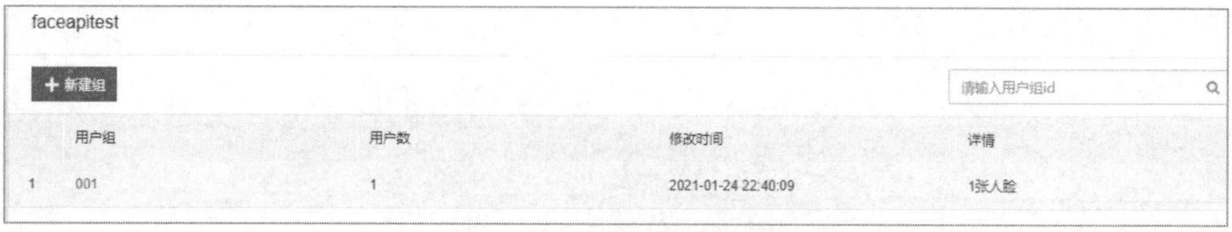

图 11-15　添加人脸识别记录

App 端通过 Toastshow( )把结果返回到 App 界面上，Toastshow( )的代码如下：

```
private void Toastshow(String result){
    Toast toast=  Toast.makeText(this,result, Toast.LENGTH_LONG);
    toast.setGravity(Gravity.TOP|Gravity.CENTER, -50, 100);
    toast.show();
}
```

11.5.4　人脸识别模块的实现

人脸识别模块是人脸 AI 应用的关键，需根据不同的业务环境使用相应的 SDK 接口，这里主要介绍人脸检测、人脸比对、人脸搜索 3 个接口的实现。人脸识别模块的主要实现代码如下：

```
//人脸对比
private void MatchFace(){
    new Thread(new Runnable() {
        @Override
        public void run() {
            try {
                //image1/image2 也可以为 url 或 facetoken，相应的 imageType 参数需要与其对应
                MatchRequest req1 = new MatchRequest(imageBase64, "BASE64");
                MatchRequest req2 = new MatchRequest(imageBase64_1, "BASE64");
                ArrayList<MatchRequest> requests = new ArrayList<MatchRequest>();
                requests.add(req1);
                requests.add(req2);
                JSONObject res = client.match(requests);
                System.out.println(res.toString(2));
                Double resultscore=res.getJSONObject("result").getDouble("score");
                if (resultscore>80){   //如果相似度大于 80,可以认为是同一个人
                    runOnUiThread(new Runnable() {
                        @Override
                        public void run() {
                            //人脸比对成功
                            Toastshow("成功");
                        }
                    });
                }else{
                    runOnUiThread(new Runnable() {
                        @Override
                        public void run() {
                            //人脸比对失败
                            Toastshow("失败");
                        }
                    });
```

```
            }
        } catch (JSONException e) {
            e.printStackTrace();
        }
    }
}).start();
}
//人脸搜索
private void SearchFace(){
    //传入可选参数调用接口
    HashMap<String, String> options = new HashMap<String, String>();
    options.put("max_face_num", "3");
    options.put("match_threshold", "70");
    options.put("quality_control", "NORMAL");
    options.put("liveness_control", "LOW");
    options.put("max_user_num", "3");
    String imageType = "BASE64";
    String groupIdList = "001";
    //人脸搜索
    JSONObject res = client.search(imageBase64_1, imageType, groupIdList, options);
    System.out.println(res.toString());
    try {
        String result = res.getString("error_msg");
        System.out.println(result.toString());
        runOnUiThread(new Runnable() {
            @Override
            public void run() {
                //人脸识别
                Toastshow(result);
            }
        });
    }catch (Exception e){
        System.out.println(e.toString());
    }
}
//人脸检测
private void checkFace(){
    new Thread(new Runnable() {
        @Override
        public void run() {
            try {
            HashMap<String, String> options = new HashMap<String, String>();
            options.put("max_face_num", "2");
            options.put("face_field", "age,beauty,expression,gender");
            String imageType = "BASE64";
            final JSONObject res = client.detect(imageBase64,imageType, options);
            System.out.println(res.toString(2));
            System.out.println(res.toString(2));
            runOnUiThread(new Runnable() {
                @Override
                public void run() {
                    //人脸识别
```

```
                            checkFaceres(res);
                    }
                });
            } catch (JSONException e) {
                e.printStackTrace();
            }
        }
    }).start();
}
//人脸检测结果处理
private void checkFaceres(JSONObject res){
    mGson = new Gson();
    String s = res.toString();
    p = mGson.fromJson(s,person.class);
    left = p.getResult().getFace_list().get(0).getLocation().getLeft();
    width= p.getResult().getFace_list().get(0).getLocation().getWidth();
    Top = p.getResult().getFace_list().get(0).getLocation().getTop();
    height= p.getResult().getFace_list().get(0).getLocation().getHeight();
    Rect rect = new Rect((int)(left), (int)(Top), (int)((left+width)), (int)
((height+Top)));
        //将这个矩形传递出去
        Message msg = Message.obtain();
        msg.obj = rect;
        myhandler.sendMessage(msg);
}
```

人脸对比和人脸搜索的结果也是通过 Toastshow( )进行返回。人脸检测功能非常强大，在检测时可以识别图片中人物的性别、颜值、表情等。人脸检测通过返回人脸关键点描绘成一个矩形区域，并将其绘制在人脸上，如图 11-16 所示。

11.6 开发常见问题及功能扩展

人脸识别是一个视觉模式识别问题，它利用摄像机的光照等环境因素和人自身的表情、姿态等因素变化而变化地将三维人脸转换为二维人脸图像进行识别。一般情况下，自动人脸识别系统由人脸检测、人脸矫正、特征匹配和特征提取 4 个模块构成。

图 11-16　人脸检测

人脸矫正模块进一步对检测的人脸区域进行精确定位，确定面部各部位的位置并根据这些部位的位置对人脸图像的大小、姿态等进行几何对比。人脸矫正还会对人脸图像的灰度进行调节，矫正后的人脸图像经特征提取模块获得可以有效区分不同个体的特征，最后特征匹配模块将该特征与人脸图像库中已经注册的用户特征进行匹配和对比，确认结果。人脸检测和人脸矫正是获得有效人脸特征的基础。

虽然目前可以很轻松地识别出人脸，但自动识别却是个难度极大的研发问题，主要技术困难有以下几点。

（1）人脸识别存在受到外在因素干扰较多的问题。摄像机在不同的光照条件和不同拍摄角度下拍摄同一个体的人脸图像具有很大的可变性，而且人脸本身也会发生一些变化，如面部表情的变化也会带来人脸图像的变化。此外，成像条件也受到光圈大小、曝光时间等因素的影响而引起人脸图像的变化，这使得从人脸图像中提取不同个体的特征变得非常困难。

（2）近年来的研究表明，人脸很可能分布在非常复杂的非线性流上。在这样的情况下，很多线性的人脸特征提取和识别将会受到极大的限制。

（3）人脸识别存在典型的高维护、小样本的问题。好的人脸识别系统往往不具备很好的泛化能力，从而导致人脸系统性能的下降。

第12章

人工智能——图像识别系统

本章概述

通过第 11 章的讲解，我们了解到人工智能在人脸识别上的应用，而本章则学习百度 AI 中图像识别的实现方式。本章主要从项目开发技术背景、环境搭建、系统设计目标、系统开发前的准备、图像识别功能技术实现及测试评价等方面讲解人工智能——图像识别系统的开发。

知识导读

本章要点（已掌握的在方框中打钩）
- ☐ 系统开发环境的搭建
- ☐ 系统开发前的准备
- ☐ App 布局模块的实现
- ☐ 图片选择模块的实现
- ☐ 图像识别模块的实现

12.1　项目开发技术背景

通过第 11 章，我们了解了人工智能发展的基本情况及在人脸识别中的应用，但可以想象得到人工智能在识别过程中应该不局限于人脸。那么，它能识别汽车、植物、菜品吗？答案是当然可以。这里依然使用百度 AI SDK 进行实现。

12.1.1　研究背景

随着人工智能的发展，越来越多的应用场景和应用需求也有了新变化。例如，车牌识别已被广泛应用在停车场、小区进出管理中，通过图像识别确定车牌号与停车费用管理系统关联，可以准确地对停车进行收费管理和是否放行管理；在自动阅卷系统中，图像识别也是核心的实现技术，通过图像识别确定试卷机读卡中选项结果并与标准答案进行比对以实现自动阅卷，从而降低教师改卷的工作量、提高阅卷工作效率。另外，图像识别还可以应用到建筑与医疗行业。未来图像识别甚至可以做到识别万物的程度，被应用在更多的业务场景及复杂的解决方案中。

12.1.2　项目开发意义

图像识别可以用于物料行业的产品分拣，通过图像识别系统把发往同一区域的商品进行聚集；在生产制造行业可以通过图像识别产品缺陷，降低质检员的工作量；当前图像识别应用最亮眼的行业要数自动驾驶行业，可以通过图像识别确定道路、车辆、交通信号等。人工智能图像识别将会为人们的工作和生活带来天翻地覆的变化。研究和开发人工智能将是未来一阶段各个高科技公司发展的优先方向。

通过第 11 章对人工智能的学习，我们已了解到学习人工智能图像识别的重要性。下面通过一个系统展现图像识别的实现过程，以期实现抛砖引玉的效果。

12.2　环境搭建

基于百度在人工智能开放平台提供的丰富功能、强大的 SDK、健全的帮助文档，本章继续通过百度 AI 进行图像识别的讲解。

1. 系统运行环境

本图像识别系统运行在安卓手机设备上，安卓版本为 9.0 以上，当版本为 10 以上时需要动态设置权限。

2. 系统开发环境

本图像识别系统运行在安卓手机上，它也是一款手机 App 软件，开发过程中使用 Android Studio 作为开发工具、Java 作为开发语言、百度 AI 图像识别 SDK 作为类库。

提示：系统开发环境 Android Studio 的安装和配置可参考第 11 章中的第 11.2.2 小节。

12.3　系统设计目标

为了实现图像识别系统，我们需要掌握以下知识点，但是要学习的知识和目标不限于此。

（1）车辆识别：识别出车辆的品牌和置信度。

（2）菜品识别：识别出菜品的名称和置信度。

（3）植物识别：识别出植物的名称和置信度。

12.4　系统开发前的准备

在本节中介绍系统开发前的准备工作，如创建应用、下载开发所需要的工具等。

步骤 1：在百度 AI 控制台中创建图像识别应用。登录百度 AI 控制台，单击左侧导航栏中的"图像识别"，进入图像识别界面，如图 12-1 和图 12-2 所示。

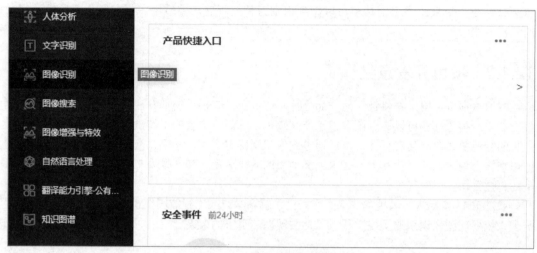

图 12-1　单击"图像识别"

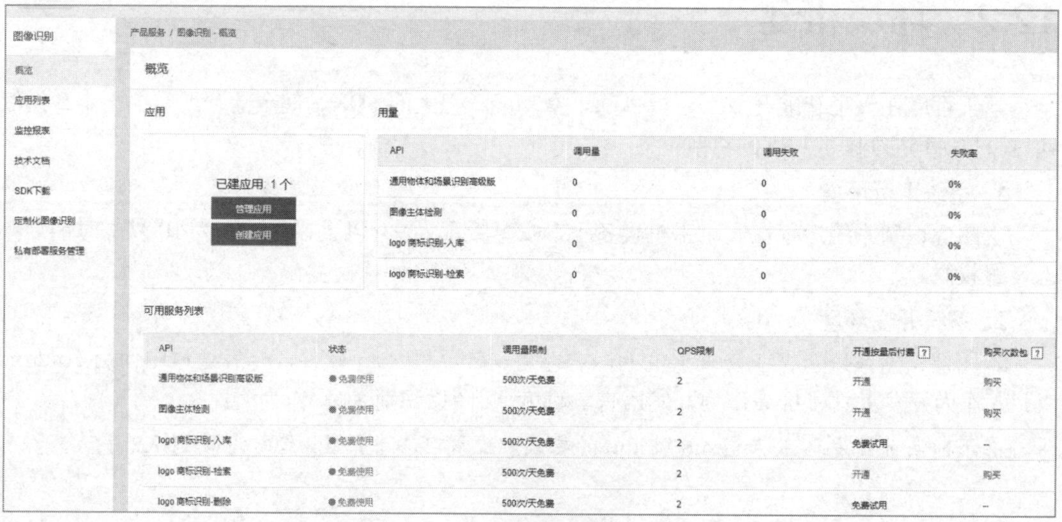

图 12-2　图像识别界面

步骤 2：单击"创建应用"按钮，在打开的界面中输入应用名称，选择应用归属为"个人"，输入应用描述后，单击"立即创建"按钮进行应用的创建，如图 12-3 所示。

步骤 3：创建后返回应用列表，应用列表中有 AppID、API Key、Secret Key 这 3 个应用名称在开发中需要使用到，如图 12-4 所示。

步骤 4：单击右侧的"管理"链接，进入应用详情界面，如图 12-5 所示。

步骤 5：单击"下载 SDK"按钮，进入 SDK 资源界面，选择图像识别→Java SDK 进行下载，如图 12-6 所示。

步骤 6：解压后，将文件复制到项目 libs 文件夹下，在 Java SDK 文件上单击鼠标右键，在弹出的快捷菜单中选择 Add As Library，如图 12-7 所示。

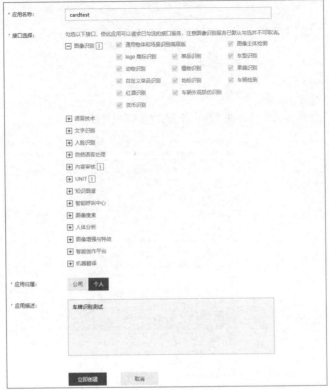

图 12-3　创建应用界面

图 12-4　显示应用名称

图 12-5　进入应用详情界面

图 12-6　下载 Java SDK 界面

图 12-7　添加 Library

12.5　图像识别功能技术实现

下面学习图像识别功能代码的编写和功能的技术实现。

12.5.1　App 布局模块的实现

创建工程并引入百度 AI Java SDK 后，由于百度 AI 调用返回结果是 JSON 数据格式，还要引入 Json 类库作为支持。实现 App 布局代码如下：

```
<RelativeLayout xmlns:android="http://schemas.android.com/apk/res/android"
xmlns:tools="http://schemas.android.com/tools"
android:id="@+id/activity_main"
android:layout_width="match_parent"
android:layout_height="match_parent"
tools:context="com.example.myapplication.MainActivity"
android:orientation="vertical"
>
<ImageView android:layout_width="wrap_content" android:layout_height="wrap_content"
```

```
android:src="@mipmap/ic_launcher"
android:id="@+id/img1"
/>
<LinearLayout android:layout_width="match_parent" android:layout_height="match_parent"
android:layout_weight="1"
android:orientation="vertical"
>
<LinearLayout android:layout_width="match_parent" android:layout_height="wrap_content"
android:orientation="horizontal"
android:gravity="bottom"
android:layout_marginBottom="0dp"
android:layout_marginTop="500dp"
>
<Button android:layout_width="wrap_content" android:layout_height="wrap_content"
android:text="选择图片 1"
android:id="@+id/btn_sel"
android:layout_alignParentBottom="true"
/>
<Button android:id="@+id/btn_car" android:layout_width="wrap_content"
android:layout_height="wrap_content"
android:layout_alignParentBottom="true"
android:text="车辆"
/>
<Button android:id="@+id/btn_dish" android:layout_width="wrap_content"
android:layout_height="wrap_content"
android:layout_alignParentBottom="true"
android:text="菜品"
/>
<Button android:id="@+id/btn_plant" android:layout_width="wrap_content"
android:layout_height="wrap_content"
android:layout_alignParentBottom="true"
android:text="植物"
/>
</LinearLayout>
<LinearLayout android:layout_width="match_parent" android:layout_height="wrap_content"
android:orientation="horizontal"
android:gravity="bottom"
>
<TextView android:layout_width="match_parent" android:layout_height="match_parent"
android:text="当前图片识别结果为： "
android:id="@+id/showtxt"
>
</TextView>
</LinearLayout>
</LinearLayout>
</RelativeLayout>
```

　　其中 ImageView 部分用于选择图片的显示，LinearLayout 为功能按钮层。整体运行效果如图 12-8 所示。

图 12-8　代码运行效果

12.5.2　图片选择模块的实现

在 MainActivity 中实现对应功能按钮的功能，包括图片选择、车辆识别、菜品识别和植物识别。图片选择模块的主要实现代码如下：

```
@Override
protected void onActivityResult(int requestCode, int resultCode, Intent data) {
    super.onActivityResult(requestCode, resultCode, data);
    if (data != null) {
        if (requestCode == 1001 && resultCode == Activity.RESULT_OK) {
            Uri selectedImage = data.getData();
            String[] filePathColumn = {MediaStore.Images.Media.DATA};
            Cursor cursor = getContentResolver().query(selectedImage,
            filePathColumn, null, null, null);
            cursor.moveToFirst();
            int columnIndex = cursor.getColumnIndex(filePathColumn[0]);
            picturePath = cursor.getString(columnIndex);//取得图片路径
            cursor.close();
            img.setImageBitmap(BitmapFactory.decodeFile(picturePath));//设置图片显示
            Toast.makeText(MainActivity.this, picturePath, Toast.LENGTH_LONG).show();
            try {
                //将图片转为二进制
                imageDate = FileUtil.readFileByBytes(picturePath);
            }catch (Exception e)
            {}
        }
    }
}
```

提示：在人脸识别中图片传输使用 Base64 编码；在图像识别中使用二进制进行图片传输，实际上在相应方法中最后又被转为 Base64 编码。

12.5.3 图像识别模块的实现

图像识别模块实现了车辆识别、菜品识别和植物识别，在百度 AI SDK 中提供了更多的图像维护接口功能。

车辆识别的主要实现代码如下：

```
private void CarDetect(){
    //传入可选参数调用接口
    HashMap<String, String> options = new HashMap<String, String>();
    options.put("top_num", "3");
    options.put("baike_num", "5");
    JSONObject    res = client.carDetect(imageDate, options);
    System.out.println(res.toString());
    try {
        JSONObject    rescar = (JSONObject) res.getJSONArray("result").get(0);
        String carname=rescar.getString("name");
        String score=rescar.getString("score");
        runOnUiThread(new Runnable() {
            @Override
            public void run() {
                //输出结果
                Toastshow(carname,score);
            }
        });
    }catch (JSONException e)
    {}
}
```

提示：使用 runOnUiThread( )是因为识别结果为异步返回过程，但安卓不允许非主线程更新界面，所以通过 runOnUiThread( )实现更新界面功能。

App 端通过 Toastshow( )把结果返回到 App 界面上，Toastshow( )的代码如下：

```
private void Toastshow(String result)
private  void Toastshow(String name,String score){
    String  result="当前图片识别结果为："+name+"，识别准确度为："+score;
    showtxt.setText(result);
}
```

代码运行效果如图 12-9 所示。

当前图片识别结果为：大众尚酷,识别准确度为：
0.988418698310852

图 12-9 车辆识别代码运行效果

菜品识别的主要实现代码如下：

```
//菜品识别
private void DishDetect(){
    HashMap<String, String> options = new HashMap<String, String>();
    options.put("top_num", "3");
    options.put("filter_threshold", "0.7");
    options.put("baike_num", "5");
    JSONObject   res = client.dishDetect(imageDate, options);
    System.out.println(res.toString());
    try {
        JSONObject   resdish =(JSONObject) res.getJSONArray("result").get(0);
        //菜品的名称
        String dishname=resdish.getString("name");
        String probability=String.valueOf(resdish.getDouble("probability"));
        runOnUiThread(new Runnable() {
            @Override
            public void run() {
                //输出结果
                Toastshow(dishname,probability);
            }
        });
    }catch (Exception e)
    {}
}
```

代码运行效果如图 12-10 所示。

当前图片识别结果为：海鲜炒饭,识别准确度为：0.266715

图 12-10　菜品识别代码运行效果

植物识别的主要实现代码如下：

```
//植物识别
private void PlantDetect(){
    //传入可选参数调用接口
    HashMap<String, String> options = new HashMap<String, String>();
    options.put("baike_num", "5");
    JSONObject res = client.plantDetect(imageDate, options);
    System.out.println(res.toString());
    try {
        JSONObject   resplant =(JSONObject) res.getJSONArray("result").get(0);
```

```
    //植物的名称
    String plantname=resplant.getString("name");
    String score=String.valueOf(resplant.getDouble("score"));
    runOnUiThread(new Runnable() {
        @Override
        public void run() {
            //输出结果
            Toastshow(plantname,score);
        }
    });
}catch (Exception e)
{}
}
```

代码运行效果如图 12-11 所示。

当前图片识别结果为：绣球花,识别准确度为：
0.842567503452301

图 12-11 植物识别代码运行效果

12.6 开发常见问题及功能扩展

  人脸识别可以看成是图像识别在人物识别中的具体应用。从人脸、车辆、菜品、植物识别实现中可以看到识别的复杂度和需要处理信息的深度，只能依据每种事物进行单独建模归类，识别准确度取决于识别对象信息库与图像神经网络自学习的程度，例如一辆车有从新车到旧车、从整洁到破损等情况，诸多因素对识别准确度提出挑战。当前，人工智能还只能在相对单一的场景下进行，离识别万物距离还很远。

  本章带领大家踏进人工智能领域的门槛，通过识别车辆、菜品、植物的讲解为大家进行人工智能编程提供引领，可以将其看作深入了解和学习人工智能编程的基石。人工智能技术还处于初步发展阶段，我们的学习还远不能止步。

第 13 章

航空订票系统

本章概述

如今，我国国内航空公司的规模都在不断扩大中。由于乘坐飞机的人越来越多，所产生的数据量也相当庞大，因此，拥有一个安全、可靠的航空订票系统对于航空公司来说是相当重要的。这样，可以提高航空公司的服务质量及工作效率。

本航空订票系统的开发综合应用了 MySQL、SSH、JSP 等的知识。本章主要介绍该系统的功能模块及数据库的建立等功能。其中，会员可以通过相应的模块来实现航班信息查找、机票订购及留言等操作；管理员可以对航班信息进行添加、对会员进行管理，还可以对会员的留言等进行操作。

知识导读

本章要点（已掌握的在方框中打钩）
- ☐ 系统需求分析
- ☐ 系统功能设计
- ☐ 数据库表设计
- ☐ 前台页面设计
- ☐ 后台登录功能的实现
- ☐ 购物车管理模块的实现
- ☐ 订单信息管理模块的实现

13.1 项目开发技术背景

随着信息技术的发展，现阶段的机票订购业务也成为一个高度依赖信息化的环节。信息技术的飞速发展不仅使航空售票工作者逐渐摆脱了繁重的手工劳动，而且促使航空公司的管理向现代化管理迈进。除了向销售点及机场直接订票外，各个航空公司也纷纷推出电话订票和网上订票的形式来满足客户的要求，以尽量方便、快捷地为客户提供最好的服务。客户服务的方式越来越多，网上机票订购也渐渐被客户所接受，并成为一种趋势。航空售票已经过多年的发展进入了现代化的阶段，但是航空公司在网上营业管理上还有诸多的不足，对数据库管理系统的认识不够，绝大部分人员还只认为信息化可以简化工作流程、降低劳动强度、提高工作效率，对网上订票管理的发展、航空科技的进步等尚无意识。只有出色的管理系统才能使公司运转灵活，公司才能更好地为客户服务，公司的业绩才能更上一层楼。为了能更好地服务于乘客，许多航空公司推出了通过互联网订购机票的服务，称为电子客票服务。电子客票是普通纸质机票的电子替代产品。乘客通过互联网订购机票后，仅凭有效身份证件直接到机场办理乘机手续即可，这样给出行的乘客带来了很大的方便。因此，对于航空公司来说，着重对网上航空订票系统进行规范化、简洁化、系统化，致力于使航空业管理者认识到信息化管理的优势，并进行数据库管理系统的推广，使烦琐的工作自动化，才可能极大地提高售票管理工作的效率。

13.1.1　系统需求分析

本系统使用计算机技术来管理订票系统。该系统主要完成的功能包括航班信息查询、订单管理及留言等，以使系统操作方便、便于管理。

（1）普通用户在本系统中的权限只能浏览航班信息。

（2）会员在本系统中的权限主要包括以下几点。

①浏览航班信息。

②快速查询航班信息。

③在线订票。

④在线留言。

（3）航班管理员在本系统中的权限主要包括以下几点。

①修改个人密码。

②航班信息的添加。

③订单信息的管理。

④会员信息的管理。

⑤留言板的管理。

13.1.2　开发目的和意义

计算机的运用正在全世界各个国家的各类系统中普及，利用它能够准确保存和查找到相关数据库管理系统中的各种数据。如今，乘坐飞机的人越来越多，所产生的数据量也相当庞大，人工的售票方式已经完全满足不了现代航空业务的发展，所以网上订票系统也就逐渐流行起来。这个时候就需要开发一套具有开放体系结构、容易扩展和维护且具有很好的人机交互界面的航空订票系统。

航空订票系统可以有效地来管理机票的订购与乘客的信息，从而有效地提高整个民航业务的运营效率及服务质量，保证为乘客及航空公司的业务管理提供安全、可靠、系统、完整的服务功能。

13.2　系统功能设计

构建本航空订票系统需完成如下工作目标。

（1）使航空订票系统规整化，减轻人工售票的负担，节约人力和物力，为民航业务减少不必要的支出，提高收入。

（2）提高管理人员的工作效率，消除以往工作中流程的烦琐、杂乱及周期性长的弊端，节约时间。

（3）设计简洁一致、操作简单的图形化界面，使用户感觉好用、易用、美观。

13.2.1　功能模块分析和设计

本系统的登录用户有 3 种：会员、管理员、普通用户。其中，管理员能够管理会员信息、航班信息、订单信息、留言板等；会员能够查看航班信息、在线购买机票、查看订单信息及在线留言等；普通用户只能够浏览航班的信息。

经上所述，系统功能可以分为以下几个模块。

（1）查看航班信息：会员看到的航班信息列表简洁明了，若会员想查看具体的航班信息，可以单击"详细信息"按钮。

（2）在线购买机票：会员直接单击"订票"按钮，就可以购买机票。整个操作过程简单、快捷，购票者无须再像以前传统的购票方式那样操作。

（3）查看订单信息：会员可以查看自己订单的详细信息及订单状态等情况。

（4）在线留言：会员有什么问题时可以进行在线留言。

（5）会员信息管理：管理员可以对会员的信息进行删除操作。一旦管理员对某会员进行了删除操作，那么这个会员就不可以再登录。

（6）航班信息管理：管理员可以根据航班的具体出发时间等相关信息向系统内进行添加操作，或者对要取消的航班信息进行删除操作。

（7）订单信息管理：管理员可以对会员的订单进行确认，然后确认订单状态；同时会员也能够在前台看到管理员确认的订单信息。

（8）留言管理：管理员可以对会员提出的关于航班信息的相关问题进行回复。

通过以上几个模块，便可支持整个系统的正常运行。图 13-1 为系统前台功能图，图 13-2 为系统后台功能图。

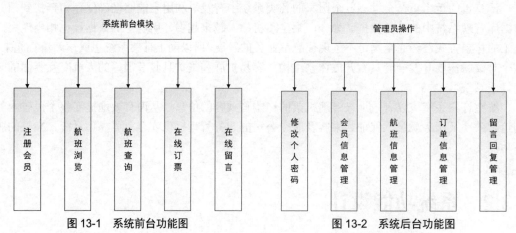

图 13-1　系统前台功能图　　　　图 13-2　系统后台功能图

13.2.2　系统流程图

会员对系统操作的基本流程如图 13-3 所示。

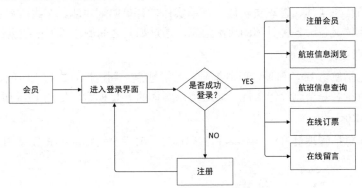

图 13-3　会员基本操作流程图

管理员是整个系统的最高权限拥有者，管理员对后台进行管理的基本流程如图 13-4 所示。

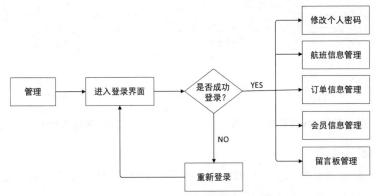

图 13-4　管理员基本操作流程图

13.3　系统数据库设计

本系统中的数据库主要是通过 MySQL 进行操作的。利用它能够建立功能较好的数据库，实现系统、有效的数据库操作，更好地满足用户的需求。

本系统的数据库主要实现以下功能。

（1）航班信息：包括航班 ID，日期，航班编号，始发地点，到达地点、起飞时间、剩余票数、成人票价，儿童票价和是否删除。

（2）订单信息：包括订单 ID，用户 ID，下单时间，姓名，电话，订单状态，总价格和地址。

（3）订单明细：包括订单明细 ID，订单 ID，航班 ID，单价，票类型和数量。

（4）在线留言：包括留言 ID，用户 ID，留言内容，留言时间，回复内容和回复时间。

（5）普通用户：包括普通用户 ID，用户名，密码，真实姓名，性别，年龄，电话，地址和是否删除。

（6）管理员：包括管理员 ID，用户名和密码。

13.3.1　系统 E-R 图

本系统是航空订票系统，根据前面的结构设计和初步的数据库设计思想，这里可规划出的实体主要有航班信息实体、管理员实体、订单实体、订单明细实体、在线留言实体及普通用户实体等。这些实体又包含各种具体的实际信息，通过相互之间的作用形成数据的流动。

1. 航班信息实体

用户实体包括航班 ID、日期、航班编号、始发地点、到达地点、起飞时间、剩余票数、成人票价、儿童票价和是否删除等属性。航班信息实体的 E-R 模型图如图 13-5 所示。

2. 管理员实体

管理员实体包括管理员 ID、用户名和密码属性。管理员实体的 E-R 模型图如图 13-6 所示。

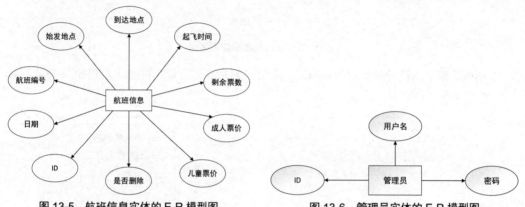

图 13-5　航班信息实体的 E-R 模型图　　　　图 13-6　管理员实体的 E-R 模型图

3. 订单实体

订单实体主要包括订单 ID、用户 ID、下单时间、姓名、电话、订单状态、总价格和地址等属性。订单实体的 E-R 模型图如图 13-7 所示。

4. 订单明细实体

订单明细实体主要包括订单明细 ID、订单 ID、航班 ID、票类型、单价和数量等属性。订单明细实体的 E-R 模型图如图 13-8 所示。

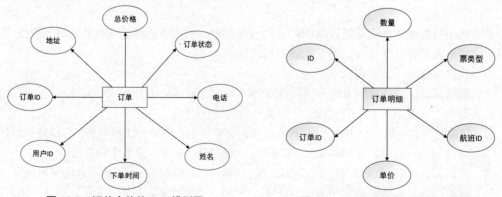

图 13-7　订单实体的 E-R 模型图　　　　　图 13-8　订单明细实体的 E-R 模型图

5. 在线留言实体

在线留言实体主要包括留言 ID、用户 ID、留言内容、留言时间、回复内容和回复时间等属性。在线留言实体的 E-R 模型图如图 13-9 所示。

6. 普通用户实体

普通用户实体主要包括普通用户 ID、用户名、密码、真实姓名、性别、年龄、电话、地址和是否删除等属性。普通用户实体的 E-R 模型图如图 13-10 所示。

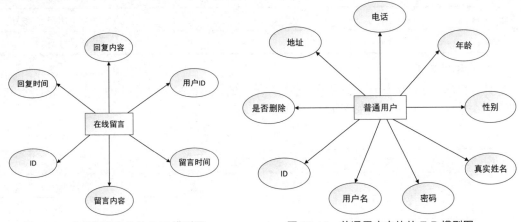

图 13-9　在线留言实体的 E-R 模型图　　　　图 13-10　普通用户实体的 E-R 模型图

13.3.2　数据库表设计

在详细设计前，应该对本系统中所涉及的对象实体进行信息建模，并最终得到完整的数据库表结构。

1. 航班信息表

航班信息表（t_hangban）主要用于保存航班基本信息，如航班编号、日期、始发地、到达地等，该表结构如表 13-1 所示。

表 13-1　航班信息表

字 段 名	数 据 类 型	长度（bit）	主键是/否	备　　注
id	int	4	是	自动编号
riqi	varchar	50	否	航班日期
bianhao	varchar	50	否	航班编号
shifadi	varchar	50	否	始发地点
daodadi	varchar	50	否	到达地点
qifeishi	varchar	50	否	起飞时间
shengpiao	int	4	否	剩余票数
chengrenpiaojia	int	4	否	成人票价
ertongpiaojia	int	4	否	儿童票价
del	varchar	50	否	是否删除航班

2. 管理员信息表

管理员信息表（t_admin）主要用于保存管理员的基本登录信息，如登录用户名/账号、登录密码等，该表结构如表 13-2 所示。

表 13-2　管理员信息表

字　段　名	数　据　类　型	长度（bit）	主键是/否	备　　注
id	int	4	是	自动编号
userName	varchar	50	否	登录用户名/账号
userPw	varchar	50	否	登录密码

3. 订单信息表

订单信息表（t_order）主要用于保存用户添加的订单信息，如用户 ID、下单时间、会员姓名、联系电话等，该表结构如表 13-3 所示。

表 13-3　订单信息表

字　段　名	数　据　类　型	长度（bit）	主键是/否	备　　注
id	int	4	是	自动编号
userId	int	4	否	用户 ID
xiadanshi	varchar	50	否	下单时间
shouhuorenming	varchar	50	否	会员姓名
shouhuorenhua	varchar	50	否	联系电话
shouhuorenzhi	varchar	50	否	会员地址
zongjiage	int	4	否	总价格
zhuangtai	varchar	50	否	订单状态

4. 订单详细信息表

订单详细信息表（t_orderitem）主要用于保存订单的详细信息，如订单 ID、航班 ID、机票类型、单价、数量等，该表结构如表 13-4 所示。

表 13-4　订单详细信息表

字　段　名	数　据　类　型	长度（bit）	主键是/否	备　　注
id	int	4	是	自动编号
orderId	int	4	是	订单 ID
hangbanId	int	4	是	航班 ID
piaoleixing	varchar	50	否	机票类型
danjia	int	4	否	单价
shuliang	int	4	否	数量

5. 在线留言信息表

在线留言信息表（t_liuyan）主要用于保存会员的留言信息，如留言内容、留言时间、回复内容等，该表结构如表 13-5 所示。

表 13-5　在线留言信息表

字 段 名	数 据 类 型	长度（bit）	主键是/否	备　　注
id	int	4	是	自动编号
neirong	varchar	50	否	留言内容
liuyanshi	varchar	50	否	留言时间
userId	int	4	否	用户 ID
huifu	varchar	50	否	回复内容
huifushi	varchar	50	否	回复时间

6. 会员信息表

会员信息表（t_user）主要用于保存已注册会员的基本信息，如会员的登录用户名/账号、登录密码、真实姓名、性别、联系电话等。该表结构如表 13-6 所示。

表 13-6　会员信息表

字 段 名	数 据 类 型	长度（bit）	主键是/否	备　　注
user_id	int	4	是	自动编号
user_name	int	50	否	登录用户名/账号
user_pw	varchar	50	否	登录密码
user_realnae	varchar	50	否	真实姓名
user_sex	varchar	50	否	性别
user_age	int	50	否	年龄
user_address	varchar	50	否	地址
user_tel	varchar	50	否	联系电话
user_del	varchar	50	否	是否删除会员

13.4 系统功能技术实现

根据对系统需求的分析，本节主要通过对各个功能的界面进行描述来设计并实现本系统的不同功能模块。

13.4.1 前台首页设计

前台首页的设计尤为重要，这是因为用户打开一个网站后第一眼看到的便是首页的界面，而评价一个网站的好与坏在很大程度上又取决于首页界面制作得怎么样。首页的内容一定要全面、丰富但不要杂乱，色彩方面要合理搭配，风格方面要独具一格。本系统首页界面如图 13-11 所示。

图 13-11　网站首页运行效果

13.4.2　航班信息模块

航班信息模块的主要功能是显示最新的航班信息，包括航班日期、航班编号、始发地点、到达地点、起飞时间等。

航班信息模块的核心代码如下：

```
public String hangbanAll()//航班信息列表{
    //判断日期是否过期,将日期按升序排序
    String sql="from t_hangban where del='no' and riqi>? order by riqi";
    //格式化当前日期
    Object[] c={new SimpleDateFormat("yyyy-MM-dd").format(new Date())};
    //返回一个 List 集合
    List hangbanList=hangbanDAO.getHibernateTemplate().find(sql,c);
    //获取 request 对象
    Map request=(Map)ServletActionContext.getContext().get("request");
    request.put("hangbanList", hangbanList);
    return ActionSupport.SUCCESS;
}
```

该模块的主要功能是在 hangbanAction 类中通过调用 hangbanAll( )方法来实现的。首先，获取数据库中所有满足条件的数据，也就是没有被管理员删除及日期大于当前日期的航班信息，再将这些信息按日期升序排序并以值列表的形式在首页上显示出来。当返回信息时就通过 struts.xml 配置跳转，打开相应的 hangbanAll.jsp 界面，从而显示航班的列表。

航班信息模块效果如图 13-12 所示。

图 13-12 航班信息展示界面

13.4.3 航班搜索模块

本模块实现对航班信息的快速查询功能。单击首页导航栏上的"信息查询"按钮，进入信息查询界面，在此界面中选择航班日期、始发地点，单击"查询"按钮，即可完成航班查询操作。

航班搜索模块的核心代码如下：

```
public String hangbanRes(){
    String sql="from t_hangban where del='no' and riqi='"+riqi+"'"+" and shifadi like
'%"+shifadi.trim()+"%'";
    List hangbanList=hangbanDAO.getHibernateTemplate().find(sql);
    Map request=(Map)ServletActionContext.getContext().get("request");
    request.put("hangbanList", hangbanList);
    return ActionSupport.SUCCESS;
}
```

该模块的主要功能是在 hangbanAction 类中通过调用 hangbanRes( )方法来实现的。首先，输入 sql 语句，从航班信息表中查询与用户输入的航班日期相同的机票，并且对"始发地点"使用模糊查找的方法，然后将查询到的结果存放于 List 集合中。当返回信息时，再到 struts.xml 中找到与其对应的信息，并跳转到相应的 hangbanAll.jsp 界面，此时 hangbanList 中的值就只是会员所要查找的值。

航班查询界面如图 13-13 所示。

图 13-13 航班查询界面

当用户单击"查询"按钮后，系统会跳转到如图 13-14 所示的界面。

图 13-14 航班查询结果界面

接着当用户单击"详细信息"按钮，系统会跳转到如图 13-15 所示的页面。

图 13-15　航班详细信息图

13.4.4　购物车管理模块

本模块实现对购物车信息的管理功能。单击网站导航中的"我的购物车"按钮，进入购物车管理页面，在该页面显示当前已购买的机票信息，会员可以删除购物车内的某条记录，也可以将购物车的内容生成订单并提交。

购物车删除模块的主要核心代码如下：

```
public String delFromCart()//用户自己删除订单{
    HttpServletRequest request=ServletActionContext.getRequest();//获取session对象
    HttpSession session=request.getSession();//在session中获取user对象
    Cart cart =(Cart)session.getAttribute("cart");
    cart.delHangban(request.getParameter("id"));
    session.setAttribute("cart", cart);
    request.setAttribute("msg", "删除完毕");
    return "msg";
}
```

该模块的删除功能主要是在 buyAction 类中通过调用 delFromCart()方法来实现的，调用 Cart 类中的 delHangban()这个方法，通过 ID 来删除购物车里的整条信息。若选择"继续订票"则会跳转到 hangbanAll.jsp 这个页面，若会员确定要购买，单击"生成订单"则会跳转到 orderQueren.jsp 这个页面，输入相关信息即可。购物车管理界面如图 13-16 所示。

图 13-16　购物车管理界面

13.4.5　订单信息模块

会员可以通过该模块查看自己的订单信息。单击网站导航栏中的"我的订单"按钮,进入订单信息查看界面,该界面中列出了当前订单的详细信息,包括下单时间、会员姓名、会员地址、会员电话等。如果当前订单还未受理,可以单击"取消订单"按钮取消当前订单。

订单信息模块的核心代码如下:

```
public String orderMine()//我的订单{
    HttpServletRequest request=ServletActionContext.getRequest();
    HttpSession session=request.getSession();
    TUser user=(TUser)session.getAttribute("user");
    String sql="from t_order where userId="+user.getUserId();
    List orderList=orderDAO.getHibernateTemplate().find(sql);
    request.setAttribute("orderList", orderList);
    return ActionSupport.SUCCESS;
}
```

该模块的查询功能主要是在 buyAction 类中通过调用 orderMine( )方法来实现的,通过返回信息在 struts.xml 中找到 orderMine.jsp 界面。

查询订单信息界面如图 13-17 所示。

图 13-17　查看订单信息界面

13.4.6　后台登录模块

网站的后台是用来管理整个网站系统的，所以管理员要先登录系统，然后才可以进行相应的操作。当管理员在网站最下方单击"管理员登录"超链接后，会进入后台登录界面。为了保证系统的安全，该界面中要求管理员输入登录名、登录密码和验证码，再单击"登录系统"按钮才可以登录，三者缺一不可。后台登录模块的运行效果如图 13-18 所示。

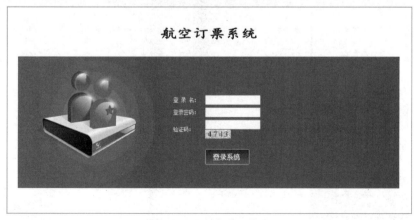

图 13-18　后台登录界面

进入后台后可以单击左侧修改个人密码、航班信息管理、订单信息管理、会员信息管理、留言板——管理等下方的选项，进入相应的管理界面。后台主界面如图 13-19 所示。

图 13-19 后台主界面

1. 航班信息管理

本模块实现对航班信息的管理操作，包括对航班信息的添加和删除等操作。

单击"航班信息管理"选项，进入航班信息管理界面，该界面通过列表形式列出已添加的航班信息，包括航班日期、航班编号、始发地点、到达地点、剩余票数等。单击相应记录右侧的"删除"按钮，可以实现对航班信息的删除操作。航班信息管理界面如图 13-20 所示。

图 13-20 航班信息管理界面

航班信息查看管理的核心代码如下：

```
public String hangbanMana(){//航班信息管理
    String sql="from t_hangban where del='no' order by riqi";
```

```
List hangbanList=hangbanDAO.getHibernateTemplate().find(sql);
Map request=(Map)ServletActionContext.getContext().get("request");
request.put("hangbanList", hangbanList);
return ActionSupport.SUCCESS;
}
```

　　该模块的功能主要是由 hangbanAction 类中的 hangbanMana( )方法来实现的，当返回信息时再到 struts.xml 文件中找到相应路径，然后跳转到 hangbanMana.jsp 页面。

　　单击"添加航班信息"按钮，进入航班信息添加界面，输入符合条件的航班信息，单击"提交"按钮，即可完成航班信息的添加操作。添加航班信息的界面如图 13-21 所示。

图 13-21　添加航班信息的界面

2. 订单信息管理

　　本模块实现对订单信息的管理操作，包括对订单信息的查看和删除操作。

　　单击"订单信息管理"选项，进入订单信息管理界面，该界面通过列表形式列出已提交的订单信息，包括下单时间、会员姓名等。单击"订单明细"按钮，可以查看该订单的详细信息；单击"未受理"按钮，可以对未受理的订单完成受理操作；单击"删除"按钮，可以删除当前订单。

　　订单信息查看管理的核心代码如下：

```
public String orderMana(){//订单信息管理
    String sql="from t_order order by zhuangtai";
    List orderList=orderDAO.getHibernateTemplate().find(sql);
    for(int i=0;i<orderList.size();i++){
        TOrder order=(TOrder)orderList.get(i);
        order.setUser(userDAO.findById(order.getUserId()));
    }
    HttpServletRequest request=ServletActionContext.getRequest();
    request.setAttribute("orderList", orderList);
```

```
        return ActionSupport.SUCCESS;
    }
```

该模块的主要功能是由 buyAction 类中的 orderMana( )方法来实现的，返回信息后通过 struts.xml 找到相应路径并跳转到相应的 orderMana.jsp 界面。

订单信息管理界面如图 13-22 所示。单击"会员信息"按钮，可以查看会员的信息，如图 13-23 所示。会员的信息和收货人的信息可以是不同的。

图 13-22　订单信息管理界面

序号	账号	密码	姓名	性别	年龄	住址	电话
1	yifei	000000	刘■	女	20	南京路	135■■■555

图 13-23　会员信息

3. 会员信息管理

本模块实现对会员信息的管理操作，包括对会员信息的查看和删除操作。

单击"会员信息管理"选项，进入会员信息管理界面，该界面通过列表形式列出已注册会员的信息，包括登录账号、密码、真实姓名等。单击相应记录右侧的"删除"按钮，可以实现对会员信息的删除操作。会员信息查看管理的核心代码如下：

```
public String userMana()//会员管理{
    String sql="from t_user where userDel='no'";
    List userList=userDAO.getHibernateTemplate().find(sql);
    Map request=(Map)ServletActionContext.getContext().get("request");
    request.put("userList", userList);
    return ActionSupport.SUCCESS;
}
```

会员信息删除管理的核心代码如下：

```
public String userDel(){ //管理员删除会员
    TUser user=userDAO.findById(userId);
    user.setUserDel("yes");
    userDAO.attachDirty(user);
    this.setMessage("删除成功");
    this.setPath("userMana.action");
    return "succeed";
}
```

该模块的查看和删除功能主要是由 userAction 类中的 userMana( )和 userDel( )方法来实现的。管理员对会员信息的删除操作主要是先通过 userId 找到相应的实体类，再将 UserDel 赋值为"yes"，这样在下一次的会员查看时就不会再显示已删除的信息了。当 userMana( )方法返回信息时则打开相应的 userMana.jsp 界面。

会员信息管理界面如图 13-24 所示。

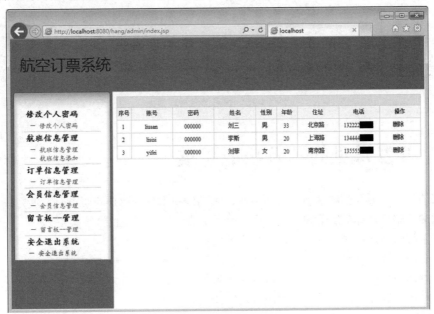

图 13-24　会员信息管理界面

4. 留言信息管理

本模块实现对会员留言信息的管理操作，包括对会员留言信息删除和回复操作。

单击"留言板——管理"选项，进入留言信息管理界面，该界面通过列表形式列出已添加的留言信息，包括留言内容、留言时间等。单击列表的"删除"按钮，可以实现对留言信息的删除操作；单击"回复"按钮，可以实现对留言信息的回复。

留言信息回复管理的核心代码如下：

```
public String liuyanHuifu()//管理员对留言板的回复操作{
TLiuyan liuyan=liuyanDAO.findById(id);
liuyan.setHuifu(huifu);
liuyan.setHuifushi(new SimpleDateFormat("yyyy-MM-dd HH:mm").format(new Date()));
liuyanDAO.attachDirty(liuyan);
HttpServletRequest request=ServletActionContext.getRequest();
request.setAttribute("msg", "回复完毕");
return "msg";
}
```

这个模块的主要功能是管理员完成对留言板的回复操作，而这些功能主要是由 liuyanAction 类中的 liuyanHuifu( )方法来实现的。

留言信息管理界面如图 13-25 所示。

序号	留言内容	发布时间	回复内容	回复时间	操作
1	有没有特价机票啊？？？	2015-08-06 20:51	没有啊。。	2015-08-06 20:52	删除 回复
2	清明节从北京飞往上海的机票还有吗？	2021-03-26 15:15	您好，机票很充足，欢迎订购。	2021-03-26 15:17	删除 回复
3	这个航空订票系统真是方便呀	2021-03-26 15:16	谢谢使用本系统！	2021-03-26 15:17	删除 回复

图 13-25　留言信息管理界面

13.5　开发常见问题及功能扩展

本系统是基于 B/S 结构的航空订票系统，其功能基本符合用户的要求，不仅完成了对航班信息的添加、删除及订单的管理，还完成了会员的查询、订票及留言等操作。

对该系统的功能扩展还可以有以下几个方面：

（1）在会员登录页面中可以增加"联系客服"的功能。

（2）增加会员积分管理模块，包括积分累积、积分兑换等功能。

（3）在后台管理页面中还可以增加报表统计功能，以便于统计机票的销售情况。

第14章

电子邮件系统

本章概述

电子邮件（简称 E-mail）又称电子信箱、电子邮政，它是一种用电子手段提供信息交换的通信方式，也是全球多种网络上使用最普遍的一项服务。这种非交互式的通信加速了信息的交流及数据传送。通过连接全世界的 Internet，可以实现各类信号的传送、接收、存储等处理，将邮件传送到世界的各个角落。到目前为止，可以说电子邮件是 Internet 资源使用最多的一种服务，它不局限于信件的传递，还可用来传递文件、声音及图形、图像等不同类型的信息。

知识导读

本章要点（已掌握的在方框中打钩）
☐ 系统工作流程
☐ 电子邮件功能设计
☐ 系统模块详细设计
☐ 用户登录功能的实现
☐ 主界面的实现
☐ 系统托盘图标的实现

14.1　项目开发技术背景

与传统的信件相比，电子邮件具有传统信件没有的优势，传统的邮件受到时间、地点等各种限制，而电子邮件却不受这些限制。正是由于电子邮件具有使用简易、投递迅速、收费低廉、易于保存、全球畅通无阻的特点，电子邮件才被广泛地应用，人们的交流方式才得到了极大改变。另外，电子邮件还可以进行一对多的邮件传递，同一邮件可以一次发送给许多人。最重要的是，电子邮件是整个网络间（乃至所有其他网络系统中）直接面向人与人之间信息交流的系统，它的数据发送方和接收方都是人，所以极大地满足了大量存在的人与人之间的通信需求。随着互联网和计算机的普及，电子邮件将会成为越来越受人们欢迎的交流方式。

14.1.1　开发目的和意义

当今流行的邮件系统如 Lotus Notes 和 Exchange 都是非常强大的商业软件。但这些系统包含的协作功能和客户端的许可证费用使它们的整体成本急剧上升。事实上，很多使用这些系统的公司仅仅需要其中邮件服务器的基本功能，因此与其花重金购买这些邮件系统，还不如花少量的钱去重新开发一款功能简单的邮件系统。对于大型的企业来说，开发一种简单易用的具有电子邮件基本功能的电子邮件系统，不仅能够提高企业的生产效率，而且能够降低人与人之间的沟通成本，使企业能够更好地发展。

电子邮件最显著的特点是提供"存储转发式"服务，其并不是一种"终端到终端"的服务。利用这种存储转发可以进行异步通信，即信件发送人可以在任何时间、任何地点发送文件，并不要求接收者必须同时在场，即使是对方不在，发送者的邮件还是可以立刻送到对方的信箱内，并进行了存储，这样接收者可以在方便时登录邮箱来收取邮件和查看邮件内容，不必受到时间、空间的限制。这种存储转发服务也正是电子邮箱系统的核心。

随着上网用户越来越多、上网速度越来越快，作为网络基础应用的电子邮件系统所面临的问题也日益突出。不管是使用免费的邮箱 mail.qq.com、163.com 等，还是使用收费的个人邮箱，ISP 提供的虚拟机邮箱都存在着种种问题。当下流行的各大邮件客户端软件除了最主要的收发信件功能外，功能越来越复杂，但是我们的日常生活中真正用到的功能却很少；同时对于小、中型企业来说，邮箱的成本也越来越高；很多功能尤其对于计算机知识相对缺乏的人来说，显得太过华丽且不太实用。有鉴于此，在了解 SMTP 和 POP3 等底层协议的基础上，开发了这个各种功能相对简单、实用的邮件系统，简化了用户的操作。

14.1.2 系统可行性分析

电子邮件系统包括电子邮件客户端和电子邮件服务器端，其中通过协议 SMTP 发送邮件，通过协议 POP3 接收邮件。电子邮件系统的工作过程和相关收发协议如图 14-1 所示。

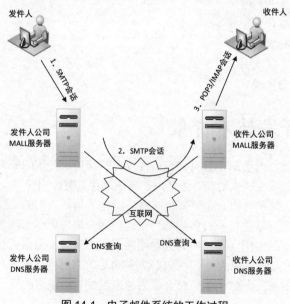

图 14-1 电子邮件系统的工作过程

Java Mail 是 Sun 公司发布的用来处理 E-mail 的 API，它可以方便地执行一些常用的邮件传输操作。Java Mail API 是 Java 对电子邮件处理的延伸，它可以处理各种 E-mail 格式，支持协议包括 IMAP、POP3 和 SMTP，为 Java 应用程序提供了收发电子邮件的公共接口。Java Mail API 的客户端工作原理如图 14-2 所示。

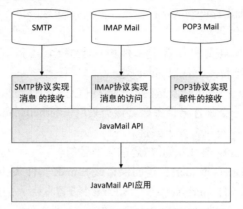

图 14-2 Java Mail API 的客户端工作原理

Java Mail API 主要位于 javax.mail.internet 中，主要类的框架如图 14-3 所示。

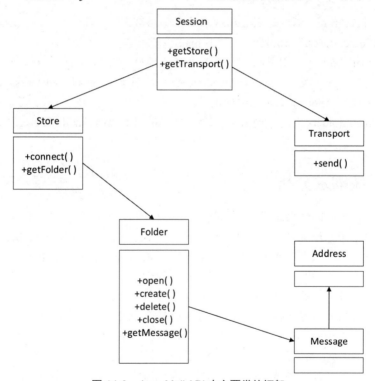

图 14-3 Java Mail API 中主要类的框架

（1）javax.mail.Session：Session 代表 Java Mail 中的一次邮件会话，每个基于 Java Mail 的应用程序至少有一次会话，也可以产生多次会话。发送邮件前，通常应该建立邮件会话。它的作用主要体现在以下两方面。

①接收各种配置属性信息：通过 Properties 对象设置的属性信息。

②初始化 Java Mail 环境：根据 Java Mail 的配置文件，初始化 Java Mail 环境，以便通

过 Session 对象创建其他重要类的实例。

（2）javax.mail.Transport：邮件操作只有发送和接收两种处理方式，Java Mail 将这两种不同操作描述为传输（javax.mail.Transport）和存储（javax.mail.Store）。传输对应邮件的发送，而存储对应邮件的接收。

（3）javax.mail.Store：负责实际特定邮件协议上的读、写、监视、查找等操作，通过 javax.mail.Store 类可以访问 javax.mail.Folder 类。

（4）javax.mail.Message：是实际发送的电子邮件信息。邮件对象通常使用 MimeMessage 创建，创建该对象时应传入一个邮件会话参数。该类采用 InternetHeaders 类来解析和保存 E-mail 的顶级 RFC 822 文件头。该类包含如下属性。

①protected byte[] content：该 E-mail 内容的字节数组。

②protected internetHeaders headers：返回保存该 E-mail 文件头的对象。

③void addFrom(Address[] addresses)：为该 E-mail 设置发件人的地址。

④void addHeader(String name, String value)：在 name 的文件头内容上增加 value。

⑤void addRecipients(Message.RecipientType type, Address[] addresses)：该方法还有一个重载的方法，都是增加指定类型的收件地址。

⑥Address[] getFrom：返回该 E-mail 发件人的地址列表。

⑦void setContent(Multipart mp)：为该 E-mail 设置内容。

（5）javax.mail.Address：用于确定发件人/收件人地址。与 Message 一样，Address 是个抽象类，时间使用的是它的子类。javax.mail.Address 类一旦创建了 Session 和 Message，并将内容填入消息后，就可以用 Address 确定信件地址了。

（6）javax.mail.Folder：用于分级组织邮件，并提供照着 javax.mail.Message 格式访问 E-mail 的功能。

14.1.3　系统需求分析

（1）方便性。电子邮件系统可以像离线 QQ 软件一样，允许用户在空闲的时间处理记录下来的请求。通过电子邮件可以方便、快捷地传送文本信息、图像文件、报表和计算机程序等。

（2）快捷性。电子邮件在传递过程中，若某个通信站点发现用户给出的收信人电子邮件地址有错误而无法继续传递时，电子邮件会迅速地将原信件逐站退回，并告知其原因。当邮件被送到目的地后，该计算机的邮件系统就立即将它放入收件人的信箱中，等候用户自行读取。用户只要随时以计算机联机方式打开自己的电子邮件信箱，便可以查看自己的邮件。

（3）广域性。电子邮件系统具有开放性、广域性，许多没有连接到互联网的用户能够通过本机的网关（Gateway）与网络上的用户相互交换邮件。

（4）透明性。电子邮件系统采用"存储转发"的方法帮助用户传送电子邮件，允许用户在一些通信节点计算机上运行相应的软件，此时这些计算机充当"邮局"的角色。当用户希望通过网络给别人发送邮件时，首先要与为自己提供电子邮件的计算机联机，然后把要发送的邮件和收件人的邮件地址发给邮件系统，电子邮件系统就会把用户的邮件通过网络送到目的地。对于用户来说，所有过程都是透明的。

（5）廉价性。网络的空间可以说是无限大的，公司能够将不同的产品及服务信息放置在网络上，这样用户就能够随时从网络上获取这些信息，并且相对于电话、邮寄或印刷来说，在网上存储与发送信息是非常廉价的。在公司与顾客"一对一"关系的电子邮件服务中，费用低廉，从而节约大量费用。

（6）全天性。对顾客而言，电子邮件的优点之一是没有任何时间上的限制。一天 24 小时，一年 365 天内，任何时间都可发送电子邮件。例如，当顾客遇到问题时，他们随时都可以把遇到的问题发送给公司，而公司有关负责人可以在方便的时候，再查阅这些信件，并决定哪些信件必须首先处理、哪些可以稍后处理、哪些应该转发给其他部门去承办。以前没有电子邮件时，顾客的产品本身或产品在使用过程中发生了问题，需要等到公司人员上班后，才能给公司打电话；另外，什么时候打电话也很讲究，若打早了，公司负责人还没有上班；若打晚了，公司负责人又可能出去开会了。电子邮件的全天候服务，从根本上解决了这种状况，极大改善了公司与顾客的关系，改善了公司对顾客的服务。

14.2 系统功能设计

本节主要介绍系统要实现的功能，搭好设计的总体框架，以使我们对待开发系统有一个系统、全面、确切的认识。

14.2.1 系统分析

用户需求分析是整个系统设计、制作的起点，它是在对用户需求调研的基础上，确定系统的总体结构方案，完成相应的需求分析报告。在确定系统的总体结构方案过程中，需要确定应用程序的结构、系统开发环境、系统测试环境、运行环境及系统的功能模块。在用户需求调研结束后，应立即进行用户需求分析。需求分析的结果反映了用户的时间需求，它将关系到设计的合理性和实用性。

软件需求分析工作是软件生命周期中具有决定性意义的一步，只有通过需求分析，才能把软件的功能和性能的总体要领描述为具体的软件规程说明，从而奠定软件开发基础。基于 Java 的电子邮件系统在开发的过程中也应严格按照这一流程，进行详细的需求分析设计，从而设计出一款优秀的电子邮件系统软件。

14.2.2 电子邮件功能设计

电子邮件服务基于客户机/服务器模式，其工作过程为：邮件客户端和邮件服务器通过 POP3 协议收取邮件；SMTP 负责传输邮件内容，实现邮件信息交换；SMTP 通过用户代理（UA）和邮件传输代理程序（MTA）实现邮件的传输。发送方编辑完毕的电子邮件被发送给当地的邮件服务器，邮件服务器收到发送来的邮件后，根据收件人的邮件地址将邮件发送到其邮件服务器中。

电子邮件在发送与接收过程中都要遵循 SMTP、POP3 等协议，这些协议确保了电子邮件在各种不同系统之间的传输。其中，SMTP 负责电子邮件的发送，而 POP3 则用于接收 Internet 上的电子邮件。

本系统的主要功能如图 14-4 所示。

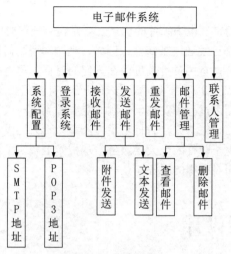

图 14-4 系统功能

（1）系统配置：配置邮箱服务器的 SMTP 地址和 POP3 地址。

（2）登录系统：用某个邮箱的账号和密码登录。

（3）接收邮件：从指定邮箱服务器获取邮件。

（4）发送邮件：用账号发送邮件到指定的电子邮箱地址，邮件内容包括普通文本和附件等。

（5）重发邮件：将邮件重新发给指定邮件地址列表，包括抄送等。

（6）邮件管理：查看邮件和删除邮件。

（7）联系人管理：添加/删除联系人和快捷选择发送人。

14.2.3 服务器的设置

用户在发送和接收邮件的时候，需要设置好邮件服务器的地址、邮箱账号和密码等这些信息。该系统提供了对上述配置的设置和存储功能，这里我们将配置信息存储在一个属性文件中，其文件名为 config.properties，位于工程的根目录下，可使用 java.uitl。properties 类的 setProperty( )方法和 getProperty( )方法对属性文件中的属性内容进行存取。本系统 smtp pop3.properties 文件的内容格式如下。

（1）popAddress=pop3 服务器地址（如 pop.qq.com）。

（2）smtpAddress=smtp 服务器地址（如 smtp.qq.com）。

（3）username=用户名（如 xyz）。

（4）password=密码（如 123456）。

14.2.4 系统的工作流程

本系统是基于 Java 的电子邮件系统，其工作流程如图 14-5 所示。

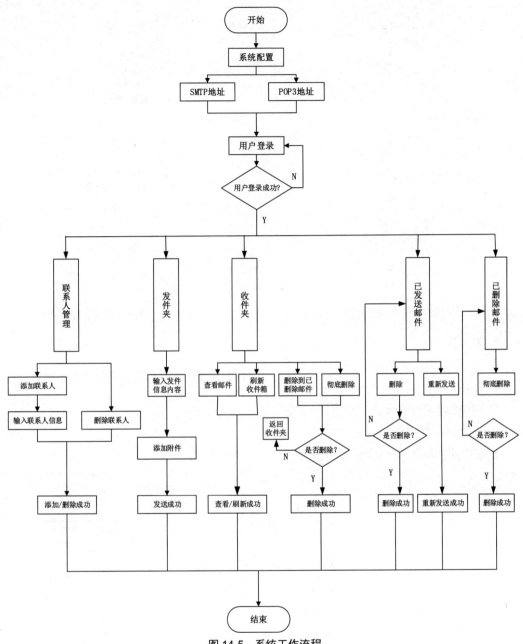

图 14-5 系统工作流程

14.2.5 系统模块详细设计

1. 用户登录

用户登录流程如图 14-6 所示。

2. 联系人管理

联系人管理流程如图 14-7 所示。

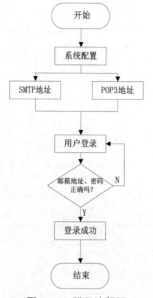

图 14-6 登录流程图

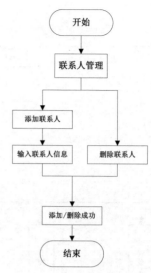

图 14-7 联系人管理流程图

3. 发件夹

发件夹处理流程如图 14-8 所示。

4. 收件夹

收件夹处理流程如图 14-9 所示。

5. 已发送邮件

已发送邮件处理流程如图 14-10 所示。

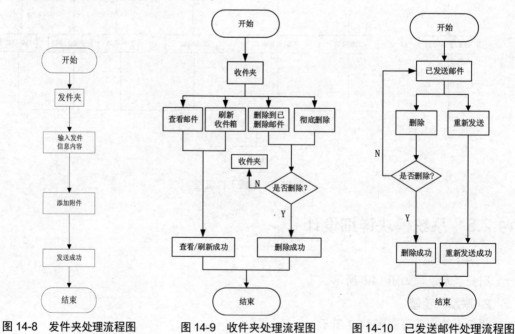

图 14-8 发件夹处理流程图　　　图 14-9 收件夹处理流程图　　　图 14-10 已发送邮件处理流程图

14.3 系统功能技术实现

本节主要通过对系统需求的分析，实现了对不同功能界面的描述。

14.3.1 用户登录界面的实现

在登录界面中，用户选择对应的邮件服务器，例如选择 SMTP 地址为 smtp.qq.com、POP3 地址为 pop.qq.com，然后输入账号和密码进行登录。登录 SMTP 认证的关键代码如下：

```
public void connect() throws Exception {
    //创建一个属性对象
    Properties props = new Properties();
    //指定 SMTP 服务器
    props.put("mail.smtp.host", SMTPHost);
    props.put("mail.smtp.port", 587);
    //指定是否需要 SMTP 验证
    props.put("mail.smtp.auth", "true");
    //创建一个授权验证对象
    SmtpPop3Auth auth = new SmtpPop3Auth();
    auth.setAccount(user, password);
    //创建一个 Session 对象
    mailSession = Session.getDefaultInstance(props, auth);
    //设置是否调试
    mailSession.setDebug(true);
    if (transport != null)
    transport.close();//关闭连接
    //创建一个 Transport 对象
    transport = mailSession.getTransport("smtp");
    //连接 SMTP 服务器
    transport.connect(SMTPHost, user, password);
}
```

用户进入登录界面如图 14-11 所示。

图 14-11 登录界面

14.3.2 主界面的实现

当用户登录后，会进入到主界面。在主界面中可以选择需要的服务，例如发邮件、收邮件、已发送、已删除、邮件下拉菜单等。单击左边的相应邮件功能按钮，右边会显示相应的邮件界面。主界面的关键代码如下：

```
addLinkmanButton = new JButton();
addLinkmanButton.setText("联系人(C)");
addLinkmanButton.setIcon(EditorUtils.createIcon("linkman.gif"));
panel.add(addLinkmanButton, BorderLayout.NORTH);
addLinkmanButton.addActionListener(this);//注册添加联系人事件
readLinkman = new ReadLinkmanXMl();
jl = readLinkman.makeList();//返回联系人列表
jl.addMouseListener(this);//鼠标双击实现添加联系人列表事件
scrollPane = new JScrollPane();
panel.add(scrollPane, BorderLayout.CENTER);
scrollPane.setViewportView(jl);//在滚动面板中添加联系人
validate();
```

用户登录到系统主界面如图 14-12 所示。

图 14-12　系统主界面

1. 联系人管理

用户单击"联系人"按钮，即可在展开的界面中对联系人进行管理。联系人界面利用 XML 文件存储联系人信息，它的关键代码如下：

```
//确定修改联系人并将联系人保存为.xml 格式的文件
public void ok() {
SaveLinkmans2XML saveLinkmansXML = new SaveLinkmans2XML();
saveLinkmansXML.saveLinkmanXml("linkman.xml", linkmanVectors);
JOptionPane.showMessageDialog(null, "通讯录修改成功,文件名是 linkman.xml", "提示",
JOptionPane.INFORMATION_MESSAGE);
}
```

用户操作联系人管理界面如图 14-13 所示。

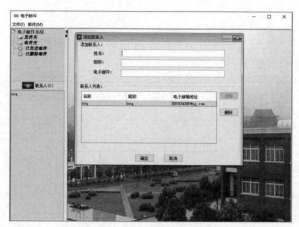

图 14-13　联系人管理界面

2. 发件夹

用户可以单击"发件夹"按钮来进行邮件的发送。发送邮件线程的关键代码如下：

```
new Thread() {//开启一个新的线程发送邮件
    public void run() {
        String message = "";
        if ("".equals(message = sendMail.send())) {
            //将邮件添加到已发送
            SendedMailTable.getSendedMailTable().setValues(toMan,subject, attachArrayList,
            text, copy, sendMan);
            message = "邮件已发送成功！";
        } else {
            message = "<html><h4>邮件发送失败！失败原因：</h4></html>\n" + message;
        }
        progressBar.dispose();
        JOptionPane.showMessageDialog(SendFrame.this, message, "提示",
        JOptionPane.INFORMATION_MESSAGE);
    }
}.start();
```

用户使用发件夹发送新邮件的界面如图 14-14 所示。

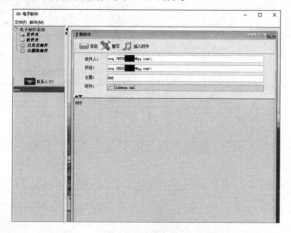

图 14-14　发件夹对应的"电子邮件"界面

3. 收件夹

用户单击"收件夹"按钮，在展开的界面中可以对已收到的邮件进行查看、删除管理。连接 POP3 服务器的关键代码如下：

```
Security.addProvider(new com.sun.net.ssl.internal.ssl.Provider());
final String SSL_FACTORY = "javax.net.ssl.SSLSocketFactory";//ssl 加密,jdk1.8 无法使用
//定义连接 POP3 服务器的属性信息
String port = "995";
String pop3Server = POP3Host;
String protocol = "pop3";
String username = user;
String pwd = password; //QQ 邮箱的授权码
//有些参数可能不需要
Properties props = new Properties();
props.setProperty("mail.pop3.socketFactory.class", SSL_FACTORY);
props.setProperty("mail.pop3.socketFactory.fallback", "false");
props.setProperty("mail.transport.protocol", protocol); //使用的协议
props.setProperty("mail.pop3.port", port);
props.setProperty("mail.pop3.socketFactory.port", port);
//获取连接
session = Session.getInstance(props);
session.setDebug(false);
```

用户查看收件夹对应的收件箱界面如图 14-15 所示。

图 14-15　收件夹对应的收件箱界面

4. 已发送邮件

用户单击"已发送邮件"按钮，即可在展开的界面中查看、删除、重新发送已发送的邮件。已发送邮件的关键代码如下：

```
public SendedFrame() {
    super("已发送邮件");
    this.setFrameIcon(EditorUtils.createIcon("sended.png"));
    this.setPopupOne("从已发送邮件中删除", "delete.png");
    this.setPopupTwo("重新发送", "send.png");
    sendedMail = SendedMailTable.getSendedMailTable();
    tableModel = sendedMail.getMailTableModel();
```

```
sendedMail.setSendedMailTable(table);
table.setModel(tableModel);
mailContent.setText("");
}
```

用户发送完邮件后可以对已发送邮件进行查看、删除等操作，操作界面如图 14-16 所示。

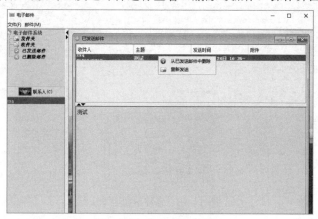

图 14-16　已发送邮件界面

5. 已删除邮件

用户单击"已删除邮件"按钮，在展开的界面中不仅可以查看已经删除的邮件，还可以进行彻底的删除、恢复邮件操作。已删除邮件的关键代码如下：

```
public RecycleFrame() {
    super("回收站");
    this.setFrameIcon(EditorUtils.createIcon("deleted.png"));
    recycleMail = RecycleMailTable.getRecycleMail();
    tableModel = recycleMail.getMailTableModel();
    recycleMail.setRecycleMailTable(table);
    table.setModel(tableModel);
    this.setPopupOne("恢复邮件", "undo.png");
    this.setPopupTwo("彻底删除", "forverdelete.png");
}
```

用户操作已删除邮件对应的回收站的界面如图 14-17 所示。

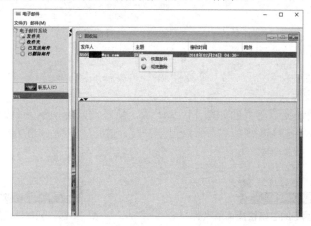

图 14-17　已删除邮件对应的回收站界面

6. 邮件下拉菜单

用户单击主界面的"邮件(M)"按钮，可以进行快捷操作。下拉菜单的关键代码如下：

```
exitMI = addMenuItem(fileMenu, "退出", "exit.gif");            //退出菜单项的初始化
newMailMI = addMenuItem(mailMenu, "新建邮件", "newMail.gif");//新建邮件菜单项的初始化
sendedMI = addMenuItem(mailMenu, "已发送", "sended.png");      //已发送邮件菜单项的初始化
receiveMI = addMenuItem(mailMenu, "收件箱", "receive.png");   //收件箱邮件菜单项的初始化
recycleMI = addMenuItem(mailMenu, "已删除", "deleted.png");   //已删除邮件菜单项的初始化
refreshMI = addMenuItem(mailMenu, "刷新收件箱", "refresh.jpg");//刷新收件箱菜单项的初始化
```

邮件下拉菜单如图 14-18 所示。

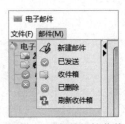

图 14-18　邮件下拉菜单

14.3.3　系统托盘图标的实现

用户收到新邮件时，系统托盘图标会闪烁，提醒查收新消息且支持右键快捷操作。托盘图标的关键代码如下：

```
//检测新邮件
public int checkNewMail() {
    int count = 0;
    connect();
    try {
        folder = store.getDefaultFolder().getFolder("INBOX");
        folder.open(Folder.READ_ONLY);
        count = folder.getMessageCount();
        if (isCheck) {
            CheckNewMail.setNewMailCount(count);
            isCheck = false;
        }
    }
}
//设置新邮件总数
public void setCount(int count) {
    trayIcon.setToolTip("你有 " + count + " 封新邮件,请查收! ");
}
```

托盘图标的右键快捷菜单界面如图 14-19 所示，新邮件闪烁提示界面如图 14-20 所示。

图 14-19　托盘图标的右键快捷菜单界面

图 14-20　新邮件闪烁提示界面

14.4　开发常见问题及功能扩展

作为一个基于 Java 的电子邮件系统，本系统实现了邮件服务器配置、登录系统、接收邮件、发送邮件、重发邮件、查看邮件、删除邮件、添加/删除联系人等基本功能。

随着互联网技术的不断发展，生活必将和网络越来越紧密地联系起来。电子邮件系统是新时代的产物，同时也是对互联网技术高速发展的有力佐证，其以后的发展也必将更加趋于完美。

对该系统的功能扩展还可以有以下几个方面：

（1）可以在该系统中增加草稿箱功能，以便于保存之前没有发送的邮件。

（2）增加垃圾箱的功能，可以在垃圾箱中查看自动拦截的垃圾邮件，还可以对该邮件进行标识。

（3）添加群发邮件功能。

第15章

智能停车管理系统

本章概述

　　近年来，随着我国经济的快速发展，人们的生活水平得到了不断提高，物质需求和生活方式也发生了很大的变化。例如，以前属于奢侈品的汽车，如今已逐步走入了市民的日常生活。伴随汽车消费大众化和各种机动车辆大范围内的迅速普及，车辆对配套设施（特别是停车场）提出了更高的要求。停车是"速度为零的交通"，停车场及附属相关设施是静态交通的重要组成部分。停车场收费管理系统是伴随着公用收费停车场这一新生事物而诞生的。本章主要从项目开发技术背景、功能设计、数据库设计、技术实现、运行与测试、开发常见问题及功能扩展等方面来讲解智能停车管理系统的开发。

知识导读

　　本章要点（已掌握的在方框中打钩）
　　☐ 系统开发环境的搭建
　　☐ 数据库表设计
　　☐ 用户登录功能的实现
　　☐ 车位信息管理功能的实现
　　☐ IC 卡信息管理功能的实现
　　☐ 固定车辆停车管理
　　☐ 临时车辆停车管理

15.1　项目开发技术背景

　　目前，大多数停车场还存在着收费过程比较烦琐、劳动强度高、停车场利用率低、票款易流失等问题。针对这些问题，可以对停车管理系统进行优化，采用划卡消费和现金支付相结合的计费方式。另外，采用 Java 高级编程语言和 Web 相关技术开发、设计停车管理系统软件，实现网络管理操作。优化后的系统使用方便、服务高效、收费透明、票款防流失，在提高可靠性的同时，也提高了操作者的工作效率。

15.1.1　系统可行性分析

可行性分析是开发前需要做的一项调查，可以让开发的项目更满足用户需求及确保开发能够正常完成。

1. 技术可行性

在停车管理系统的设计中，MVC 设计模式贯穿了整个系统，框架采用 Spring MVC+JDBC 组合形式。

（1）模型层：模型层主要是负责逻辑处理。在本系统中，提供了处理数据的持久化操作，JavaBean 对业务逻辑 Service 进行封装。

（2）视图层：停车管理系统采用 JSP 实现视图层。

（3）控制层：采用 Spring MVC 技术来处理前台请求与业务逻辑层的交互。

在停车管理系统的设计中应用 MVC 设计模式，便于开发人员设计代码，并且由于这 3 个逻辑可以同时进行，而提高了效率，进而节省了时间。另外，停车管理系统采用 RFID 卡等技术，方便车辆出入，增加智能化，便于管理。

2. 经济可行性

经济可行性主要是对开发本系统的经济效益进行评价。根据调查了解到，大多数公共场所出现停车难、车位少等问题，停车场的效率十分低下，导致停车场的收益降低，且不安全。针对这种情况，有必要对停车场低效率的原因进行分析，并为提高停车场的效率提出改进的对策。经过分析和调查，我们得出停车管理系统相当有用，从这个角度来说，开发智能停车管理系统是可行的。根据花费在查阅资料和框架设计上的时间，基本的功能实现需要差不多三个月，再加上相关功能的测试及代码实现要两个星期左右；至于那些为智能化功能编写的接口，待技术引进再后期磨合，时间需待定。根据系统要求，本系统需配摄像头、引进 RFID 卡技术等，需要花费一笔费用，但在预估计范围内。从此来看，开发智能停车管理系统是可行的。

3. 操作可行性

开发本系统所用的开发工具为 Eclipse，这个软件在各种计算机上都可以支持运行，并且操作方便，用户易上手。操作人员经过简单地了解就可以使用此系统。从这个方面来说，开发智能停车管理系统是可行的。

15.1.2　系统功能概述

（1）系统信息管理：包括添加角色、管理角色、添加用户、管理用户等。管理用户模块可以对角色和用户进行增、删、改操作。

（2）IC 卡信息管理：包括添加 IC 卡类型、管理 IC 卡类型。管理 IC 卡信息可以对车主的 IC 卡信息进行增、删、改操作。

（3）车位信息管理：包括添加车位、管理车位。管理车位信息模块可以对车主车位信息进行增、删、改操作。

（4）固定车主停车管理：包括出入场设置、停车信息管理。出入场设置可以设用户的入场和出场状态，相应的在停车信息中有一个展现。停车信息管理可以对车主的停车信息进行查询和删除操作。

（5）临时车辆停车管理：包括车主入场信息、车主出场信息。设置车主入场，在相应的界面中会有展现；在车主出场时进行收费。临时车辆停车管理可以对临时车主的信息进行删除和查询操作。

（6）收费管理：包括管理收费、添加收费信息。管理收费信息可以对车主的费用进行收取，可以对车主的收费信息进行查询和删除操作。

（7）系统功能操作：包括修改密码、退出系统。

15.2　系统功能设计

系统功能设计是在系统分析基础上通过抽象得到具体功能的过程，在项目开发中起到了一定的重要作用。

15.2.1　系统开发环境

本系统的开发使用 Eclipse 作为开发工具、Java 作为编程语言、MVC 设计模式及 MySQL 数据库等。

1. J2EE 介绍

J2EE 作为一个企业级的开放式应用规范，为企业提供了大量的开发技术规范和一个多层次的分布式应用模型，具有良好的兼容性、安全性和可移植性。

不同的开发商都遵循 J2EE 开发规范，由于 J2EE 具有兼容性，因此数据信息具有良好的兼容性、安全性和可移植性。J2EE 适用于各个平台。现如今，J2EE 得到了大家的一致肯定，被大多数企业应用，提高开发效率。而本智能停车管理系统采用这个规范，其优良的可移植性和兼容性得到很好的应用，易操作。

构建本系统的 J2EE 开发工具包括以下几个。

- Java 虚拟机：JDK 1.8。
- Java 开发工具：Eclipse。
- Web 服务器：Tomcat 9.0。

环境配置过程：安装好 JDK 1.8 后，选择 Eclipse 的 Project→Web Project，构建工程。

2. JSP 介绍

JSP 其实是一个简单化的 Servlet 设计、一种面向对象的动态网页技术标准。其以 Java 为脚本语言，可以将 Java 代码嵌入 JSP 页面，将代码和业务逻辑分离开来，实现动态交互。用户通过表单或超链接提交数据，数据被传到对应的 Servlet 中，再通过 Java 代码处理，形成动态交互。JSP 现今被大多数企业所应用，对于 J2EE 开发来说，JSP 不可或缺。它简化了 Web 的开发，提高了工作效率，减少了企业的支出。

3. MVC 设计模式

MVC（Model-View-Controller）是模型—视图—控制器的简称，其用于设计 Web 程序的模式。Model（模型）是指程序处理代码逻辑的部分，View（视图）是指程序处理数据的部分，Controller（控制器）是指处理数据传输过来与业务逻辑进行交互的部分。停车管理系统采用 MVC 设计模式，方便开发人员修改或调试代码，避免代码杂糅在一起及遇到问题时无法快速定位等情况，而且 MVC 分层也简化了开发；此外，不同的开发人员可以同时开发这 3 个逻辑，提高了开发效率，为开发商节约时间。

4. jQuery 介绍

jQuery 用来更加方便、快捷地查询页面控件，其语法简单。jQuery 是继 Prototype 框架后又一个优秀的 JavaScript 框架，它兼容了多种浏览器，不但能够方便地操作文档、处理事件、实现动画效果，而且能够很方便地实现 Ajax 交互、兼容 CSS 3。jQuery 也给开发人员提供了在其中创建插件的功能，封装了 JavaScript 的函数。"代码写得最少，但功能最多"就是 jQuery 的宗旨。

15.2.2　智能化功能介绍

本系统的开发使用了 RFID 卡技术及车牌识别技术。

1. RFID 卡技术

RFID（射频识别）是一种无线通信技术，它是通过将无线电的电信号转换成无线电频率的电磁场，把在物品标签上附着的数据传输出去，用此来达到自动识别和追踪的目的。它与条形码不同的是，不需要在识别器范围内也可以加入追踪器内。

现今，大多数行业都运用了 RFID 技术。例如，将数据标签附着在一套正在生产中的机器上，便于厂家在线跟踪生产进度；将 RFID 技术应用在图书馆中，便于图书管理和阅读者寻找书籍等；停车场也可以使用 RFID 技术，汽车上装载的射频应答器便于进出车场的收费管理，避免难以预测的问题，提高停车场的效率。

2. 车牌识别技术

车牌识别技术是通过监控车辆并自动提取车牌信息进行处理的技术。车牌识别在现代交通系统中扮演着重要的角色，它以图形化处理、模式识别等技术作为基础，对得到定位车辆的图像进行分析，从而得到每辆车的车牌号码，完成识别过程。接下来，再通过一些处理可以实现停车场收费管理。智能停车管理系统采用该项技术可以更加方便、快捷地管理进出场车辆。

15.3　系统数据库设计

系统数据库设计包括数据需求分析及数据库的实现。

15.3.1　系统 E-R 图

E-R 图表明了实体与实体之间的关系。根据系统的功能需求，可知本系统主要由用户、IC 卡、临时车主、固定车主、车位、收费信息 6 个实体组成。一名固定车主拥有一个车位和一张 IC 卡，一名临时车主拥有一个车位和一张临时 IC 卡，并且固定车主和临时车主都会产生收费信息。智能停车管理系统的 E-R 模型图如图 15-1 所示。

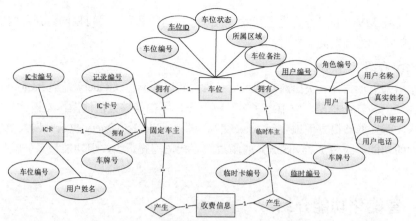

图 15-1　智能停车管理系统的 E-R 模型图

15.3.2　数据库表设计

根据系统需求，确定本系统的数据库中有如下 7 张表。

- 用户表：储存用户信息。
- 角色表：储存角色信息。
- 车位管理表：管理车位信息及车位状态。
- IC 卡管理表：管理 IC 卡信息。
- 临时车辆记录表：记录临时车辆的信息。
- 固定车主表：记录固定车主信息及出入场信息。
- 收费表：记录各类用户的收费信息。

1. 用户表

用户表（user）用于记录用户的编号、姓名、电话等属性信息，如表 15-1 所示。

表 15-1　用户表

字　段　名	数据类型	长度（bit）	主　　键	允　许　空	备　　注
user_id	Varchar	50	是	否	用户编号
role_id	Varchar	50	否	否	角色编号
user_name	Varchar	50	否	否	用户名称
real_name	Varchar	50	否	否	真实姓名
user_pwd	Varchar	20	否	否	用户密码
user_phone	Varchar	50	是	是	联系电话

2. 角色表

角色表（role）存储角色的编号、名称等属性信息，如表 15-2 所示。

表 15-2　角色表

字　段　名	数据类型	长度（bit）	主　　键	允　许　空	备　　注
role_id	Varchar	50	是	否	角色编号
role_name	Varchar	50	否	否	角色名称

3. 车位管理表

车位管理表（seat）用于记录车位的编号、状态等属性信息，如表 15-3 所示。

表 15-3　车位管理表

字 段 名	数 据 类 型	长度（bit）	主　键	允 许 空	备　注
seat_id	Varchar	50	是	否	车位 ID
seat_num	Varchar	50	否	否	车位编号
seat_setion	Varchar	50	否	否	所属区域
seat_state	int	11	否	否	车位状态
seat_tag	Varchar	50	否	是	车位备注

4. IC 卡管理表

IC 卡管理表（card）用于记录 IC 卡的编号、车位编号、姓名、性别、地址、车牌号等属性信息，如表 15-4 所示。

表 15-4　IC 卡管理表

字 段 名	数 据 类 型	长度（bit）	主　键	允 许 空	备　注
card_id	Varchar	50	是	否	IC 卡编号
seat_id	Varchar	50	否	否	车位编号
user_name	Varchar	50	否	否	用户名称
user_gender	Varchar	1	否	否	用户性别
user_addr	Varchar	50	否	否	家庭住址
car_num	Varchar	50	否	否	车牌号码

5. 临时车辆记录表

临时车辆记录表（temp）用于记录临时车辆的编号、车牌号、出/入场时间等属性信息，用户如表 15-5 所示。

表 15-5　临时车辆记录表

字 段 名	数 据 类 型	长度（bit）	小 数 位	主　键	允 许 空	备　注
temp_id	Varchar	50	0	是	否	临时编号
card_id	Varchar	50	0	否	否	IC 卡编号
car_num	Varchar	50	0	否	否	车牌号码
entry_date	date	0	0	否	否	入场日期
entry_time	time	0	0	否	否	入场时间
out_date	date	0	0	否	是	出场日期
out_time	time	0	0	否	是	出场时间
temp_money	float	0	0	否	是	临时停车费用

6. 固定车主表

固定车主表（fixed）用于记录固定车主的编号、IC 卡编号、出/入场时间等属性信息，如表 15-6 所示。

表 15-6　固定车主表

字　段　名	数　据　类　型	长度（bit）	主　　键	允　许　空	备　　注
fixed_id	Varchar	50	是	否	固定编号
card_id	Varchar	50	否	否	IC 卡编号
entry_date	date	0	否	否	入场日期
entry_time	time	0	否	否	入场时间
out_date	date	0	否	是	出场日期
out_time	time	0	否	是	出场时间

15.4　系统功能技术实现

停车场智能管理是现代化停车场车辆收费及设备自动化管理的统称，而智能停车管理系统是将车场完全基于计算机管理下的高科技机电一体化产品。下面将会详细介绍本系统功能技术的实现。

15.4.1　用户登录

用户登录模块界面如图 15-2 所示。

功能描述：登录界面需要输入用户名、密码进行登录。登录时系统对输入的用户名和密码进行验证：首先是要保证用户名和密码不能为空；其次是对数据库的验证，系统在数据库中搜索用户输入的用户名是否存在，若不存在，则提示出错，并且重新登录。另外，系统不允许两个用户同时登录，该操作在一定程度上使系统的安全性有所提高。

用户登录的主要代码位于 TestPark/src/DAL/login.java。login.java 主要封装了对登录数据的

图 15-2　用户登录界面

操作，该类中有 3 个方法，分别用于检查用户登录信息是否合法、根据用户编号和角色编号获取用户名和角色信息。

其具体代码如下：

```
public class Login {
    publicboolean checkLogin(String user_id,String user_pwd){
        String sqlCmd="select count(*) from user where user_id=? and user_pwd=?";
        Object[] objList=new Object[2];
```

```
        objList[0]=user_id;
        objList[1]=user_pwd;
        String result=SQLUtil.excuteScalar(sqlCmd,objList).toString();
        if(result.equals("1")){
            returntrue;
        }
        else {
            returnfalse;
        }
    }
    public String getName(String user_id){
        String sqlCmd="select user_name from user where user_id='"+user_id+"'";
        String result=SQLUtil.excuteScalar(sqlCmd, null).toString();
        return result;
    }
    public String getSysLevel(String user_id){
        String sqlCmd="select role_id from user where user_id='"+user_id+"'";
        String result=SQLUtil.excuteScalar(sqlCmd, null).toString();
        return result;
    }
}
```

15.4.2　系统信息管理

系统信息管理界面如图 15-3 所示。

图 15-3　系统信息管理界面

添加角色信息界面如图 15-4 所示。

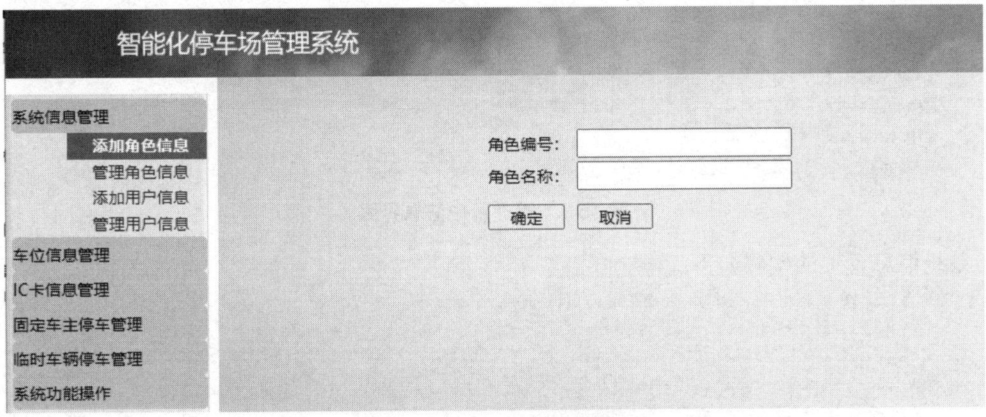

图 15-4　添加角色信息界面

管理角色信息界面如图 15-5 所示。

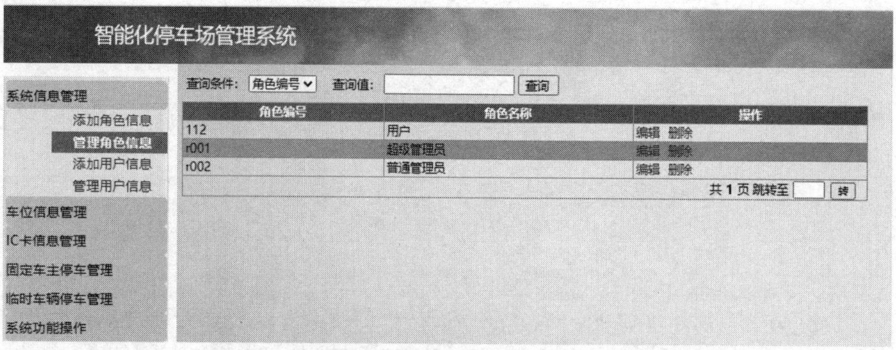

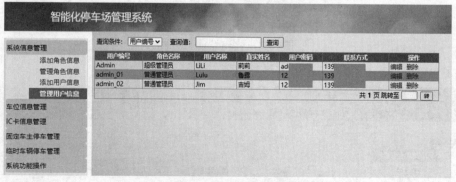

图 15-5　管理角色信息界面

添加用户信息界面如图 15-6 所示。

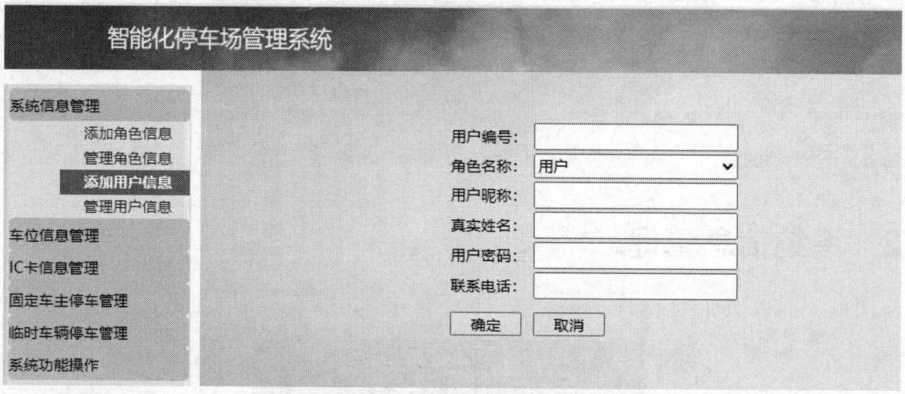

图 15-6　添加用户信息界面

管理用户信息界面如图 15-7 所示。

图 15-7　管理用户信息界面

系统信息管理的代码如下：

```
public class RoleHandle extends HttpServlet {
    HttpServletRequest request;
    HttpServletResponse response;
    DAL.Role role=new DAL.Role();
    //通过表单get方式传值，将进入doGet函数（method="get"）
    public void doGet(HttpServletRequest request, HttpServletResponse response)
```

```
throws ServletException, IOException {
    this.response=response;
    this.request=request;
    int handleType=Integer.parseInt(request.getParameter("type").toString());
    switch (handleType) {
        case 1://类型1代表删除表中的数据
            deleteEntity();
            break;
        case 4://类型4代表获取表中信息
            getEntity();
            break;
        case 5://类型5代表根据查询条件获取表中信息
            getEntityByWhere();
            break;
            default:
            break;
    }
}
//通过表单post方式传值,将进入doPost函数(method="post")
public void doPost(HttpServletRequest request, HttpServletResponse response)
throws ServletException, IOException {
    this.request=request;
    this.response=response;
    int handleType=Integer.parseInt(request.getParameter("type").toString());
    //将前台界面传过来的type类型转成整型
    switch (handleType) {
        case 2://类型2代表更新表中的数据
            updateEntity();
            break;
        case 3://类型3代表向表中添加数据
            insertEntity();
            break;
            default:
            break;
    }
}
//删除数据操作
private void deleteEntity() throws IOException{
    String role_id=request.getParameter("role_id");//获取前台通过get方式传过来的JId
    role.deleteEntity(role_id);//执行删除操作
    response.sendRedirect("/Parking/RoleHandle?type=4");//删除成功后跳转至管理界面
}
//更新数据操作
private void updateEntity() throws UnsupportedEncodingException{
    String role_id=new String(request.getParameter("role_id").getBytes
    ("ISO8859_1"),"UTF-8");
    String role_name=new String(request.getParameter("role_name").getBytes
    ("ISO8859_1"),"UTF-8");
    if(role.updateEntity(role_id,role_name)==1){
        try {
            response.sendRedirect("/Parking/RoleHandle?type=4");
            //成功更新数据后,跳转至RoleMsg.jsp界面
        } catch (IOException e) {
            e.printStackTrace();//异常处理
        }
    }
}
```

```
    //插入数据操作
    private void insertEntity() throws UnsupportedEncodingException, IOException{
    response.setCharacterEncoding("UTF-8");
    response.setContentType("text/html;charset=UTF-8");
    PrintWriter out=response.getWriter();
    String role_id=new String(request.getParameter("role_id").getBytes
    ("ISO8859_1"),"UTF-8");
    String role_name=new String(request.getParameter("role_name").getBytes
    ("ISO8859_1"),"UTF-8");
    if(!role.checkExist(role_id)){
        if(role.insertEntity(role_id,role_name)==1){
            out.write("<script>alert('数据添加成功! '); location.href = '/Parking/
            RoleHandle?type=4';</script>");
        }
        else {
            out.write("<script>alert('数据添加失败! '); location.href = '/Parking/
            RoleHandle?type=4';</script>");
        }
    }
    else {
        out.write("<script>alert('主键重复,数据添加失败! ');
        location.href = '/Parking/RoleHandle?type=4';</script>");
    }
}
//获取对象所有数据列表
private void getEntity() throws ServletException, IOException{
    request.setCharacterEncoding("UTF-8");
    //获取跳转的页号
    int page=request.getParameter("page")==null?1:Integer.parseInt(request.getParameter
    ("page").toString());
    int totalPage=Integer.parseInt(role.getPageCount().toString()) ;//获取分页总数
    List<Object> list=role.getEntity(page);//获取数据列表
    request.setAttribute("list",list);//将数据存放到 request 对象中,转发给前台界面时使用
    request.setAttribute("totalPage",totalPage );
                            //将 totalPage 存放到 request 对象中,转发给前台界面时使用
    request.getRequestDispatcher("/Admin/RoleMsg.jsp").forward(request, response);
    //请求转发
}
//根据查询条件获取对象的所有数据列表
private void getEntityByWhere() throws ServletException, IOException{
request.setCharacterEncoding("UTF-8");
String condition=request.getParameter("condition");//获取查询字段的名称
System.out.println(condition);
String value = request.getParameter("value");
System.out.println("value  "+value);
String where=condition+"=\""+value+"\"";//拼接查询字符串
System.out.println("where  "+where);
//获取要跳转的页号
int page=request.getParameter("page")==null?1:Integer.parseInt(request.getParameter
 ("page"));
int wherePage=Integer.parseInt(role.getPageCountByWhere(where).toString());
//获取查询后的分页总数
List<Object> list=role.getEntityByWhere(where, page);//获取查询后的数据列表
System.out.println();
request.setAttribute("list",list);//将数据存放到 request 对象中,转发给前台界面时使用
request.setAttribute("wherePage",wherePage );
request.setAttribute("condition",condition);
```

```
        request.setAttribute("value",value);
        request.getRequestDispatcher("/Admin/RoleMsg.jsp").forward(request, response);
    }
}
```

　　功能描述：该模块是对系统信息的管理操作。例如：添加角色信息即输入角色编号和角色名称，单击"确定"按钮，后台数据库会对它们进行验证，若角色不存在则添加数据成功，跳转到管理界面；管理角色信息可以根据角色编号和角色名称进行查询、编辑和删除操作；添加用户信息即输入用户编号、角色名称、用户昵称、真实姓名、用户密码、联系电话等信息，单击"确定"按钮，即可进行后台数据库的验证，若成功添加则跳转到管理界面；管理用户界面可以根据用户编号、角色名称、用户名称、真实姓名等进行查询、编辑和删除操作。

图 15-8　车位信息管理界面

15.4.3　车位信息管理

　　车位信息管理界面如图 15-8 所示。
　　添加车位信息界面如图 15-9 所示。

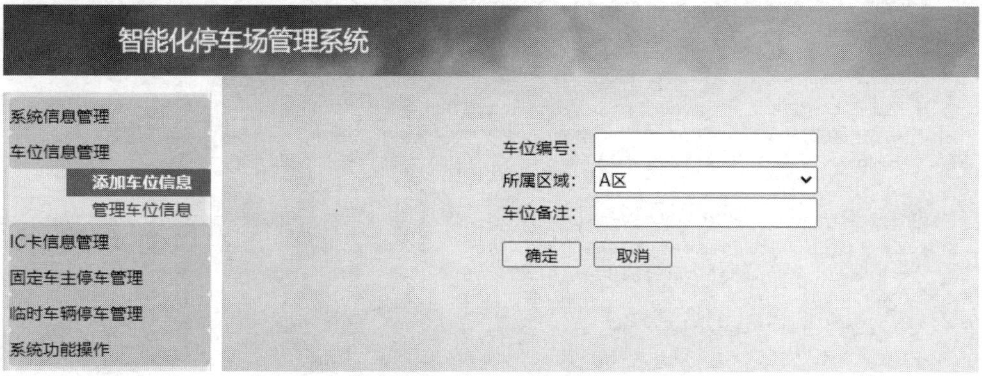

图 15-9　添加车位信息界面

　　管理车位信息界面如图 15-10 所示。

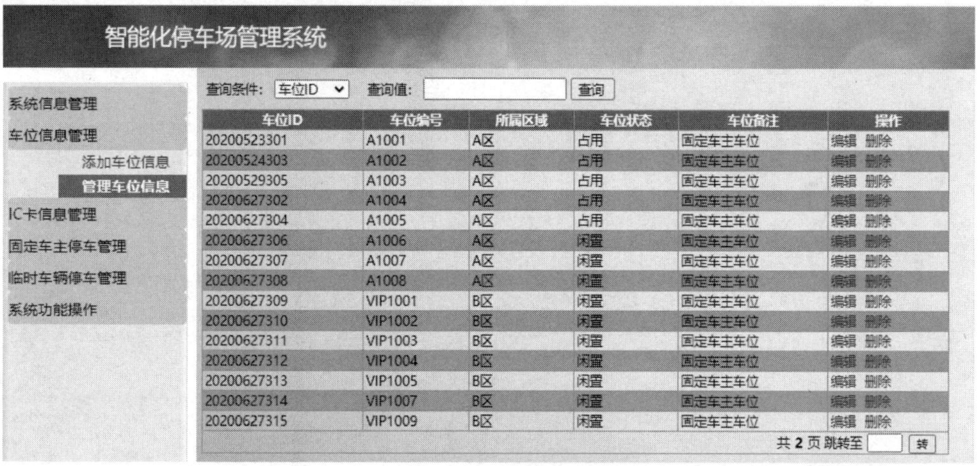

图 15-10　管理车位信息界面

车位信息管理的代码如下：

```java
publicclass Seat {
    public List<Object> getEntity(){
        String sqlCmd="select * from Seat";
        return DBUtil.SQLUtil.executeQuery(sqlCmd, null);
    }
    public List<Object> getNoUseSeat(){
        String sqlCmd="select * from Seat where seat_id not in(select seat_id from card)";
        return DBUtil.SQLUtil.executeQuery(sqlCmd, null);
    }
    public List<Object> getEntity(int page){
        int size=(page-1)*15;
        String sqlCmd="select * from Seat limit "+size+",15";
        return DBUtil.SQLUtil.executeQuery(sqlCmd, null);
    }
    public List<Object> getEntityByWhere(String sqlWhere,int page){
        int size=(page-1)*15;
        String sqlCmd="select * from Seat where "+sqlWhere+" limit "+ size+",15";
        return DBUtil.SQLUtil.executeQuery(sqlCmd, null);
    }
    publicint deleteEntity(String seat_id){
        String sqlCmd="delete from Seat where seat_id='"+seat_id+"'";
        return DBUtil.SQLUtil.executeNonQuery(sqlCmd, null);
    }
    public List<Object> getEntityById(String seat_id){
        String sqlCmd="select * From Seat where seat_id='"+seat_id+"'";
        return DBUtil.SQLUtil.executeQuery(sqlCmd, null);
    }
    public int updateEntity(String seat_id,String seat_num,String seat_section,String
    seat_state,String seat_tag){
        String sqlCmd="Update Seat set seat_num='" + seat_num + "',seat_section='" +
        seat_section + "',seat_state='" + seat_state + "',seat_tag='" + seat_tag + "' where
        seat_id='"+seat_id+"'";
        return SQLUtil.executeNonQuery(sqlCmd, null);
    }
    publicint insertEntity(String seat_id,String seat_num,String seat_section,String
    seat_state,String seat_tag){
        String sqlCmd="Insert into Seat values('" + seat_id + "','" + seat_num + "','" +
        seat_section + "','" + seat_state + "','"+seat_tag+"')";
        return SQLUtil.executeNonQuery(sqlCmd, null);
    }
    publicboolean checkExist(String seat_id){
        String sqlCmd="select count(*) from Seat where seat_id='"+seat_id+"'";
        if(1==Integer.parseInt(SQLUtil.excuteScalar(sqlCmd, null).toString()) ){
            returntrue;
        }
        returnfalse;
    }
    public Object getPageCount(){
        String sqlCmd="select ceil(count(*)/15.0) from Seat ";
        return SQLUtil.excuteScalar(sqlCmd, null);
    }
    public Object getPageCountByWhere(String sqlWhere){
        String sqlCmd="select ceil(count(*)/15.0) from Seat where "+sqlWhere;
        return SQLUtil.excuteScalar(sqlCmd, null);
    }
}
```

功能描述：该模块是对车位信息进行管理。单击"添加车位信息"选项，在展开的界面中输入车位编号并选择是 A 区还是 B 区，添加成功则会跳转到管理车位信息界面。管理车位信息界面可根据车位 ID、车位编号、所属区域、车位备注进行查询，还可对车位信息进行编辑和删除。

对车位数据的操作封装在 seat.java 类中。该类中主要封装了分页和对车位信息的增、删、改、查等方法。首先获取车位信息列表，然后获取未分配的车位列表，根据查询条件获取分页后的信息列表，即数据的更新、插入、删除，再根据查询条件获取分页总数。

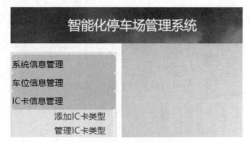

图 15-11　IC 卡信息管理界面

15.4.4　IC 卡信息管理

IC 卡信息管理界面如图 15-11 所示。
添加 IC 卡类型界面如图 15-12 所示。
管理 IC 卡类型界面如图 15-13 所示。

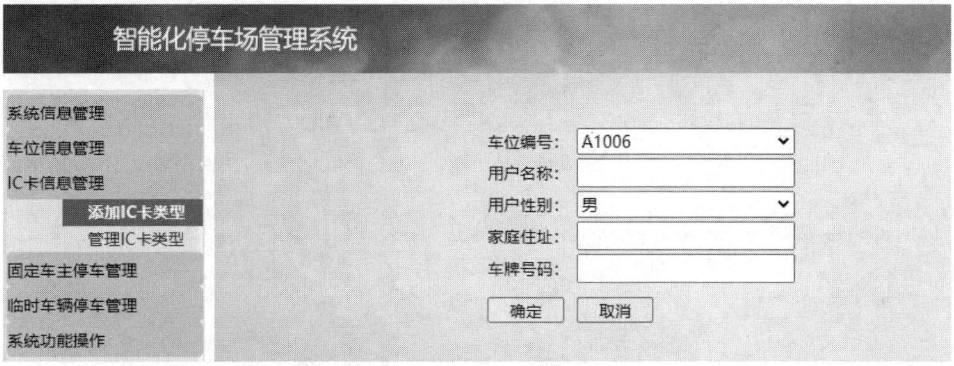

图 15-12　添加 IC 卡类型界面

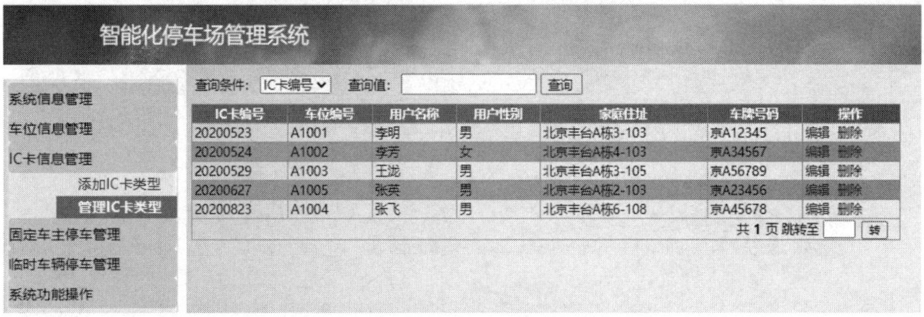

图 15-13　管理 IC 卡类型界面

IC 卡信息管理的代码如下：

```
public class CardHandle extends HttpServlet {
    HttpServletRequest request;
    HttpServletResponse response;
    DAL.Card card = new DAL.Card();
    //通过表单 get 方式传值，将进入 doGet 函数 (method="get")
    public void doGet(HttpServletRequest request, HttpServletResponse response)
```

```java
throws ServletException, IOException {
    this.response = response;
    this.request = request;
    int handleType = Integer.parseInt(request.getParameter("type").toString());
    switch (handleType) {
        case 1://类型 1 代表删除表中的数据
            deleteEntity();
            break;
        case 4://类型 4 代表获取表中信息
            getEntity();
            break;
        case 5://类型 5 代表根据查询条件获取表中信息
            getEntityByWhere();
            break;
            default:
            break;
    }
}
//通过表单 post 方式传值,将进入 doPost 函数 (method="post")
public void doPost(HttpServletRequest request, HttpServletResponse response)
throws ServletException, IOException {
    this.request = request;
    this.response = response;
    int handleType = Integer.parseInt(request.getParameter("type").toString());
    //将前台界面传过来的 type 类型转成整型
    switch (handleType) {
        case 2://类型 2 代表更新表中的数据
            updateEntity();
            break;
        case 3://类型 3 代表向表中添加数据
            insertEntity();
            break;
            default:
            break;
    }
}
//删除数据操作
private void deleteEntity() throws IOException {
    String card_id = request.getParameter("card_id");//获取前台通过 get 方式传过来的 JId
    card.deleteEntity(card_id);//执行删除操作
    response.sendRedirect("/Parking/CardHandle?type=4");//删除成功后跳转至管理界面
}
//更新数据操作
private void updateEntity() throws UnsupportedEncodingException {
    String card_id = new String(request.getParameter("card_id").getBytes("ISO8859_1"),
    "UTF-8");
    String seat_id = new String(request.getParameter("seat_id").getBytes("ISO8859_1"),
    "UTF-8");
    String user_name = new String(request.getParameter("user_name").getBytes
    ("ISO8859_1"), "UTF-8");
    String user_gender = new String(request.getParameter("user_gender").getBytes
    ("ISO8859_1"), "UTF-8");
    String user_addr = new String(request.getParameter("user_addr").getBytes
    ("ISO8859_1"), "UTF-8");
    String car_num = new String(request.getParameter("car_num").getBytes("ISO8859_1"),
    "UTF-8");
```

```
        if (card.updateEntity(card_id, seat_id, user_name, user_gender, user_addr,
        car_num) == 1) {
            try {
                response.sendRedirect("/Parking/CardHandle?type=4");
                //成功更新数据后跳转至 CardMsg.jsp 界面
            } catch (IOException e) {
                e.printStackTrace();//异常处理
            }
        }
    }
}
//插入数据操作
private void insertEntity() throws UnsupportedEncodingException, IOException {
    response.setCharacterEncoding("UTF-8");
    response.setContentType("text/html;charset=UTF-8");
    PrintWriter out = response.getWriter();
    SimpleDateFormat dateFormat = new SimpleDateFormat("yyyyMMddHHmmss");
    String card_id = dateFormat.format(new Date());
    String seat_id = new String(request.getParameter("seat_id").getBytes("ISO8859_1"),
    "UTF-8");
    String user_name = new String(request.getParameter("user_name").getBytes
    ("ISO8859_1"), "UTF-8");
    String user_gender = new String(request.getParameter("user_gender").getBytes
    ("ISO8859_1"), "UTF-8");
    String user_addr = new String(request.getParameter("user_addr").getBytes
    ("ISO8859_1"), "UTF-8");
    String car_num = new String(request.getParameter("car_num").getBytes("ISO8859_1"),
    "UTF-8");
    if (!card.checkExist(card_id)) {
        if (card.insertEntity(card_id, seat_id, user_name, user_gender, user_addr,
        car_num) == 1) {
            out.write("<script>alert('数据添加成功! '); location.href = '/Parking/
            CardHandle?type=4';</script>");
        } else {
            out.write("<script>alert('数据添加失败! '); location.href = '/Parking/
            CardHandle?type=4';</script>");
        }
    } else {
        out.write("<script>alert('主键重复,数据添加失败! '); location.href = '/
        Parking/CardHandle?type=4';</script>");
    }
}
//获取对象所有数据列表
private void getEntity() throws ServletException, IOException {
    request.setCharacterEncoding("UTF-8");
    //获取跳转的页号
    int page = request.getParameter("page") == null ? 1 : Integer.parseInt(request.
    getParameter("page").toString());
    int totalPage = Integer.parseInt(card.getPageCount().toString());//获取分页总数
    List<Object> list = card.getEntity(page); //获取数据列表
    request.setAttribute("list", list);//将数据存放到 request 对象中,转发给前台界面时使用
    request.setAttribute("totalPage", totalPage);
                            //将 totalPage 存放到 request 对象中,转发给前台界面使用
    request.getRequestDispatcher("/Admin/CardMsg.jsp").forward(request, response);
    //请求转发
}
//根据查询条件获取对象的所有数据列表
```

```
private void getEntityByWhere() throws ServletException, IOException {
    request.setCharacterEncoding("UTF-8");
    String condition = request.getParameter("condition");  //获取查询字段的名称
    String value = request.getParameter("value");
    String where = condition + "=\"" + value + "\"";         //拼接查询字符串
    int page = request.getParameter("page") == null ? 1 : Integer.parseInt(request.
    getParameter("page"));//获取要跳转的页号
    int wherePage = Integer.parseInt(card.getPageCountByWhere(where).toString());
    //获取查询后的分页总数
    List<Object> list = card.getEntityByWhere(where, page);//获取查询后的数据列表
    request.setAttribute("list", list);//将数据存放到 request 对象中,转发给前台界面时使用
    request.setAttribute("wherePage", wherePage);
    request.setAttribute("condition", condition);
    request.setAttribute("value", value);
    request.getRequestDispatcher("/Admin/CardMsg.jsp").forward(request, response);
    }
}
```

功能描述：该功能模块是对 IC 卡信息的管理。单击“添加 IC 卡类型”选项，输入如图 15-12 所示的信息，单击“确定”按钮，添加成功后跳转到图 15-13 所示的界面。在管理 IC 卡类型界面中可以根据 IC 卡编号、车位编号、用户名称、车牌号码等进行查询，也可以进行相应的编辑和删除操作。

15.4.5　固定车主停车管理

固定车主停车管理界面如图 15-14 所示。

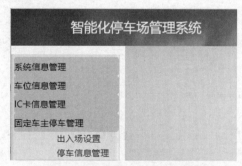

图 15-14　固定车主停车管理界面

出入场设置界面如图 15-15 所示。

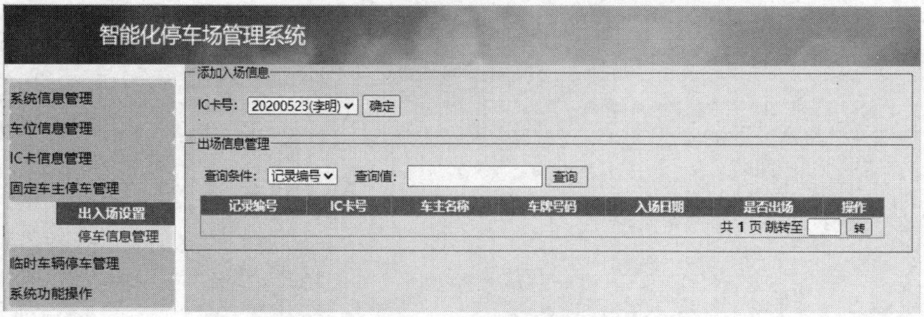

图 15-15　出入场设置界面

停车信息管理界面如图 15-16 所示。

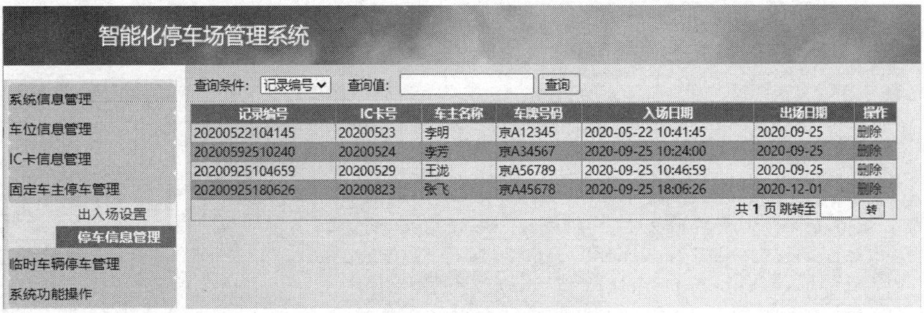

图 15-16　停车信息管理界面

固定车主停车管理的代码如下:

```
public class FixedHandle extends HttpServlet {
    HttpServletRequest request;
    HttpServletResponse response;
    DAL.Fixed fixed=new DAL.Fixed();
    //通过表单 get 方式传值,将进入 doGet 函数 (method="get")
    public void doGet(HttpServletRequest request, HttpServletResponse response)
    throws ServletException, IOException {
        this.response=response;
        this.request=request;
        int handleType=Integer.parseInt(request.getParameter("type").toString());
        switch (handleType) {
            case 1://类型 1 代表删除表中的数据
                deleteEntity();
                break;
            case 4://类型 4 代表获取表中信息
                getEntity();
                break;
            case 5://类型 5 代表根据查询条件获取表中信息
                getEntityByWhere();
                break;
            case 6://类型 6 代表管理员获取未出场车辆
                getNoOut();
                break;
            case 10://类型 10 代表更新车辆出场
                setOut();
                break;
                default:
                break;
        }
    }
    //通过表单 post 方式传值,将进入 doPost 函数 (method="post")
    public void doPost(HttpServletRequest request, HttpServletResponse response)
    throws ServletException, IOException {
        this.request=request;
        this.response=response;
        int handleType=Integer.parseInt(request.getParameter("type").toString());
        //将前台界面传过来的 type 类型转成整型
        switch (handleType) {
            case 2://类型 2 代表更新表中的数据
                updateEntity();
```

```
                break;
        case 3://类型3代表向表中添加数据
            insertEntity();
            break;
        default:
            break;
    }
}
//删除数据操作
private void deleteEntity() throws IOException{
    String fixed_id=request.getParameter("fixed_id");//获取前台通过get方式传过来的JId
    fixed.deleteEntity(fixed_id);//执行删除操作
    response.sendRedirect("/Parking/FixedHandle?type=4");//删除成功后跳转至管理界面
}
//车辆出场更新操作
private void setOut() throws IOException{
    String fixed_id=new String(request.getParameter("fixed_id").getBytes("ISO8859_1"),
    "UTF-8");
    SimpleDateFormat dateFormat =new SimpleDateFormat("yyyy-MM-dd");
    String out_date=dateFormat.format(new Date());
    SimpleDateFormat timeFormat =new SimpleDateFormat("HH:mm:ss");
    String out_time=timeFormat.format(new Date());
    if(fixed.setOut(fixed_id, out_date, out_time)==1){
        response.sendRedirect("/Parking/FixedHandle?type=6");
    }
}
//更新数据操作
private void updateEntity() throws UnsupportedEncodingException{
    String fixed_id=new String(request.getParameter("fixed_id").getBytes
    ("ISO8859_1"),"UTF-8");
    String card_id=new String(request.getParameter("card_id").getBytes("ISO8859_1"),
    "UTF-8");
    String entry_date=new String(request.getParameter("entry_date").getBytes
    ("ISO8859_1"),"UTF-8");
    String entry_time=new String(request.getParameter("entry_time").getBytes
    ("ISO8859_1"),"UTF-8");
    String out_date=new String(request.getParameter("out_date").getBytes("ISO8859_1"),
    "UTF-8");
    String out_time=new String(request.getParameter("out_time").getBytes("ISO8859_1"),
    "UTF-8");
    if(fixed.updateEntity(fixed_id,card_id,entry_date,entry_time,out_date,out_
    time)==1){
        try {
            response.sendRedirect("/Parking/FixedHandle?type=4");
            //成功更新数据后跳转至FixedMsg.jsp界面
        } catch (IOException e) {
            e.printStackTrace();//异常处理
        }
    }
}
//插入数据操作
private void insertEntity() throws UnsupportedEncodingException, IOException{
    response.setCharacterEncoding("UTF-8");
    response.setContentType("text/html;charset=UTF-8");
    PrintWriter out=response.getWriter();
```

```
        SimpleDateFormat dateFormat =new SimpleDateFormat("yyyyMMddHHmmss");
        String fixed_id=dateFormat.format(new Date());
        String card_id=new String(request.getParameter("card_id").getBytes("ISO8859_1"),
        "UTF-8");
        SimpleDateFormat dFormat =new SimpleDateFormat("yyyy-MM-dd");
        String entry_date=dFormat.format(new Date());
        SimpleDateFormat tFormat =new SimpleDateFormat("HH:mm:ss");
        String entry_time=tFormat.format(new Date());
        String out_date="1111-11-11";
        String out_time="11:11:11";
        if(!fixed.checkExist(fixed_id)){
            if(fixed.insertEntity(fixed_id,card_id,entry_date,entry_time,out_date,
            out_time)==1){
                out.write("<script>alert('数据添加成功! '); location.href = '/Parking/
                FixedHandle?type=6';</script>");
            }
            else {
                out.write("<script>alert('数据添加失败! '); location.href = '/Parking/
                FixedHandle?type=6';</script>");
            }
        }
        else {
            out.write("<script>alert('主键重复,数据添加失败! '); location.href = '/Parking/
            FixedHandle?type=4';</script>");
        }
}
//获取对象所有数据列表
private void getEntity() throws ServletException, IOException{
    request.setCharacterEncoding("UTF-8");
    int page=request.getParameter("page")==null?1:Integer.parseInt(request.
    getParameter("page").toString());              //获取跳转的页号
    int totalPage=Integer.parseInt(fixed.getPageCount().toString()) ;//获取分页总数
    List<Object> list=fixed.getEntity(page);        //获取数据列表
    request.setAttribute("list",list);//将数据存放到 request 对象中,转发给前台界面时使用
    request.setAttribute("totalPage",totalPage );
                        //将 totalPage 存放到 request 对象中,转发给前台界面时使用
    request.getRequestDispatcher("/Admin/FixedMsg.jsp").forward(request, response);
    //请求转发
}
//获取未出场的车辆
private void getNoOut() throws ServletException, IOException{
    request.setCharacterEncoding("UTF-8");
    int page=request.getParameter("page")==null?1:Integer.parseInt(request.
    getParameter("page").toString());              //获取跳转的页号
    int totalPage=Integer.parseInt(fixed.getPageCount().toString()) ;//获取分页总数
    List<Object> list=fixed.getNoOut(page);        //获取数据列表
    request.setAttribute("list",list);//将数据存放到 request 对象中,转发给前台界面时使用
    request.setAttribute("totalPage",totalPage );
                        //将 totalPage 存放到 request 对象中,转发给前台界面时使用
    request.getRequestDispatcher("/Admin/FixedOut.jsp").forward(request, response);
    //请求转发
}
//根据查询条件获取对象的所有数据列表
private void getEntityByWhere() throws ServletException, IOException{
    request.setCharacterEncoding("UTF-8");
```

```
String condition=request.getParameter("condition");       //获取查询字段的名称
String value = request.getParameter("value");
String where=condition+"=\""+value+"\"";                  //拼接查询字符串
int page=request.getParameter("page")==null?1:Integer.parseInt(request.
getParameter("page"));//获取要跳转的页号
int wherePage=Integer.parseInt(fixed.getPageCountByWhere(where).toString());
//获取查询后的分页总数
List<Object> list=fixed.getEntityByWhere(where, page); //获取查询后的数据列表
request.setAttribute("list",list);//将数据存放到 request 对象中,转发给前台界面时使用
request.setAttribute("wherePage",wherePage );
request.setAttribute("condition",condition);
request.setAttribute("value",value);
request.getRequestDispatcher("/Admin/FixedMsg.jsp").forward(request, response);
    }
}
```

功能描述：该模块是对固定车主的出入场设置及停车信息进行管理。如图 15-15 所示，对车主进行入场设置，单击"确定"按钮，就会显示出该车辆的信息；单击"停车信息管理"选项，就会出现如图 15-16 所示的界面。如果已设置出场，出场日期就会出现在停车信息管理界面（见图 15-16）中。

15.4.6 临时车辆停车管理

临时车辆停车管理界面如图 15-17 所示。

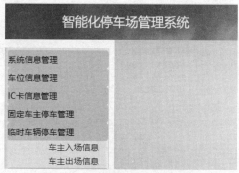

图 15-17 临时车辆停车管理界面

车主入场信息界面如图 15-18 所示。

智能化停车场管理系统

系统信息管理
车位信息管理
IC卡信息管理
固定车主停车管理
临时车辆停车管理
　车主入场信息
　车主出场信息
系统功能操作

临时IC卡号：
车牌号码：

确定　　取消

图 15-18 车主入场信息界面

车主出场信息界面如图 15-19 所示。

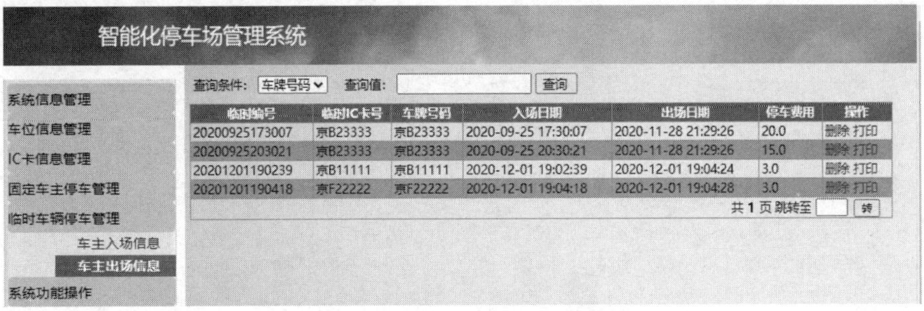

图 15-19　车主出场信息界面

临时车辆停车管理的代码如下：

```
public class TempHandle extends HttpServlet {
    HttpServletRequest request;
    HttpServletResponse response;
    DAL.Temp temp=new DAL.Temp();
    //通过表单 get 方式传值,将进入 doGet 函数（method="get"）
    public void doGet(HttpServletRequest request, HttpServletResponse response)
    throws ServletException, IOException {
        this.response=response;
        this.request=request;
        int handleType=Integer.parseInt(request.getParameter("type").toString());
        switch (handleType) {
            case 1: //类型 1 代表删除表中的数据
                deleteEntity();
                break;
            case 4: //类型 4 代表获取表中信息
                getEntity();
                break;
            case 5: //类型 5 代表根据查询条件获取表中信息
                getEntityByWhere();
                break;
                default:
                break;
        }
    }
    //通过表单 post 方式传值,将进入 doPost 函数（method="post"）
    public void doPost(HttpServletRequest request, HttpServletResponse response)
    throws ServletException, IOException {
        this.request=request;
        this.response=response;
        int handleType=Integer.parseInt(request.getParameter("type").toString());
        //将前台界面传过来的 type 类型转成整型
        switch (handleType) {
            case 2://类型 2 代表更新表中的数据
                updateEntity();
                break;
            case 3://类型 3 代表向表中添加数据
                insertEntity();
                break;
                default:
                break;
```

```
        }
    }
    //删除数据操作
    private void deleteEntity() throws IOException{
        String temp_id=request.getParameter("temp_id");//获取前台通过get方式传过来的JId
        temp.deleteEntity(temp_id);//执行删除操作
        response.sendRedirect("/Parking/TempHandle?type=4");//删除成功后跳转至管理界面
    }
    //更新数据操作
    private void updateEntity()throws UnsupportedEncodingException{
        String temp_id=new String(request.getParameter("temp_id").getBytes("ISO8859_1"),
            "UTF-8");
        String card_id=new String(request.getParameter("card_id").getBytes("ISO8859_1"),
            "UTF-8");
        String car_num=new String(request.getParameter("car_num").getBytes("ISO8859_1"),
            "UTF-8");
        String entry_date=new String(request.getParameter("entry_date").getBytes
            ("ISO8859_1"),"UTF-8");
        String entry_time=new String(request.getParameter("entry_time").getBytes
            ("ISO8859_1"),"UTF-8");
        String out_date=new String(request.getParameter("out_date").getBytes
            ("ISO8859_1"),"UTF-8");
        String out_time=new String(request.getParameter("out_time").getBytes
            ("ISO8859_1"),"UTF-8");
        String temp_money=new String(request.getParameter("temp_money").getBytes
            ("ISO8859_1"),"UTF-8");
        if(temp.updateEntity(temp_id,card_id,car_num,entry_date,entry_time,out_date,
            out_time,temp_money)==1){
                try {
                    response.sendRedirect("/Parking/TempHandle?type=4");
                    //成功更新数据后跳转至TempMsg.jsp界面
                } catch (IOException e) {
                    e.printStackTrace();//异常处理
                }
            }
    }
    //插入数据操作
    private void insertEntity() throws UnsupportedEncodingException, IOException{
    response.setCharacterEncoding("UTF-8");
    response.setContentType("text/html;charset=UTF-8");
    PrintWriter out=response.getWriter();
    SimpleDateFormat dateFormat =new  SimpleDateFormat("yyyyMMddHHmmss");
    String temp_id=dateFormat.format(new Date());
    String card_id = request.getParameter("card_id");
    String car_num = request.getParameter("car_num");
    SimpleDateFormat dFormat =new  SimpleDateFormat("yyyy-MM-dd");
    String entry_date=dFormat.format(new Date());
    SimpleDateFormat tFormat =new  SimpleDateFormat("HH:mm:ss");
    String entry_time=tFormat.format(new Date());
    String out_date=null;
    String out_time=null;
    String temp_money="0";
    if(!temp.checkExist(card_id)){
    System.out.println("11111");
     if((card_id!=null &&card_id!="")&&(car_num!=null&&car_num!="")){
```

```
            if(temp.insertEntity(temp_id,card_id,car_num,entry_date,entry_time,out_
            date,out_time,temp_money)==1){
                System.out.println("card_id="+card_id);
                System.out.println("car_num="+car_num);
                out.write("<script>alert('数据添加成功! '); location.href = '/Parking/
                TempHandle?type=4';</script>");
            }
            else {
                out.write("<script>alert('数据添加失败! '); location.href = '/Parking/
                TempHandle?type=4';</script>");
            }
        }
        else{
            out.write("<script>alert('临时 IC 卡号或者车牌号不能为空'); location.href =
            '/Parking/TempHandle?type=4';</script>");
        }
    }
    else {
        out.write("<script>alert('主键重复,数据添加失败! '); location.href = '/Parking/
        TempHandle?type=4';</script>");
    }
}
//获取对象所有数据列表
private void getEntity() throws ServletException, IOException{
    request.setCharacterEncoding("UTF-8");
    //获取跳转的页号
    int page=request.getParameter("page")==null?1:Integer.parseInt(request.getParameter
    ("page").toString());
    int totalPage=Integer.parseInt(temp.getPageCount().toString());//获取分页总数
    List<Object> list=temp.getEntity(page);//获取数据列表
    request.setAttribute("list",list);//将数据存放到 request 对象中,转发给前台界面时使用
    request.setAttribute("totalPage",totalPage );
                            //将 totalPage 存放到 request 对象中,转发给前台界面时使用
    request.getRequestDispatcher("/Admin/TempMsg.jsp").forward(request, response);
    //请求转发
    }
    //根据查询条件获取对象的所有数据列表
    private void getEntityByWhere() throws ServletException, IOException{
        request.setCharacterEncoding("UTF-8");
        String condition=request.getParameter("condition");//获取查询字段的名称
        String value = request.getParameter("value");
        String where=condition+"=\""+value+"\"";//拼接查询字符串
        int page=request.getParameter("page")==null?1:Integer.parseInt(request.
        getParameter ("page"));//获取要跳转的页号
        int wherePage=Integer.parseInt(temp.getPageCountByWhere(where).toString());
        //获取查询后的分页总数
        List<Object> list=temp.getEntityByWhere(where, page);//获取查询后的数据列表
        request.setAttribute("list",list);//将数据存放到 request 对象中,转发给前台界面时使用
        request.setAttribute("wherePage",wherePage );
        request.setAttribute("condition",condition);
        request.setAttribute("value",value);
        request.getRequestDispatcher("/Admin/TempMsg.jsp").forward(request, response);
    }
}
```

功能描述：该模块是对临时车辆出入场的管理。单击"车主入场信息"选项，会出现如图

15-18 所示的界面。输入信息后，如果输入成功就会跳转到如图 15-19 所示的界面，其中包括入场日期、出场日期（显示未出场）、停车费用（显示待结算）等。

15.4.7　系统功能操作

系统功能操作界面如图 15-20 所示。

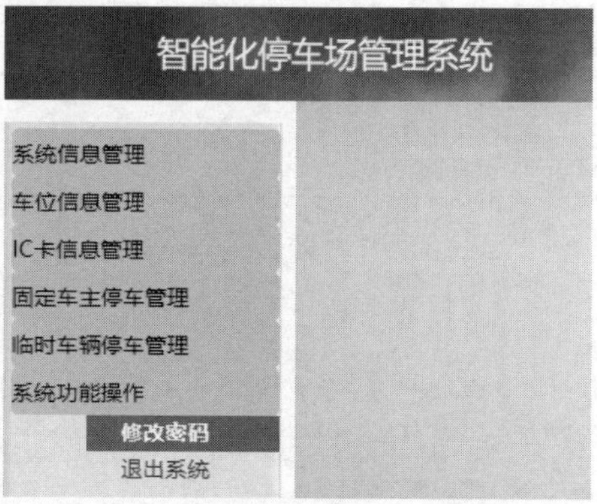

图 15-20　系统功能操作界面

修改密码界面如图 15-21 所示。

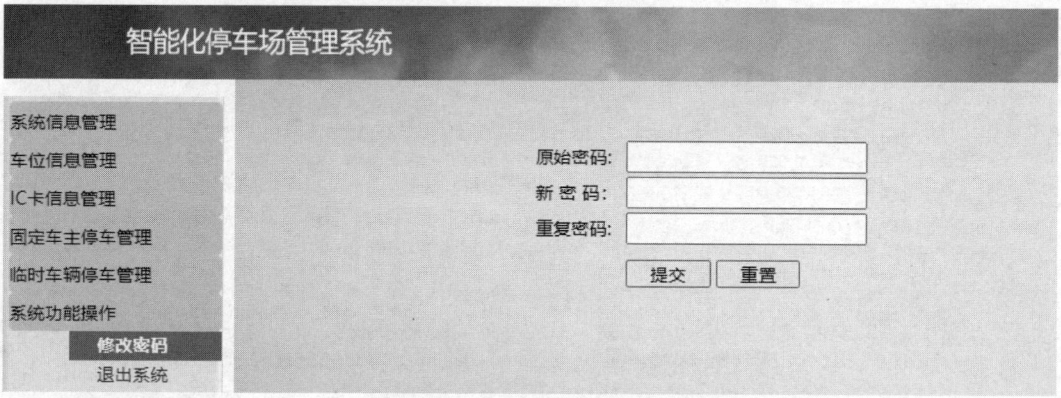

图 15-21　修改密码界面

单击"退出系统"按钮，即可成功退出该系统。

系统功能操作的代码如下：

```
public class UserHandle extends HttpServlet {
    HttpServletRequest request;
    HttpServletResponse response;
    DAL.User user = new DAL.User();
    //通过表单 get 方式传值,将进入 doGet 函数（method="get"）
    public void doGet(HttpServletRequest request, HttpServletResponse response)
    throws ServletException, IOException {
        this.response = response;
        this.request = request;
        int handleType = Integer.parseInt(request.getParameter("type").toString());
        switch (handleType) {
            case 1://类型 1 代表删除表中的数据
```

```
            deleteEntity();
            break;
        case 4://类型 4 代表获取表中信息
            getEntity();
            break;
        case 5://类型 5 代表根据查询条件获取表中信息
            getEntityByWhere();
            break;
            default:
            break;
    }
}
//通过表单 post 方式传值,将进入 doPost 函数(method="post")
public void doPost(HttpServletRequest request, HttpServletResponse response)
throws ServletException, IOException {
    this.request = request;
    this.response = response;
    int handleType = Integer.parseInt(request.getParameter("type").toString());
    //将前台界面传过来的 type 类型转成整型
    switch (handleType) {
        case 2://类型 2 代表更新表中的数据
            updateEntity();
            break;
        case 3://类型 3 代表向表中添加数据
            insertEntity();
            break;
        case 6://类型 6 代表更改密码
            chagePwd();
            break;
        case 7://类型 7 代表用户更新个人数据
            updateEntity();
            break;
        case 8://用户注册
            register();
            default:
            break;
    }
}
//更改密码
private void chagePwd() throws IOException {
    response.setCharacterEncoding("UTF-8");
    response.setContentType("text/html;charset=UTF-8");
    PrintWriter out = response.getWriter();
    HttpSession session = request.getSession();
    String userId = session.getAttribute("user_id").toString();
    String oldPwd = new String(request.getParameter("OldPwd").getBytes("ISO8859_1"),
    "UTF-8");
    String newPwd = new String(request.getParameter("NewPwd").getBytes("ISO8859_1"),
    "UTF-8");
    if (user.checkPwd(userId, oldPwd)) {
        if (user.updataPwd(userId, newPwd)) {
            out.write("<script>alert('密码更改成功~~~');location.href='/Parking/
            Common/UserInfo.jsp'</script>");
        } else {
            out.write("<script>alert('密码更改失败~~~');location.href='/Parking/
            Common/ChagePwd.jsp'</script>");
        }
```

```
        } else {
            out.write("<script>alert('原始密码错误~~~');location.href='/Parking/
            Common/ChagePwd.jsp'</script>");
        }
    }
    //用户注册
    private void register() throws UnsupportedEncodingException, IOException {
        response.setCharacterEncoding("UTF-8");
        response.setContentType("text/html;charset=UTF-8");
        PrintWriter out = response.getWriter();
        String UserId = new String(request.getParameter("user_id").getBytes("ISO8859_1"),
        "UTF-8");
        String RoleId = new String(request.getParameter("role_id").getBytes("ISO8859_1"),
        "UTF-8");
        String UserName = new String(request.getParameter("user_name").getBytes
        ("ISO8859_1"), "UTF-8");
        String RealName = new String(request.getParameter("real_name").getBytes
        ("ISO8859_1"), "UTF-8");
        String UserPwd = new String(request.getParameter("user_pwd1").getBytes
        ("ISO8859_1"), "UTF-8");
        String UserPhone = new String(request.getParameter("user_phone").getBytes
        ("ISO8859_1"), "UTF-8");
        if (!user.checkExist(UserId)) {
        if (user.insertEntity(UserId, RoleId, UserName, RealName, UserPwd,
        UserPhone) == 1) {
            SimpleDateFormat dateFormat = new SimpleDateFormat("yyyyMMddHHmmss");
            String AId = dateFormat.format(new Date());
            out.write("<script>alert('恭喜你,注册成功~'); location.href = '/Parking/
            Login.jsp';</script>");
        }
    } else {
        out.write("<script>alert('你注册的登录账号已存在,请重新注册! '); location.href =
        '/Parking/Login.jsp';</script>");
    }
}
//删除数据操作
private void deleteEntity() throws IOException {
    String user_id = request.getParameter("user_id");//获取前台通过get方式传过来的JId
    user.deleteEntity(user_id);                              //执行删除操作
    response.sendRedirect("/Parking/UserHandle?type=4");  //删除成功后跳转至管理界面
}
//更新数据操作
private void updateEntity() throws UnsupportedEncodingException {
    String user_id = new String(request.getParameter("user_id").getBytes("ISO8859_1"),
    "UTF-8");
    String role_id = new String(request.getParameter("role_id").getBytes("ISO8859_1"),
    "UTF-8");
    String user_name = new String(request.getParameter("user_name").getBytes("ISO8859_1"),
    "UTF-8");
    String real_name = new String(request.getParameter("real_name").getBytes("ISO8859_1"),
    "UTF-8");
    String user_pwd = new String(request.getParameter("user_pwd").getBytes("ISO8859_1"),
    "UTF-8");
    String user_phone = new String(request.getParameter("user_phone").getBytes
    ("ISO8859_1"), "UTF-8");
    if (user.updateEntity(user_id, role_id, user_name, real_name, user_pwd, user_
    phone) == 1) {
```

```
        try {
            if (request.getSession().getAttribute("role_id").toString().equals("r001")) {
                response.sendRedirect("/Parking/UserHandle?type=4");
                //成功更新数据后,超级管理员跳转至 UserMsg.jsp 界面
            } else {
                response.sendRedirect("/Parking/Common/UserInfo.jsp");
                //成功更新数据后,普通用户跳转至 UserInfo.jsp 界面
            }
        } catch (IOException e) {
            e.printStackTrace();//异常处理
        }
    }
}
//插入数据操作
private void insertEntity() throws UnsupportedEncodingException, IOException {
    response.setCharacterEncoding("UTF-8");
    response.setContentType("text/html;charset=UTF-8");
    PrintWriter out = response.getWriter();
    String user_id = new String(request.getParameter("user_id").getBytes("ISO8859_1"),
    "UTF-8");
    String role_id = new String(request.getParameter("role_id").getBytes("ISO8859_1"),
    "UTF-8");
    String user_name = new String(request.getParameter("user_name").getBytes("ISO8859_1"),
    "UTF-8");
    String real_name = new String(request.getParameter("real_name").getBytes("ISO8859_1"),
    "UTF-8");
    String user_pwd = new String(request.getParameter("user_pwd").getBytes("ISO8859_1"),
    "UTF-8");
    String user_phone = new String(request.getParameter("user_phone").getBytes
    ("ISO8859_1"), "UTF-8");
    if (!user.checkExist(user_id)) {
        if (user.insertEntity(user_id, role_id, user_name, real_name, user_pwd, user_phone)
        == 1) {
            out.write("<script>alert('数据添加成功! '); location.href = '/Parking/
            UserHandle?type=4';</script>");
        } else {
            out.write("<script>alert('数据添加失败! '); location.href = '/Parking/
            UserHandle?type=4';</script>");
        }
    } else {
        out.write("<script>alert('主键重复,数据添加失败! '); location.href = '/Parking/
        UserHandle?type=4';</script>");
    }
}
//获取对象所有数据列表
private void getEntity() throws ServletException, IOException {
    request.setCharacterEncoding("UTF-8");
    //获取跳转的页号
    int page = request.getParameter("page") == null ? 1 : Integer.parseInt(request.
    getParameter("page").toString());
    int totalPage = Integer.parseInt(user.getPageCount().toString());//获取分页总数
    List<Object> list = user.getEntity(page);//获取数据列表
    request.setAttribute("list", list);  //将数据存放到 request 对象中,转发给前台界面时使用
    request.setAttribute("totalPage", totalPage);
                            //将 totalPage 存放到 request 对象中,转发给前台界面时使用
    request.getRequestDispatcher("/Admin/UserMsg.jsp").forward(request, response);
    //请求转发
```

```
        }
        //根据查询条件获取对象的所有数据列表
        private void getEntityByWhere() throws ServletException, IOException {
            request.setCharacterEncoding("UTF-8");
            String condition = request.getParameter("condition");  //获取查询字段的名称
            String value = request.getParameter("value");
            String where = condition + "=\"" + value + "\"";        //拼接查询字符串
            int page = request.getParameter("page") == null ? 1 : Integer.parseInt(request.
            getParameter("page"));//获取要跳转的页号
            int wherePage = Integer.parseInt(user.getPageCountByWhere(where).toString());
            //获取查询后的分页总数
            List<Object> list = user.getEntityByWhere(where, page);//获取查询后的数据列表
            request.setAttribute("list", list);//将数据存放到 request 对象中,转发给前台界面时使用
            request.setAttribute("wherePage", wherePage);
            request.setAttribute("condition", condition);
            request.setAttribute("value", value);
            request.getRequestDispatcher("/Admin/UserMsg.jsp").forward(request, response);
        }
    }
```

功能描述:该模块是对系统功能的一个操作,可以对密码进行修改。单击"退出系统"选项,则会跳转到登录界面。

15.5　系统运行与测试

停车管理系统设计完后需要进行一系列的测试,调试过程中内部环境和外界因素的变化会影响系统的运行和操作,当系统适应这些变化后,慢慢趋于完善,便可达到预期想要的效果,这就是系统测试从头到尾需要做的工作。

根据本系统的功能情况,本次测试以黑盒测试为主、以白盒测试为辅。

1)黑盒测试:将项目看成一个黑盒子,在不考虑项目的其他情况、只知道系统功能进行的测试。它的任务就是检测系统的每个功能是否可以正常运行及操作结果是否正确。

2)白盒测试:与黑盒测试相反,它是将项目看成一个透明的白盒子,要求操作人员必须知道项目流程、项目代码,按照规格说明书的规定检测功能是否符合要求,对操作人员要求较高的测试。

15.6　开发常见问题及功能扩展

本系统采用 MVC+J2EE+MySQL 实现,JSP 用于页面的设计,Java 用来处理后台跳转、对数据库操作;此外,使用 Tomcat 9.0 作为 Web 服务器,提供适应性强的 Internet 服务器功能,具有很高的执行效率。

本停车管理系统能够满足用户的基本需求,方便快捷,既节省了时间、提高了效率,又节约了开发成本,并且给人们的出行带来了极大的改善。

对该系统的功能扩展还可以有以下几个方面:

(1)当有车进入该停车场时,可以显示剩余的车位数量,并能及时更新。

(2)增加数据同步功能,各出入口具有联网功能,保持数据一致性,当网络断开,处于脱机状态时,系统能正常运行;网络接通,数据自动恢复。

第5篇
项目管理

在本篇中，主要学习和了解软件开发后需要做的工作，如软件的测试和版本的发布、软件版本的管理和软件的加密等。通过本篇的学习，读者将对项目的管理有一定的了解，在实际项目开发中慢慢会有一个深切的体会，从而为日后进行软件项目管理及实战开发积累经验。

- 第 16 章　软件测试与发布
- 第 17 章　软件版本管理与加密技术

第16章

软件测试与发布

本章概述

　　本章主要讲解项目运行后对项目功能的测试和发布。通过本章内容的学习，读者不仅可以了解一些测试常用的工具及在测试过程中需要注意的原则和事项，更重要的是可以学习到软件测试中的各种测试方法。

知识导读

　　本章要点（已掌握的在方框中打钩）
　　☐ 测试需求
　　☐ 测试环境搭建
　　☐ 软件测试类型
　　☐ 测试工具
　　☐ 测试报告

16.1　测试需求

　　所谓测试需求，确切地讲，就是在项目中要测试什么。我们在测试活动中，首先需要明确测试需求（What），才能决定怎么测（How）、测试时间（When）、需要多少人（Who）、测试的环境（Where）、测试中需要的技能/工具及相应的背景知识、测试中可能遇到的风险等，以上所有的内容结合起来就构成了测试计划的基本要素。而测试需求是测试计划的基础与重点。

　　就像软件的需求一样，测试需求根据不同的公司环境、不同的专业水平、不同的要求，详细程度也是不同的。但是，对于一个全新的项目或产品，测试需求应该力求详细明确，以避免测试遗漏与误解。

16.1.1　测试需求的分析

　　测试需求需要考虑以下几个层面的因素。

　　第一层面：测试阶段。系统测试阶段，需求分析更注重于技术层面，即软件是否实现了具备的功能。如果某一种流程或者某一角色能够执行一项功能，那么我们相信具备相同特征的业务或角色都能够执行该功能。为了避免测试执行的冗余，可不再重复测试。而在验收测试阶段，更注重于不同角色在同一功能上能否走通要求的业务流程，因此，应根据不同的业务需要而测试相同的功能，以确保系统上线后不会有意外发生。但是否有必要进行大量重复性质的测试，要看测试管理者对测试策略与风险的平衡能力了。目前，大多数的测试都会在系统测试中完成，验收测试只是对于系统测试的回归。此种情况也是合理的，关键看测试周期与资源是否允许，以及各测试阶段的任务划分。

第二层面：待测软件的特性。不同的软件业务背景不同，所要求的特性也不相同，测试的侧重点自然也不相同。除了需要确保要求实现的功能正确，面对不同业务还有相应的要求，如银行/财务软件更强调数据的精确性、网站强调服务器所能承受的压力、ERP 强调业务流程、驱动程序强调软硬件的兼容性。在做测试分析时需要根据软件的特性来选取测试类型，并将其列入测试需求中。

第三层面：测试的焦点。测试的焦点是指根据所测的功能点进行分析、分解，从而得出着重于某一方面的测试，如界面、业务流、模块化、数据、输入域等。目前关于各个焦点的测试也有不少的指南，那些已经是很好的测试需求参考了，在此仅列出业务流的测试分析方法。

任何一套软件都会有一定的业务流，也就是用户用该软件来实现自己实际业务的一个流程。简单来说，在做测试需求分析时需要列出以下类别。

（1）常用的或规定的业务流程。

（2）各业务流程分支的遍历。

（3）明确规定不可使用的业务流程。

（4）没有明确规定，但是应该不可以执行的业务流程。

（5）其他异常或不符合规定的操作。

然后根据软件需求理出业务的常规逻辑，按照以上类别提出的思路，一项一项列出各种可能的测试场景，同时借助于软件的需求及其他信息来确定该场景应该导致的结果，便形成了软件业务流的基本测试需求。

在做完以上几步后，将业务流中涉及的各种结果和中间流程分支回顾一遍，确定是否还有其他场景可能导致这些结果，以及各中间流程之间的交互可能产生的新流程，从而进一步补充与完善测试需求。

16.1.2 测试范围

软件测试是保证软件质量必不可缺的手段。在整个软件生命周期中，一定会有软件测试这一角色。软件测试的工作范围来源于软件的质量属性。一般来讲，软件的质量属性有以下几个维度。

1. 功能

软件功能主要是指软件有没有实现预期需要实现的功能。功能，简单地说，可以是实现两个数的加法；复杂的功能可以是实现 QQ 的即时消息功能。对于复杂的功能，一般都可以将其不断分解成小的特性来评估。

2. 性能

软件的性能主要是指软件运行的速度快不快及消耗的系统资源（CPU、内存、带宽、磁盘等）多不多等。人们总是期望软件能够运行得尽可能快，消耗的系统资源尽可能少。

3. 可靠性

可靠性主要是指软件对一些异常场景是否有足够的支撑。常见的可靠性场景有掉电重启、断网重连。系统级的可靠性方案有双机部署（VCS）、集群部署（RAC）等，以及一些分布式系统（如 Redis）的 master/slave 机制等。

4. 安全性

安全性是指系统的服务只会对有权限使用系统的用户提供，任何人不能通过其他非法途径获得系统的服务。常见的安全问题有 SQL 注入、中间人攻击、验证码/密码的暴力破解等。安全性在这些场景下要求产品能防止 SQL 注入、Web 要能够防止中间人伪造、有密码和验证码的系统要防止密码和验证码被暴力破解。

5. 可服务性

可服务性是指系统的安装、部署、升级、维护要简单且便捷。

6. 易用性

易用性主要是指产品的用户体验要好，如界面要好看、菜单的文字描述要简洁明朗等。

16.2　测试环境搭建

测试环境（Testing Environment）是指对测试运行的软件和硬件环境的描述，以及任何其他与被测软件交互的软件，包括驱动和桩。也可以说，测试环境是为了完成软件测试工作所必需的计算机硬件、软件、网络设备、历史数据的总称。稳定和可控的测试环境可以使测试人员花费较少的时间完成测试用例的执行，也无须为测试用例、测试过程的维护花费额外的时间，并且可以保证每一个被提交的缺陷都可以在任何时候被准确地重现。

测试环境=软件+硬件+网络+数据准备+测试工具

简单地说，经过良好规划和管理的测试环境，可以尽可能地减少环境的变动对测试工作的不利影响，并可以对测试工作的效率和质量的提高产生积极的作用。

搭建测试环境前后要注意以下几点。

1. 搭建测试环境前确定测试目的

即是功能测试、稳定性测试，还是性能测试。测试目的不同，搭建测试环境时应注意的点也不同。若要进行功能测试，那么我们就不需要大量的数据，但需要覆盖率高，测试数据要求尽量真实，这对硬件环境配置的好坏要求不是太苛刻，而为提高覆盖率就要配置不同的硬件环境；若要进行性能测试，就需要大量的数据，测试数据应尽可能地达到符合实际的数据分配量，这时可能需要大量的设备来给测试对象施加压力，要提前准备大量设备。

2. 测试环境时尽可能模拟真实环境

这个对测试人员要求很高，因为很多测试人员并没有去过用户的使用现场，要完全模拟用户的使用环境根本不可能。这时我们就应该通过与技术支持人员、销售人员沟通来了解实际环境，尽可能地模拟用户的使用环境，选用合适的操作系统和软件平台，了解符合测试软件运行的最低要求及用户使用的硬件配置、了解用户常用的软件，以避免配置在所有操作系统下都要进行测试，浪费时间。

这样，一方面可以在测试执行过程中发现软件产品与其他协同工作产品之间的兼容性，以避免软件发布给用户后才发现的问题；另一方面也可以用来检验产品是不是用户真正需要的。多种情况下，测试环境都是"真空"环境、完全纯净的平台。通常测试时没有问题，一旦拿到现场与其他软件并存便可能出现硬件配置等问题，这就是搭建测试环境时没有考虑用户的使用环境的表现。

3. 确保无毒环境

很多测试项目都是因为搭建的测试环境感染病毒，而导致测试软件经常出现莫名的崩溃或运行不起来等现象，所以杀毒是必要的。但杀毒的时间也应掌握好，具体可按照下列步骤：选择 PC→安装操作系统→安装杀毒软件杀毒→安装驱动程序、用户常用软件及浏览器杀毒→安装测试软件→杀毒。安装测试软件后，杀毒时要注意：如果不是使用正版杀毒软件杀毒，很可能测试软件的一些文件会被当作可疑文件或者病毒被清除，导致测试软件直接不可用。

要确保杀毒软件为正版。如果不是正版，建议在安装测试软件前，卸载杀毒软件。测试过程中，要注意 U 盘的使用及测试环境与外网的控制。每次使用 U 盘前，要在其他机器上先杀毒。当测试环境与外网联通时，不建议使用共享方式互访测试机。当小范围 PC 与外界隔离起来做测试环境时，可以禁掉可移动存储设备的使用，只允许一台 PC 使用。这台 PC 上安装杀毒软件，进行资料传送时，先复制到这台 PC 上杀毒，然后以共享的方式进行资料的传送。经过这些措施，可以很好地防止病毒感染测试环境，确保无毒环境。

4. 营造独立的测试环境

测试过程中要确保我们的测试环境独立，避免测试环境被占用而影响测试进度及测试结果。例如设备连网后，如果其他测试组也在共用，这样就可能影响测试结果。有时开发人员为了确认问题会使用我们的测试环境，这样会打乱测试活动，更严重的是影响测试进度。为避免这种情况，测试人员在提交缺陷单时，提供详细的复现步骤及尽可能多的信息，让开发人员根据缺陷单，在开发环境中复现和定位问题。

5. 构建可复用的测试环境

当我们刚搭建好测试环境，安装测试软件前及测试过程中，对操作系统和测试环境进行备份是有必要的。这样，一来可以为我们下轮测试时直接恢复测试环境提供便利，以避免重新搭建测试环境花费时间；二来当测试环境遭到破坏时，可以恢复测试环境，以避免测试数据丢失后需要重现等问题。构建可"复用"的测试环境往往要用到如 ghost、Drive Image 等磁盘备份工具。这些工具主要实现对磁盘文件的备份和还原功能。在应用这些工具前，我们首先要做好以下几件十分必要的准备工作。

（1）确保所使用的磁盘备份工具本身的质量可靠性，建议使用正版软件。

（2）利用有效的正版杀毒软件检测要备份的磁盘，保证测试环境中没有病毒。

（3）对于在测试过程中备份时，为减少镜像文件的体积，要删除 Temp 文件夹下的所有文件，还要删除 Win386.swp 文件或_RESTORE 文件夹，这样 C 盘就不至于过分膨胀。选择采用压缩方式进行镜像文件的创建，可使要备份的数据量大大减小。

（4）最后进行一次彻底的磁盘碎片整理，将 C 盘调整到最优状态。

测试程序安装前，对于刚安装的操作系统、驱动程序等，也要进行备份工作，这样在不同项目交叉进行情况下需使用相同操作系统时，直接恢复即可。

完成了这些准备工作，我们就可以用备份工具逐个创建各种组合类型的测试环境磁盘镜像文件。对已经创建好的各种镜像文件，要将它们设置成系统、隐含、只读属性。这样，一方面可以防止意外删除、感染病毒；另一方面可以避免在对磁盘进行碎片整理时，频繁移动镜像文件的位置，从而节约整理磁盘的时间。同时还要记录好每个镜像文件的适用范围、所备份文件的信息等内容。

测试环境的搭建和维护处在重要的位置，它的好坏直接影响测试结果的真实性和准确性。维护测试环境需要大量的精力，不是一个人能完成的，需要团队成员积极配合。

16.3 软件测试类型

软件测试是指使用人工或自动方式来运行或测定某个软件系统的过程，其目的是在于检验是否满足规定的需求或者弄清预期的结果与实际结果的区别。

软件测试按照所做工作的不同，可以分为多种类型。常见的软件测试分类如图 16-1 所示。

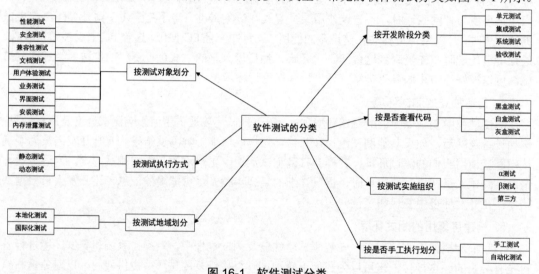

图 16-1　软件测试分类

16.3.1 按开发阶段划分

1. 单元测试

单元测试（Unit Testing）又称模块测试，是指对软件的组成单位进行测试，其目的是检验软件基本组成单位的正确性。软件测试的最小单位为模块。

- 测试阶段：编码后或者编码前。
- 测试对象：模块。
- 测试人员：白盒测试的工程师或开发人员。
- 测试依据：代码和注释+详细文档。
- 测试方法：白盒测试。
- 测试内容：模块接口测试、局部数据测试、路径测试、错误处理测试、边界测试。

注意：

①学习测试依据时，我们可以对比软件测试的"V"模型，两者结合记忆。

②白盒测试不是单元测试，单元测试是白盒测试。

③测试驱动开发。测试人员先编写测试用例，开发人员根据测试用例编写程序。

2. 集成测试

集成测试（Integration Testing）也称联合测试（联调）、组装测试，是指将程序模块采用适当的集成策略组装起来，对系统的接口及集成后的功能进行正确性检测的测试工作。集成测试主要目的是检查软件单位之间的接口是否正确。

- 测试阶段：一般是在单元测试后。
- 测试对象：模块间的接口。
- 测试人员：白盒测试的工程师或开发工程师。
- 测试依据：单元测试的文档+概要设计文档。
- 测试方法：黑盒测试与白盒测试（灰盒测试）。
- 测试内容：模块之间数据传输、模块之间功能冲突、模块组装功能的正确性、全局数据结构、单模块缺陷对系统的影响。

注意：单元测试是在一个模块内部的测试，集成测试是在模块之间进行测试（至少两个）。

3. 系统测试

系统测试（System Testing）是指将软件系统看成一个系统的测试，包括对功能、性能及软件所运行的软硬件环境进行测试。时间大部分在系统测试执行阶段，包括冒烟测试和回归测试。

- 测试阶段：集成测试阶段后。
- 测试对象：整个系统（软件、硬件）。
- 测试人员：黑盒测试工程师。
- 测试依据：需求规格说明文档。
- 测试方法：黑盒测试。
- 测试内容：功能、界面、可靠性、易用性、性能、兼容性、安全性等。

注意：

①系统测试是从完整的角度，全面地去看待问题，不再看模块。

②虽然系统测试包括冒烟测试和回归测试，但三者之间是有严格的先后顺序的，即先冒烟测试，再系统测试，后回归测试。

（1）回归测试（Regression Testing）：是指修改旧的代码后，重新进行测试以确认修改没有引入新的错误或导致其他代码产生错误（自动回归测试将大幅度降低系统测试、维护升级等阶段的成本）。其在整个软件测试过程中占有很大的工作比重，软件开发的各个阶段都会进行多次回归测试。随着系统的日益庞大，回归测试的成本越来越大。因此，通过正确的回归测试策略来改进回归测试的效率和有效性是很有意义的。

（2）冒烟测试（Smoke Testing）：该术语来自硬件，是指对一个（或一组）硬件进行更改或修复后，直接给设备加电。如果没有冒烟，则该组件就通过了测试，也可以理解为该种测试耗时短。冒烟测试的对象是每一个新编译的需要正式测试的软件版本，目的是确认软件基本功能正常，可以进行后续正式的测试工作。冒烟测试的执行者是版本编译人。冒烟测试一般在开发人员开发完后送给测试人员来进行测试时，测试人员会先进行冒烟测试，保证基本功能正常，不阻碍后续测试。

4. 验收测试

验收测试（Acceptance Testing）又称交付测试，是指部署软件前的最后一个测试操作。验收测试的目的是确保软件准备就绪，按照项目合同、任务书、双方约定的验收依据文档，向软件购买者展示该软件系统以满足原始需求。

- 测试阶段：系统测试通过后。
- 测试对象：整个系统（包括软硬件）。
- 测试人员：主要是最终用户或者需求方。
- 测试依据：用户需求、验收标准。
- 测试方法：黑盒测试。
- 测试内容：同系统测试（功能、各类文档等）。

下面针对刚买回来的新手机进行测试。

（1）当新买回来手机的美颜功能有问题时，我们只针对美颜功能的代码进行测试，这就是单元测试。

（2）对于新买回来的手机，检测手机通讯录是否可以增添、删除、更改手机号码，打电话时需要手动输入电话，也可以在手机中查找，这就是集成测试。

（3）新手机都会有一个合格标签，原因是出厂前，手机厂商会对某一个型号的手机功能全部测试一遍，包括手机硬件本身、手机自带的 App 等，这就是系统测试。

（4）当修好手机的美颜功能以后，用户除了会查看美颜功能是否完好，还会查看其他功能是否也完好，这就是回归测试。

（5）对于新买回来的手机，我们做的第一件事是将常用的手机功能试一遍，第二件事就是将所有功能都试一遍，这就是冒烟测试。

（6）对于新买回来的手机，一般都有 7 天包退、30 天包换的规定。我们一般都是在 7 天内把手机的所有功能都试一遍，这就是验收测试。

16.3.2 按测试实施组织划分

1. α 测试

α 测试（Alpha Testing）是由一个用户在开发环境下进行的测试，也可以是公司内部的用户在模拟实际操作环境下进行的测试。α 测试的目的是评价软件产品的 FLURPS（即功能、局域化、可使用性、可靠性、性能和支持）。

2. β 测试

β 测试（Beta Testing）是一种验收测试。β 测试由软件的最终用户在一个或多个客房场所进行。α 测试与 β 测试的区别如下。

（1）测试的场所不同。α 测试是指把用户请到开发方的场所来测试，β 测试是指在一个或多个用户的场所进行的测试。

（2）α 测试的环境是受开发方控制的，用户的数量相对比较少，时间比较集中。β 测试的环境是不受开发方控制的，用户数量相对比较多，时间不集中。

（3）α 测试先于 β 测试执行。通用的软件产品需要较大规模的 β 测试，测试周期比较长。

3. 第三方测试

介于开发方和用户方之间的组织测试。

16.3.3　按测试执行方式划分

1. 静态测试

静态测试（Static testing）是指不运行被测程序本身，仅通过分析或检查源程序的语法、结构、过程、接口等来检查程序的正确性，对需求规格说明书、软件设计说明书、源程序做结构分析、流程图分析、符号执行来找错。一般分析侧重项如下。

（1）检查项：包括代码风格和规则审核、程序设计和结构的审核、业务逻辑的审核、走查/审查与技术复审手册审核。

（2）静态质量：度量所依据的标准是 ISO 9156。在该标准中，软件的质量用以下几个方面来衡量，即功能性（Functionality）、可靠性（Reliability）、可用性（Usability）、有效性（Efficiency）、可维护性（Maintainability）、可移植性（Portability）。

（3）静态测试：代码静态分析和文档测试都属于静态测试。

2. 动态测试

动态测试（Dynamic testing）是指通过运行被测程序，检查运行结果与预期结果的差异，并分析运行效率、正确性、健壮性等性能。

（1）动态测试由构造测试用例、执行程序、分析程序的输出结果 3 个部分组成。

（2）大多数软件测试都属于动态测试。

16.3.4　按是否查看代码划分

1. 黑盒测试

黑盒测试（Black-box Testing）也是功能测试，测试中把被测的软件当成一个黑盒子，不关心盒子的内部结构是什么，只关心软件的输入数据和输出数据。

2. 白盒测试

白盒测试（White-box Testing）又称结构测试、透明盒测试、逻辑驱动测试或基于代码的测试。白盒测试是指打开"盒子"，去研究里面的源代码和程序结果的测试方式。

白盒测试也是接口测试的一种。

3. 灰盒测试

灰盒测试（Gray-Box Testing）是介于白盒测试和黑盒测试之间的一种测试。灰盒测试多用于集成测试阶段，不仅关注输入、输出的正确性，同时还关注程序内部的情况。

灰盒测试：功能+接口。

16.3.5　按是否手工执行划分

1. 手工测试

手工测试（Manual testing）是指由人一个一个地输入用例，然后观察结果的测试方式。与自动化测试相对应，手工测试属于比较原始，但是必须进行的一种测试。

优点：是自动化测试无法代替的探索性测试、发散思维类无既定结果的测试。

缺点：执行效率慢，量大易错。

2. 自动化测试

所谓自动化测试（Automation Testing），就是在预设条件下运行系统或应用程序来评估运行结果的测试。预先条件包括正常条件和异常条件。简单来说，自动化测试就是把人为驱动的测试行为转换为计算机执行的一种测试方式。自动化测试包括功能测试自动化、性能测试自动化和安全测试自动化。一般情况下，我们说的自动化测试是指功能测试的自动化。自动化测试按照测试对象来划分，还可以分为接口测试、UI 测试等。接口测试的 ROI（产出投入比）要比 UI 测试高。

自动化测试实施的步骤如下。

（1）完成功能测试，版本基本稳定。

（2）根据项目特性，选择适合项目的自动化工具，并搭建环境。

（3）提取手工测试的测试用例转换为自动化测试的用例。

（4）通过工具或代码实现自动化的构造输入、自动检测输出结果是否符合预期。

（5）生成自动测试报告。

（6）持续改进、脚本优化。

16.3.6 按测试对象划分

1. 性能测试

性能测试主要是指检查系统是否满足需求规格说明书中规定性能的测试。通常表现在以下几个方面。

（1）对资源利用（如内存、处理机周期等）进行的精确度量。

（2）对执行间隔、日志事件（如中断、报错）、响应时间、吞吐量（TPS）、辅助存储区（如缓冲区、工作区的大小等）、处理精度等进行的监测。

2. 安全测试

安全测试是指针对某一个相对独立的领域进行的安全方面的测试，测试人员需要拥有更多的专业知识。例如，针对 Web 的安全测试，需要熟悉各种网络协议、防火墙、CDN、各种操作系统的漏洞和路由器等。

3. 兼容性测试

兼容性测试主要是指测试软件之间能否很好地运作，会不会有影响，以及测试软件和硬件之间能否发挥很好的效率工作，会不会导致系统的崩溃等。

最常见的兼容性测试就是浏览器的兼容性测试，不同浏览器在 CSS、JS 解析上的不同会导致页面显示不同。例如，常见的 IE 8 浏览器的兼容性测试。

4. 文档测试

国家标准《计算机软件产品开发文件编制指南》中共有 15 种文件，可分为以下三大类。

（1）开发文件：包括可行性研究报告、软件需求说明书、数据要求说明书、概要设计说明书、详细设计说明书、数据库设计说明书、模块开发卷宗。

（2）用户文件：包括用户手册、操作手册。用户文档的作用：改善易安装性、改善软件的易学性与易用性、改善软件可靠性、降低技术支持成本。

（3）管理文件：包括项目开发计划、测试计划、测试分析报告、开发进度月报、项目开发总结报告。

在实际的测试中，最常见的就是用户文件的测试，例如手册、说明书等。文档测试的关注点在于，文档的术语、文档的正确性、文档的完整性、文档的一致性、文档的易用性等。

5. 易用性测试

易用性是交互的适应性、功能性和有效性的集中体现。易用性测试又称为用户体验测试。

6. 业务测试

业务测试是指测试人员将系统的整个模块串接起来运行、模拟用户实际的工作流程，以期满足用户需求功能而进行的测试。

7. 界面测试

界面测试（简称 UI 测试），是指测试用户界面的功能模块布局是否合理、整体风格是否一致、各个控件的放置位置是否符合客户使用习惯，以及测试界面操作便捷性、导航简单易懂性、界面元素的可用性、界面中文字是否正确和命名是否统一、界面是否美观、文字和图片组合是否完美等。

8. 安装测试

安装测试是指测试程序的安装、卸载。最典型的就是 App 的安装、卸载。

9. 内存泄露测试

内存泄露测试是指针对内存泄露的检测。下面介绍几款检测内存泄露的工具。

（1）对于不同的程序，可以使用不同的方法来进行内存泄露的检查，还可以使用一些专门的工具来进行内存问题的检查，例如 MemProof. AQTime、Purify、BundsChecker 等。有些开发工具本身就带有内存问题检查机制，要确保程序员在编写程序和编译程序时打开这些功能。

（2）通过代码扫描分析工具来检查。

16.3.7　按测试地域划分

软件的国际化和软件的本地化是开发面向全球不同地区用户使用的软件系统的两个过程。本地化测试和国际化测试则是针对这类软件产品进行的测试。由于软件的全球化普及和软件外包行业的兴起，软件的本地化测试和国际化测试俨然成为了独特的测试方向。

本地化测试和国际化测试与其他类型的测试存在着许多不同之处。下面是本地化测试和国际化测试的一些要点。

（1）本地化后的软件在外观上与原来版本是否存在很大的差异，外观是否整齐、不走样。

（2）是否对所有界面元素都进行了本地化处理，包括对话框、菜单、工具栏、状态栏、提示信息（含声音的提示）、日志等。

（3）在不同的屏幕分辨率下，界面是否正常显示。

（4）是否存在不同的字体大小，字体设置是否恰当。

（5）日期、数字、货币格式等是否能适应不同国家的文化习俗。例如，关于日期格式，中文是年、月、日，而英文是月、日、年。

（6）排序方式是否考虑了不同语言的特点。例如，中文按照第一个字的汉语拼音顺序排序，而英文按照首字母排序。

（7）在不同的国家采用不同的度量单位，软件是否能自适应和转换。

（8）软件是否能在不同类型的硬件上正常运行，特别是在当地市场上销售的流行硬件上。

（9）软件是否能在 Windows 或者其他操作系统的当地版本上正常运行。

（10）联机帮助和文档是否已经翻译，翻译后的链接是否正常。正文翻译是否正确、恰当，是否有语法错误。

软件本地化测试和国际化测试是一个综合了翻译行业和软件测试行业的测试类型。它要求测试人员具备一定的翻译能力、语言文化，同时具备测试人员的基本技能。

本地化测试（Localization Testing）的对象是软件的本地化版本。本地化测试的目的是测试特定目标区域设置的软件本地化质量。本地化测试的环境是在本地化的操作系统上安装本地化的软件。从测试方法上可以分为基本功能测试、安装/卸载测试、当地区域的软硬件兼容性测试。测试的内容主要包括软件本地化后的界面布局和软件翻译的语言质量，并包含软件、文档和联机帮助等部分。

本地化就是翻译产品的 UI，有时也更改某些初始设置以使产品适合另一个地区。此测试基于国际化测试的结果，后者验证对特定区域性或区域设置的功能性支持。本地化测试只能在产品的本地化版本上进行，可在本地化性测试时不对本地化质量进行测试。

16.4　测试工具

软件测试工具是指能够使软件的一些简单问题直观地展示在受众面前的工具。通过该类工具，测试人员能更好地找出软件错误的所在。软件测试工具分为自动化软件测试工具和测试管理工具。自动化软件测试工具存在的价值是为了提高测试效率，用软件来代替一些人工输入；测试管理工具是为了复用测试用例，提高软件测试的价值。一个好的软件测试工具和测试管理工具结合起来使用将会使软件测试效率大大提高。

随着软件快速交付需求的增长，越来越多的 IT 企业开始通过 DevOps 方法加速软件开发速度。但是，"鱼"和"熊掌"不可兼得，有时候软件的快速交付并不能完全保证质量。而测试自动化可有效解决软件快速交付问题，并能确保质量。尤其是随着人工智能和 ML 的出现，新一代测试工具正在以高性能、智能化测试为特色，提供服务。下面介绍 7 种流行的软件测试工具。

1. WinRunner

WinRunner 是一种企业级的功能测试工具，用于检测应用程序是否能够达到预期的功能及正常运行。通过自动录制、检测和回放用户的应用操作，WinRunner 能够有效地帮助测试人员对复杂的企业级应用程序的不同发布版本进行测试，提高测试人员的工作效率和质量，确保跨平台的、复杂的企业级应用程序无故障发布及长期稳定运行。

WinRunner 最主要的功能是自动重复执行某一固定的测试过程，它以脚本的形式记录下手工测试的一系列操作，在环境相同的情况下重放，检查其在相同的环境中有无异常的现象或与预期结果不符的地方。它可以减少由于人为因素造成结果错误，同时也可以节省测试人员大量测试时间和精力来做别的事情。功能模块主要包括：GUI Map、检查点、TSL 脚本编程、批量测试、数据驱动等部分。

2. LoadRunner

LoadRunner 是一种预测系统行为和性能的工业标准级负载测试工具。通过以模拟上千万用户实施并发负载及实时性能监测的方式来确认和查找问题，LoadRunner 能够对整个企业架构进行测试。通过使用 LoadRunner，企业能最大限度地缩短测试时间，优化性能和加速应用系统的发布周期。LoadRunner 是一种适用于各种体系架构的自动负载测试工具，它能预测系统行为并优化系统性能。LoadRunner 的测试对象是整个企业的系统，它通过模拟实际用户的操作行为和实行实时性能监测来帮助操作人员更快地查找和发现问题。此外，它还能支持广泛的协议和技术，为特殊环境提供特殊的解决方案。

3. QTP

QTP（QuickTest Professional）是一款有关 B/S 模式系统的自动化功能测试"利器"。Mercury 的自动化功能测试软件 QuickTest Professional 覆盖了绝大多数的软件开发技术，简单高效，并具备测试用例可重用的特点。Mercury QuickTest Pro 是一款先进的自动化测试解决方案，用于创建功能测试和回归测试，自动捕获、验证和重放用户的交互行为。Mercury QuickTest Pro 为每一个重要软件和应用环境提供功能测试和回归测试自动化的行业最佳解决方案。

4. TestDirector

TestDirector 是一款基于 Web 的测试管理工具，它不仅能够系统地控制整个测试过程、创建整个测试工作流的框架和基础，使整个测试管理过程变得更为简单和有组织，而且能够帮助维护一个测试工程数据库，并且能够覆盖应用程序功能性的各个方面。另外，TestDirector 还提供了直观和有效的方式来计划和执行测试集、收集测试结果并分析数据，还专门提供了一个完善的缺陷跟踪系统，并提供可以同 Mercury 公司的测试工具、第三方或自主开发的测试工具、需求和配置管理工具、建模工具整合的功能。因此，通过它可以进行需求定义、测试计划、测试执行和缺陷跟踪，即整个测试过程的各个阶段。

5. SilkTest

SilkTest 是一种功能测试工具，主要应用于 Web 应用程序，对于 Java 应用程序和传统 C/S 应用程序的测试应用也较多。它具有多种功能，如数据库访问及校验、测试过程的自动化、测试脚本生成、测试结果分析等功能，可以帮助测试人员高效率地进行软件自动化测试。

为提高测试效率，SilkTest 提供多种手段来提高测试的自动化程度，包括测试脚本的生成、测试数据的组织、测试过程的自动化、测试结果的分析等。在测试脚本的生成过程中，SilkTest 通过动态录制技术录制用户的操作过程，快速生成测试脚本。在测试过程中，SilkTest 还提供了独有的恢复系统（Recovery System），允许测试可在 24×7×365 全天候无人看管条件下运行。在测试过程中一些错误导致被测应用程序崩溃时，错误可被发现并记录下来，然后被测应用程序可以被恢复到它原来的基本状态，以便进行下一个测试用例的测试。

6. Selenium

Selenium 是为正在蓬勃发展的 Web 应用开发的一套完整测试工具。Selenium 测试直接运行在浏览器中，就像真正的用户在操作一样。它的主要功能包括：测试与浏览器的兼容性——测试应用程序看是否能够很好地工作在不同浏览器和操作系统上；测试系统功能——创建衰退测试检验软件功能和用户需求；支持自动录制动作和自动生成。Selenium 的核心 Selenium Core 基于 JsUnit，完全由 Java 编写，因此可运行于任何支持 Java 的浏览器上，包括 IE、Mozilla Firefox、Chrome、Safari 等。

7. TPT

TPT 是针对嵌入式系统的基于模型的测试工具，特别是针对控制系统的软件功能测试。TPT 支持所有的测试过程，包括测试建模、测试执行、测试评估及测试报告的生成。TPT 软件由于首创地使用分时段测试（Time Partition Testing），使得控制系统的软件测试技术得以极大提升。同时，TPT 软件支持众多业内主流的工具平台和测试环境，能够更好地利用客户已有的投资，实现各种异构环境下的自动化测试。针对 MATLAB、Simulink、Stateflow 及 TargetLink，TPT 提供了全方位的支持进行模型测试。

16.5 软件测试原则与注意事项

软件测试从不同的角度出发会派生出两种不同的测试原则。从用户的角度出发，就是希望通过软件测试能充分暴露软件中存在的问题和缺陷，从而考虑是否可以接受该产品；从开发者的角度出发，就是希望测试能表明软件产品不存在错误，已经正确地实现了用户的需求，确立人们对软件质量的信心。

一般情况下，测试原则是从用户和开发者的角度出发进行软件产品测试的。通过测试，可以为用户提供放心的产品，并对优秀的产品进行认证。为了达到上述的原则，那么需要注意以下几点。

（1）应当把"尽早和不断地测试"作为开发者的座右铭。

（2）程序员应该避免检查自己的程序，测试工作应该由独立的、专业的软件测试机构来完成。

（3）设计测试用例时应该考虑到合法的输入、不合法的输入及各种边界条件，特殊情况下要制造极端状态和意外状态，如网络异常中断、电源断电等情况。

（4）一定要注意测试中的错误集中发生的现象，这与程序员的编程水平和习惯有很大的关系。

（5）对测试错误结果一定要有一个确认的过程，一般由 A 测试出来的错误一定要由 B 来确认，严重的错误可以召开评审会进行讨论和分析。

（6）制订严格的测试计划，并把测试时间安排得尽量宽松，不要期望在极短的时间内完成一个高水平的测试。

（7）回归测试的关联性一定要引起充分注意，因修改一个错误而引起更多的错误出现的现象并不少见。

（8）妥善保存一切测试过程文档，其意义是不言而喻的。因为测试的重现性往往要靠测试文档。

16.6 测试报告

测试报告是指把测试的过程和结果写成文档，对发现的问题和缺陷进行分析，为纠正软件存在的质量问题提供依据，同时为软件验收和交付打下基础。测试报告是测试阶段最后的文档。优秀的测试经理或测试人员应该具备良好的文档编写能力。一份详细的测试报告包含足够的信息，如产品质量和测试过程的评价、测试报告基于测试中的数据采集及对最终测试结果的分析等。

1. 版本测试报告

版本测试报告主要反映开发人员提交的测试版本质量状况。其测试用例设计与执行、缺陷概况及问题概要是版本测试报告中的主要内容。其内容结构如图 16-2 所示。

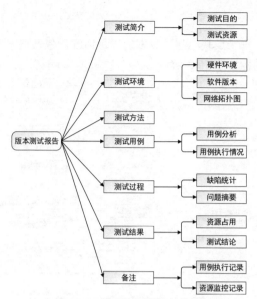

图 16-2　版本测试报告结构图

对版本测试报告中每个章节的编写内容进行说明，如表 16-1 所示。

表 16-1　版本测试报告内容说明

大　纲	子 章 节	详 细 内 容
测试简介	测试目的	本次测试的背景及主要内容
	测试资源	测试人员、本次测试开始和截止日期、花费工作日等
测试环境	硬件环境	实际情况的详细列举，过低的配置、软件版本的不匹配、网络拓扑的错误都会让提交的缺陷缺乏说服力，也会让开发人员对于某些缺陷是否是由于环境因素导致而产生质疑
	软件版本	
	网络拓扑图	
测试方法	无	本次测试的功能点、各功能点对应的测试用例设计、测试用到的测试工具
测试用例	用例分析	测试用例维护记录
	用例执行情况	用例执行总数、通过用例数、未通过用例数、阻塞用例数 测试执行率=已执行的用例数/用例总数 测试用例效率=发现的缺陷总数/测试用例的数量
测试过程	缺陷统计	新建 bug 数、修复 bug 数、未修复 bug 数、bug 总数
	问题摘要	遗留问题、拒绝问题、挂起问题、长期验证问题、待评估问题
测试结果	资源占用	测试项目的启动、退出时间 测试项目的 CPU 占用率初始值、峰值（如果项目启动会有多个进程，则分多个进程进行统计） 测试项目的内存占用初始值、峰值
	测试结论	测试结论不仅是测试通过或不通过，还应该使用详细的数据来支持测试结论，需要列举的数据有测试用例通过率和遗留 bug 情况
备注	用例执行记录	插入测试用例的详细执行结果文档
	资源监控记录	说明资源占用监控的场景（详细列举各场景的监控时长、监控内容）和场景操作

2. 总结测试报告

总结测试报告主要偏重于反映已测试版本的质量情况，包括概况统计、缺陷分布统计、风险分析等内容。其内容结构如图 16-3 所示。

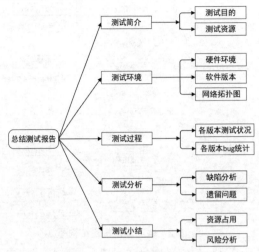

图 16-3 总结测试报告结构图

对总结测试报告中每个章节的编写内容进行说明，如表 16-2 所示。

表 16-2 总结测试报告内容说明

标 题	子 章 节	详 细 内 容
测试简介	测试目的	本次测试的背景及主要内容
	测试资源	测试人员、第一轮测试的开始日期和最后一轮测试的截止日期、总共花费工作日统计等
测试环境	硬件环境	实际情况的详细列举，过低的配置、软件版本的不匹配、网络拓扑的错误都会让提交的缺陷缺乏说服力，也会让开发人员对于某些缺陷是否是由于环境因素导致而产生质疑
	软件版本	
	网络拓扑图	
测试过程	各版本测试状况	各测试版本的计划提交日期、实际提交日期、测试类型（回归或全量）、测试耗时、备注（被打回或提交补丁次数）
	各版本 bug 统计	各测试版本的新建 bug 数、修复 bug 数、遗留 bug 数，以表格统计、线形图或饼状图辅助表示
测试分析	缺陷分析	缺陷的总体分布情况，以线形图或饼状图辅助表示 1.根据功能模块进行划分 2.根据严重、较严重、普通、轻微级别进行划分
	遗留问题	打开状态 bug、长期验证 bug、用户体验问题
测试小结	资源占用	测试项目的启动、退出时间 测试项目的 CPU 占用率初始值、峰值（如果项目启动会有多个进程，则分多个进程进行统计） 测试项目的内存占用初始值、峰值
	风险分析	测试进度、人员安排导致的风险 测试内容考虑范围外导致的风险 测试环境不全面导致的风险 其他因素导致的风险

性能测试报告、兼容性测试报告因内容的不同是不能套用以上测试报告的结构进行编写的。

16.7　一个完整的性能测试流程

一个完整的性能测试流程包括准备工作、测试计划、测试脚本设计与开发、测试执行与管理及测试分析等步骤。下面让我们依次了解性能的测试流程。

16.7.1　准备工作

1. 系统基础功能验证

性能测试在什么阶段适合实施？掌握切入点很重要。一般而言，只有在系统基础功能测试验证完成、系统趋于稳定的情况下，才会进行性能测试，否则进行性能测试是无意义的。

2. 测试团队组建

根据项目的具体情况，组建一支由几人组成的性能测试团队，其中 DBA 是必不可少的，然后需要一至几名系统开发人员（对应前端、后台等），还有性能测试设计和分析人员、脚本开发和执行人员。在正式开始工作前，应该对脚本开发和执行人员进行一些培训，或者应该由具有相关经验的人员担任。

3. 工具的选择

综合系统设计、工具成本、测试团队的技能来考虑，选择合适的测试工具，最起码应该满足以下几点。

（1）支持对 Web（这里以 Web 系统为例）系统的性能测试，支持协议 HTTP 和 HTTPS。

（2）工具运行在 Windows 平台上。

（3）支持对 Web Server、前端、数据库的性能计数器进行监控。

4. 预先的业务场景分析

为了对系统性能建立直观上的认识和分析，相关人员应对系统较重要和常用的业务场景模块进行针对性的分析，以对接下来的测试计划设计进行准备。

16.7.2　测试计划

测试计划阶段最重要的是分析用户场景，确定系统性能目标。

1. 性能测试领域分析

根据对项目背景、业务的了解，确定本次性能测试要解决的问题点，是测试系统能否满足实际运行时的需要，还是目前的系统在哪些方面制约系统性能的表现，或者是哪些系统因素导致系统无法跟上业务发展。确定测试领域，然后对具体问题具体分析。

2. 用户场景剖析和业务建模

根据对系统业务、用户活跃时间、访问频率、场景交互等各方面的分析，整理一个业务场景表。当然其中最好对用户操作场景、步骤进行详细的描述，为测试脚本开发提供依据。

3. 确定性能目标

前面已经确定了本次性能测试的应用领域，接下来就是针对具体的领域关注点，确定性能目标（指标）。其中需要和其他业务部门进行沟通协商，以及结合当前系统的响应时间等数据，确定最终我们需要达到的响应时间和系统资源使用率等目标。例如：

（1）从发出登录请求到登录成功的页面响应时间不能超过 2s。

（2）报表审核提交的页面响应时间不能超过 5s。

（3）文件的上传、下载页面响应时间不超过 8s。

（4）服务器的 CPU 平均使用率小于 70%，内存使用率小于 75%。

（5）各个业务系统的响应时间和服务器资源使用情况在不同测试环境下，各指标随负载变化的情况等。

4. 制定测试计划的实施时间

预设本次性能测试各子模块的起止时间、产出、参与人员等。

16.7.3　测试脚本设计与开发

性能测试中，测试脚本设计与开发占据了很大的时间比重。

1. 测试环境设计

本次性能测试的目标是需要验证系统在实际运行环境中的性能外，还需要考虑到不同的硬件配置是否会是制约系统性能的重要因素。因此在测试环境中，需要部署多个不同的测试环境，在不同的硬件配置上检查应用系统的性能，并对不同配置下系统的测试结果进行分析，得出最优结果（最适合当前系统的配置）。这里所说的配置大概是如下几类。

（1）数据库服务器。

（2）应用服务器。

（3）负载模拟器。

（4）软件运行环境、平台测试环境。测试数据可以根据系统的运行预期来确定，例如需要测试的业务场景，数据多久执行一次备份转移，该业务场景涉及哪些表，每次操作数据怎样写入、写入几条，需要多少的测试数据来使得测试环境的数据保持一致性等。可以在首次测试数据生成时，将其导出到本地保存；在每次测试开始前导入数据，保持一致性。

2. 测试场景设计

通过与业务部门沟通以往用户操作习惯，确定用户操作习惯模式及不同的场景用户数量、操作次数，并确定测试指标及性能监控等。

3. 测试用例设计

确认测试场景后，在系统已有的操作描述上，进一步完善可映射为脚本的测试用例的描述。用例大体内容如下。

用例编号：查询表单_xxx_x1（命名以业务操作场景为主，简洁易懂即可）。

用例条件：用户已登录、具有对应权限等。

操作步骤：

（1）进入对应页面。

（2）查询相关数据。

（3）勾选导出数据。

（4）修改上传数据。

4. 脚本和辅助工具的开发及使用

按照用例描述，可利用工具进行录制，然后在录制的脚本中进行修改，例如参数化、关联、检查点等，最后的结果使得测试脚本可用，能达到测试要求即可。

16.7.4　测试执行与管理

在这个阶段，只需要按照前面设计好的业务场景、环境和测试用例脚本，部署环境、执行测试并记录结果即可。

（1）建立测试环境。按照前面设计好的测试环境部署对应的环境，由运维或开发人员进行部署、检查，并仔细调整，同时保持测试环境的干净和稳定，不受外来因素影响。

（2）执行测试脚本。这一点比较简单，只需在已部署好的测试环境中，按照业务场景和编号，按顺序执行前面已经设计好的测试脚本即可。

（3）测试结果记录。根据测试采用的工具不同，结果的记录也有不同的形式。如今，大多数性能测试工具都提供比较完整的界面图形化的测试结果。当然，对于服务器的资源使用等情况，可以利用一些计数器或第三方监控工具来对其进行记录。执行完测试后，对测试结果进行整理分析。

16.7.5　测试分析

（1）测试环境的系统性能分析。根据前面记录得到的测试结果（图表、曲线等），经过计算，与预期的性能指标进行对比，确定是否达到了我们需要的结果。如果未达到，查看具体的瓶颈点，然后根据瓶颈点的具体数据，对具体情况进行具体分析（影响性能的因素很多，可以根据经验和数据表现来判断分析）。

（2）硬件设备对系统性能表现的影响分析。由于前面设计了几个不同的测试环境，故可以根据不同测试环境的硬件资源使用状况图进行分析，确定瓶颈是在数据库服务器、应用服务器，抑或在其他方面，然后针对性地进行优化等操作。

（3）其他影响因素分析。影响系统性能的因素很多，可以从用户能感受到的场景分析，如哪里比较慢、哪里速度尚可。这里可以根据"2-5-8"原则对其进行分析。

（4）测试中发现的问题。在性能测试执行过程中，可能会发现某些功能上的不足或存在的缺陷，以及需要优化的地方，这也是执行多次测试的优点。

16.8　本章小结

软件测试是为了发现错误而执行程序的过程。测试是为了证明程序有错，而不是证明程序无错（发现错误不是唯一目的）。

一个成功的测试是发现了至今未发现的错误的测试。测试是不可穷尽的，测试人员不可能发现系统中所有的缺陷，每个版本发布前也不可能保证所有已知的缺陷都会得到修复，所以反复测试是为了发现更多的缺陷，预防风险。

　　测试人员跟踪需求、验证质量、提交缺陷的同时也促进了开发人员技术的提升。在这个过程中牵涉到项目流程管理的问题，一个优秀的测试在这个过程中会建立一套完整的体系来提高整个团队的工作效率、降低开发成本和把控产品质量。但需明确的是，软件的质量不仅是由测试人员来把关，最终质量好坏取决于整个团队努力的程度。

　　软件测试整体是验证功能的实现、可用性，检查程序的错误，最终目的是提高用户体验；在测试过程中，有一些缺陷级别低，解决与否都不影响用户使用，且缺陷存在用户也不会有感知，这时就需要从用户体验的角度去考量是否要定义该类问题为缺陷。

第17章

软件版本管理与加密技术

本章概述

版本管理主要就是控制软件提供完备的版本管理功能，用于存储、追踪目录（文件夹）和文件的修改历史。版本控制工具是软件开发者的必备工具，也是软件公司的基础设施。版本控制软件的最高目标是支持软件公司的配置管理活动、追踪多个版本的开发和维护活动、及时发布软件。本章主要讲解版本控制工具 SVN 和 GIT，以及在加密技术中运用的一系列算法，如单向算法、对称算法和非对称算法等。

知识导读

本章要点（已掌握的在方框中打钩）
- [ ] 版本控制工具 SVN 和 GIT
- [ ] 单向算法加密
- [ ] 对称算法加密
- [ ] 非对称算法加密
- [ ] HTTPS 证书加密技术

17.1 版本控制工具 SVN 和 GIT

关于版本控制工具，在项目中经常使用的是 SVN 和 GIT 这两种工具。下面将介绍这两种版本控制工具。

17.1.1 SVN

SVN 全名为 SubVersion，即版本控制系统，它是实现服务系统的软件。SVN 与 CVS 一样，是一个跨平台的软件，支持大多数常见的操作系统。作为一个开源的版本控制系统，SVN 管理着随时间改变的数据，这些数据放置在一个中央资料档案库中。这个档案库很像一个普通的文件服务器，不过它会记住每一次文件的变动，这样就可以把档案恢复到旧的版本，或是浏览文件的变动历史。SVN 是一个通用的系统，可用来管理任何类型的文件，其中包括程序源码。

（1）TortoiseSVN：是 SVN 客户端程序，为 Windows 外壳程序集成到 Windows 资源管理器和文件管理系统的 SVN 客户端。

（2）SVNService.exe：是专为 SVN 开发的一个用来作为 Win32 服务挂接的入口程序。

（3）AnkhSVN：是一个专为 Visual Studio 提供 SVN 的插件。

1. SVN 的优点

（1）较好的权限管理功能，可以精确控制每个目录的权限。

（2）SVN 对中文支持良好，操作简单，使用没有难度，美工人员、产品人员、测试人员、实施人员都可轻松上手；此外，SVN 界面风格统一，功能完善，比 GIT 使用稍微简单。

2. SVN 的缺点

（1）集中式设计，如果中心服务器出现问题，就不能正常地进行工作，恢复也很麻烦（这是因为 SVN 记录的是每次改动的差异，不是完整文件）。

（2）分支功能没有 GIT 的强大。

（3）必须联网才能进行提交操作。

（4）速度没有 GIT 快。如果有 5 个分支，SVN 是把 5 个分支的文件全部复制下来。

17.1.2　GIT

GIT 是一个免费、开源的分布式版本控制工具，用于敏捷、高效地处理任意大小的项目。分布式相比于集中式的最大区别在于开发者可以提交到本地，每个开发者通过克隆（git clone）可以在本地机器上备份一个完整的 GIT 仓库。

1. GIT 的优点

（1）分布式设计，每个开发者的计算机上都有一个完整的仓库，不用担心硬盘出问题。

（2）在不联网的情况下，照样可以提交到本地仓库，可以查看以往的所有日志；等到有网时，连接到远程即可。

（3）GIT 的内容存储使用的是 SHA-1 算法，这能确保代码内容的完整性，确保在遇到磁盘故障和网络问题时降低对版本库的破坏。

（4）对程序源代码进行差异化的版本管理，代码库占极少的空间，易于代码的分支化管理。

（5）非常强大的分支管理功能。

2. GIT 的缺点

（1）权限管理不是很方便，需要安装插件 Gitolite，配置有点麻烦，或者直接使用 Gitlab 管理。

（2）不支持中文，图形界面支持差，使用难度大，不易推广。

3. SVN 和 GIT 的区别

（1）SVN 属于集中化的版本控制工具，使用起来有点像是档案仓库，支持并行读写文件，支持代码的版本化管理，功能包括取出、导入、更新、分支、改名、还原、合并等。GIT 属于分布式的版本控制工具，操作命令包括 clone、pull、push、branch、merge、rebase，GIT 擅长的是程序代码的版本化管理。

（2）GIT 把内容按元数据方式存储，而 SVN 是按文件。

（3）GIT 没有一个全局的版本号，而 SVN 有。

（4）GIT 的内容完整性要优于 SVN。

17.2　加密技术

加密技术可以提高项目的安全性。在本节中会讲述单向算法加密、对称算法加密和非对称算法加密等知识内容。

17.2.1　单向算法加密

本小节将简要介绍 MD5、SHA、HMAC 这 3 种常见的单向算法加密方法。MD5、SHA、HMAC 这 3 种加密算法可谓是非可逆加密，就是不可解密的加密方法，通常只把它们作为加密的基础。单纯这 3 种的加密并不可靠。

1. MD5

MD5（Message Digest algorithm 5）：信息摘要算法。该算法广泛用于加密和解密，常用于文件校验，不管文件多大，经过 MD5 后都能生成唯一的 MD5 值。它本质上是一种被广泛使用的密码散列函数。散列算法的基本原理是将数据（如一段文字）运算变为另一段固定长度的值。

MD5 案例代码如下：

```java
public class MD5 {
    /**
     * @throws Exception
     * @Comment MD5 实现
     */
    public static String md5Encode(String inStr) throws Exception {
        MessageDigest md5 = null;
        try {
            md5 = MessageDigest.getInstance("MD5");
        } catch (Exception e) {
            System.out.println(e.toString());
            e.printStackTrace();
            return "";
        }
        byte[] byteArray = inStr.getBytes("UTF-8");
        byte[] md5Bytes = md5.digest(byteArray);
        StringBuffer hexValue = new StringBuffer();
        for (int i = 0; i < md5Bytes.length; i++) {
            int val = ((int) md5Bytes[i]) & 0xff;
            if (val < 16) {
                hexValue.append("0");
            }
            hexValue.append(Integer.toHexString(val));
        }
        return hexValue.toString();
    }
    public static void main(String[] args) throws Exception {
        String s = new String("a1b2c3d4e5f6g7h8i");
        System.out.println("原始: " + s);
        System.out.println("MD5 后: " + md5Encode(s));
```

```
    }
}
```

代码运行效果如图 17-1 所示。

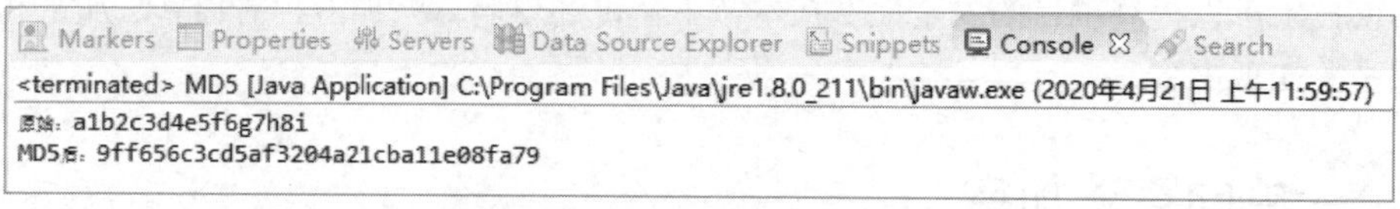

```
Markers  Properties  Servers  Data Source Explorer  Snippets  Console ✕  Search
<terminated> MD5 [Java Application] C:\Program Files\Java\jre1.8.0_211\bin\javaw.exe (2020年4月21日 上午11:59:57)
原始: a1b2c3d4e5f6g7h8i
MD5后: 9ff656c3cd5af3204a21cba11e08fa79
```

图 17-1　MD5 算法加密运行效果

2. SHA

SHA（Secure Hash Algorithm）：安全散列算法。该算法经过加密专家多年来的研发和改进已日益完善，现已成为公认最安全的散列算法之一，并被广泛使用。虽然 SHA 与 MD5 通过碰撞法都被破解了，但是 SHA 仍然是公认的安全加密算法，较之 MD5 更为安全。

该算法的思想是接收一段明文，然后以一种不可逆的方式，将它转换成一段（通常更小）密文，也可以简单地理解为取一串输入码（称为预映射或信息），并把它转换为长度较短、位数固定的输出序列即散列值（也称为信息摘要或信息认证代码）的过程。散列函数值可以说是明文的一种"指纹"或是"摘要"，所以对散列值的数字签名就可以视为对此明文的数字签名。

SHA 案例代码如下：

```java
public class SHA {
    /**
     * @throws Exception
     * @Comment SHA 实现
     */
    public static String shaEncode(String inStr) throws Exception {
        MessageDigest sha = null;
        try {
            sha = MessageDigest.getInstance("SHA");
        } catch (Exception e) {
            System.out.println(e.toString());
            e.printStackTrace();
            return "";
        }
        byte[] byteArray = inStr.getBytes("UTF-8");
        byte[] md5Bytes = sha.digest(byteArray);
        StringBuffer hexValue = new StringBuffer();
        for (int i = 0; i < md5Bytes.length; i++) {
            int val = ((int) md5Bytes[i]) & 0xff;
            if (val < 16) {
                hexValue.append("0");
            }
            hexValue.append(Integer.toHexString(val));
        }
        return hexValue.toString();
    }
    public static void main(String[] args) throws Exception {
        String str = new String("a1b2c3d4e5f6g7h8i");
```

```
    System.out.println("原始: " + str);
    System.out.println("SHA 后: " + shaEncode(str));
  }
}
```

代码运行效果如图 17-2 所示。

```
🖳 Markers  📋 Properties  🕸 Servers  🗐 Data Source Explorer  📄 Snippets  🖳 Console ⌧  ⚙ Search
<terminated> SHA [Java Application] C:\Program Files\Java\jre1.8.0_211\bin\javaw.exe (2020年4月21日 下午3:00:13)
原始: a1b2c3d4e5f6g7h8i
SHA后: 6bd3a152ef12e86f87567a3f93385d4c2ce0466e
```

图 17-2　SHA 算法加密运行效果

3. HMAC

HMAC（Hash Message Authentication Code，散列消息鉴别码）：是基于密钥的 Hash 算法的认证协议。HMAC 实现的原理：HMAC 是密钥相关的散列运算消息认证码，HMAC 使用散列算法以一个密钥和一个消息作为输入，生成一个消息摘要作为输出。

HMAC 案例代码如下：

```
public class HMAC {
    private static final String HMAC_SHA1_ALGORITHM = "HMACSHA1";
    //算法名称 etc: HMACSHA256、HMACSHA384、HMACSHA512、HMACMD5 (JDK 没有提供 HMACSHA224
的算法)
    private static String toString(byte[] bytes) {
        Formatter formatter = new Formatter();
        for (byte b : bytes) {
            formatter.format("%02x", b);
        }
        String hexString = formatter.toString();
        formatter.close();
        return hexString;
    }
    public static String calculateHMAC(String data, String key) throws
SignatureException, NoSuchAlgorithmException, InvalidKeyException {
        SecretKeySpec signingKey = new SecretKeySpec(key.getBytes(), HMAC_SHA1_ALGORITHM);
        Mac mac = Mac.getInstance(HMAC_SHA1_ALGORITHM);
        mac.init(signingKey);
        return toString(mac.doFinal(data.getBytes()));
    }
    public static String calculateRFC2104HMAC(String data, byte[] key) throws
SignatureException, NoSuchAlgorithmException, InvalidKeyException {
        SecretKeySpec signingKey = new SecretKeySpec(key, HMAC_SHA1_ALGORITHM);
        Mac mac = Mac.getInstance(HMAC_SHA1_ALGORITHM);
        mac.init(signingKey);
        return toString(mac.doFinal(data.getBytes()));
    }
    public static void main(String[] args) throws Exception {
        KeyGenerator generator = KeyGenerator.getInstance(HMAC_SHA1_ALGORITHM);
        SecretKey key = generator.generateKey();
        byte[] digest = key.getEncoded();
        BASE64Encoder encoder = new BASE64Encoder();
```

```
        String encoderDigest = encoder.encodeBuffer(digest);
        encoderDigest = encoderDigest.replaceAll("[^(A-Za-z0-9)]", "");
        System.out.println("Base64 编码后的密钥: " + encoderDigest);
        String content = "世界,你好！！！";
        System.out.println("明文: " + content);
        String hmac = calculateHMAC(content, encoderDigest);
        System.out.println("密文: " + hmac);
    }
}
```

代码运行效果如图 17-3 所示。

```
 Markers  Properties  Servers  Data Source Explorer  Snippets  Console ☒  Search
<terminated> HMAC [Java Application] C:\Program Files\Java\jre1.8.0_211\bin\javaw.exe (2020年4月23日 下午4:12:29)
Base64编码后的密钥: aXBHYhh2EcovZwHXFBp9EN3GzXCbwUAr4UND4OdrE7AALQrgO5Dbw1UVxZrVnD2962pVCGI597xrdhsH1g
明文: 世界,你好！！！
密文: ffa45550566aa1f6b98751e0ebafe69f8af17c86
```

图 17-3　HMAC 算法加密运行效果

17.2.2　对称算法加密

对称加密算法是应用较早的加密算法，其技术已相当娴熟。在对称加密算法中，发信方将明文（原始数据）和加密密钥一起经过特殊加密算法处理后，变为较复杂的加密密文发送出去；收信方收到密文后，需要使用加密时使用过的密钥及相同算法的逆算法才能对密文进行解密。在对称加密算法中使用的密钥只有一个，发信方和收信方都是用这个密钥对数据进行积极性加密和解密，所以需要收信方事先知道加密的密钥。

本小节将简要介绍 AES、DES、3DES 这 3 种常见的对称加密算法，双方都采用共同的密钥和加密算法。

1. AES

AES（Advanced Encryption Standard，高级加密标准）是最常见的对称加密算法。例如，微信小程序就是使用 AES 进行加密传输的。具体的加密流程如图 17-4 所示。

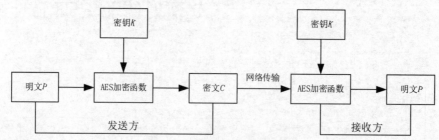

图 17-4　AES 算法加密流程图

下面简单介绍各个部分的作用与意义。

（1）明文 P：没有经过加密的数据。

（2）密文 C：经加密函数处理后的数据。

（3）密钥 K：密钥 K 是用来加密明文的密码。在对称加密算法中，加密与解密的密钥是相同的。密钥为接收方与发送方协商产生，但不可以直接在网络上传输，否则会导致密钥泄露。一般通过其他方式或者直接面对面方式商量密钥。密钥一旦被泄露则可能会导致信息的泄露，不法分子会借机窃取机密数据等。

（4）AES 加密函数：设 AES 加密函数为 E，则 $C=E(K,P)$，其中 P 为明文，K 为密钥，C 为密文。把明文 P 和密钥 K 作为加密函数的参数输入，则加密函数 E 会输出密文 C。

（5）AES 解密函数：设 AES 解密函数为 D，则 $P=D(K,C)$，其中 C 为密文，K 为密钥，P 为明文。把密文 C 和密钥 K 作为解密函数的参数输入，则解密函数 D 会输出明文 P。

AES 案例代码如下：

```java
package com.jumooc.aes;
import java.security.Key;
import java.security.SecureRandom;
import javax.crypto.Cipher;
import javax.crypto.KeyGenerator;
import javax.crypto.SecretKey;
import javax.crypto.spec.SecretKeySpec;
public class AES {
    private static final String src = "Hello World";
    public static void main(String[] args) {
        AES();
    }
    public static void AES() {
        try {
            //获得Key
            KeyGenerator keyGenerator = KeyGenerator.getInstance("AES");
            keyGenerator.init(new SecureRandom());//默认密钥长度
            SecretKey secretKey = keyGenerator.generateKey();
            byte [] keyBytes = secretKey.getEncoded();
            //Key 的转换
            Key key = new SecretKeySpec(keyBytes, "AES");
            //加密
            Cipher cipher = Cipher.getInstance("AES/ECB/PKCS5Padding");
            cipher.init(Cipher.ENCRYPT_MODE, key);
            byte[] result = cipher.doFinal(src.getBytes());
            System.out.println("AES="+result.toString());
            //解密
            cipher.init(Cipher.DECRYPT_MODE, key);
            result = cipher.doFinal(result);
            System.out.println("AES="+new String(result));
        }catch(Exception e) {
            e.printStackTrace();
        }
    }
}
```

代码运行效果如图 17-5 所示。

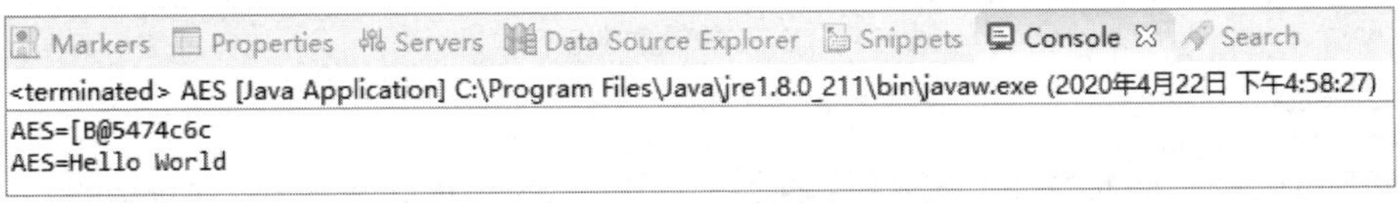

```
Markers    Properties   Servers   Data Source Explorer   Snippets   Console ☒   Search
<terminated> AES [Java Application] C:\Program Files\Java\jre1.8.0_211\bin\javaw.exe (2020年4月22日 下午4:58:27)
AES=[B@5474c6c
AES=Hello World
```

图 17-5　AES 算法加密运行效果

2. DES

DES（Data Encryption Standard）是一种对称加密算法。DES 加密算法出自 IBM 公司的研究，后来被美国政府正式采用，并开始广泛应用，但是近些年使用越来越少，这是因为 DES 算法使用 56 位密钥，以现代计算机的运算能力，24 小时内即可被破解。虽然如此，在某些简单应用中，我们还是可以使用 DES 加密算法。下面简单讲解 DES 的 Java 实现。

DES 案例代码如下：

```java
public class DES {
    private static final String src = "Hello World";
    public static void main(String[] args) {
        DES.Des();
    }
    @SuppressWarnings("static-access")
    public static void Des() {
        try {
            //获得 KEY
            KeyGenerator keyGenerator = KeyGenerator.getInstance("DES");
            keyGenerator.init(56);//设置为默认值 56
            SecretKey secrekeyone = keyGenerator.generateKey();
            byte [] byteskey = secrekeyone.getEncoded();
            //KEY 进行转换
            DESKeySpec deskeyspec = new DESKeySpec(byteskey);
            SecretKeyFactory factory = SecretKeyFactory.getInstance("DES");
            Key secerkeytwo = factory.generateSecret(deskeyspec);
            //加密
            Cipher cipher = Cipher.getInstance("DES/ECB/PKCS5Padding");
            cipher.init(cipher.ENCRYPT_MODE, secerkeytwo);//设置模式为加密
            byte[] result = cipher.doFinal(src.getBytes());
            System.out.println("Des:"+result.toString());
            //解密
            cipher.init(cipher.DECRYPT_MODE, secerkeytwo);//设置模式为解密
            result = cipher.doFinal(result);
            System.out.println("Des:"+new String(result));
        }catch(Exception e) {
            e.printStackTrace();
        }
    }
}
```

代码运行效果如图 17-6 所示。

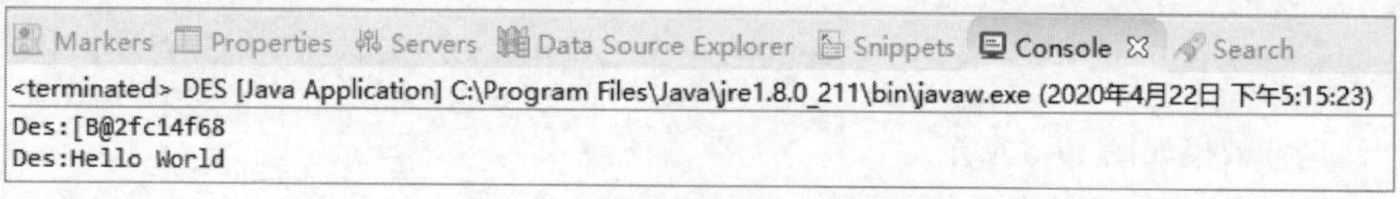

```
Markers  Properties  Servers  Data Source Explorer  Snippets  Console ✕  Search
<terminated> DES [Java Application] C:\Program Files\Java\jre1.8.0_211\bin\javaw.exe (2020年4月22日 下午5:15:23)
Des:[B@2fc14f68
Des:Hello World
```

图 17-6　DES 算法加密运行效果

3. 3DES

3DES（或称为 Triple DES）是三重数据加密算法（Triple Data Encryption Algorithm，TDEA）块密码的通称。它相当于是对每个数据块应用三次 DES 加密算法。由于计算机运算能力的增强，

原 DES 密码的密钥长度变得容易被暴力破解，因此 3DES 提供了一种相对简单的方法，即通过增加 DES 的密钥长度来避免类似的攻击，它不是一种全新的块密码算法。

3DES 案例代码如下：

```java
public class Three_DES {
    private static final String src = "Hello World";
    public static void main(String[] args) {
        Three_DES.threeDes();
    }
    @SuppressWarnings("static-access")
    public static void threeDes() {
        try {
            //获得KEY
            KeyGenerator keyGenerator = KeyGenerator.getInstance("DESede");
            keyGenerator.init(new SecureRandom());//设置为默认值
            //获得KEY对象
            SecretKey secrekeyone = keyGenerator.generateKey();
            byte [] byteskey = secrekeyone.getEncoded();
            //KEY转换
            DESKeySpec deskeyspec = new DESKeySpec(byteskey);
            SecretKeyFactory factory = SecretKeyFactory.getInstance("DES");
            Key secerkeytwo = factory.generateSecret(deskeyspec);
            //加密
            Cipher cipher = Cipher.getInstance("DES/ECB/PKCS5Padding");
            cipher.init(cipher.ENCRYPT_MODE, secerkeytwo); //设置模式为加密
            byte[] result = cipher.doFinal(src.getBytes());
            System.out.println("jdkEDS:"+result.toString());
            //解密
            cipher.init(cipher.DECRYPT_MODE, secerkeytwo); //设置模式为解密
            result = cipher.doFinal(result);
            System.out.println("jdkEDS:"+new String(result));
        }catch(Exception e) {
            e.printStackTrace();
        }
    }
}
```

代码运行效果如图 17-7 所示。

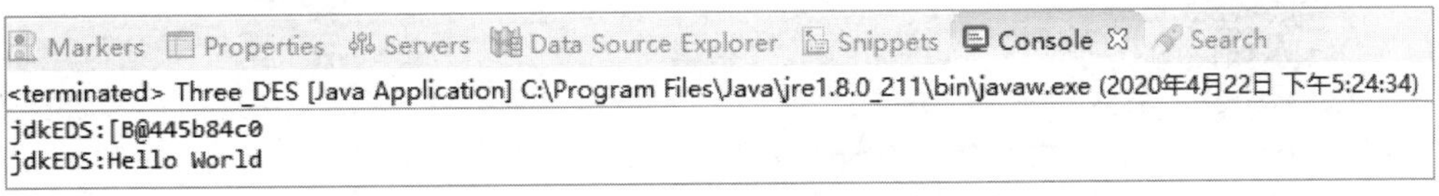

```
Markers  Properties  Servers  Data Source Explorer  Snippets  Console ⊠  Search
<terminated> Three_DES [Java Application] C:\Program Files\Java\jre1.8.0_211\bin\javaw.exe (2020年4月22日 下午5:24:34)
jdkEDS:[B@445b84c0
jdkEDS:Hello World
```

图 17-7 3DES 算法加密运行效果

17.2.3 非对称算法加密

非对称加密算法需要两个密钥：公开密钥（Public Key，简称公钥）和私有密钥（Private Key，简称私钥）。公钥与私钥是一对，如果用公钥对数据进行加密，只有使用对应的私钥才能进行解密。因为加密和解密使用的是两个不同的密钥，所以这种算法称为非对称加密算法。

特点：该算法复杂、安全性依赖于算法与密钥，但是其算法复杂会使加密和解密速度没有对称加密和解密的速度快。对称密钥体制中只有一种密钥，并且是非公开的，如果要解密就得让对方知道密钥，所以保证其安全性就是保证密钥的安全。而非对称密钥体制有两种密钥，其中一个是公开的，这样就不必像对称密钥那样需传输给对方密钥，安全性极大提高。

本小节简要介绍 RSA、DSA、ECC 这 3 种常见的非对称加密算法。它们加密的方式就是 A 使用 B 的公钥将消息加密，发送给 B，B 使用自己的私钥对消息进行解密。

1. RSA

RSA 加密算法是一种非对称加密算法。在公开密钥加密场景和电子商业领域中，RSA 得到广泛应用。RSA 算法是一种能同时用于加密和数字签名的算法，也易于理解和操作。作为被研究得最广泛的公钥算法，RSA 算法从提出到现今的 40 多年中经历了各种攻击的考验，逐渐为人们接受，并且使用群体也越来越多。

RSA 案例代码如下：

```java
public class RSA {
    /** 指定加密算法为 DESede */
    private static String ALGORITHM = "RSA";
    /** 指定 key 的大小 */
    private static int KEYSIZE = 1024;
    /** 指定公钥存放文件 */
    private static String PUBLIC_KEY_FILE = "PublicKey";
    /** 指定私钥存放文件 */
    private static String PRIVATE_KEY_FILE = "PrivateKey";
    /**
     * 生成密钥对
     */
    private static void generateKeyPair() throws Exception {
        /** RSA 算法要求有一个可信任的随机数源 */
        SecureRandom sr = new SecureRandom();
        /** 为 RSA 算法创建一个 KeyPairGenerator 对象 */
        KeyPairGenerator kpg = KeyPairGenerator.getInstance(ALGORITHM);
        /** 利用上面的随机数据源初始化这个 KeyPairGenerator 对象 */
        kpg.initialize(KEYSIZE, sr);
        /** 生成密匙对 */
        KeyPair kp = kpg.generateKeyPair();
        /** 得到公钥 */
        Key publicKey = kp.getPublic();
        /** 得到私钥 */
        Key privateKey = kp.getPrivate();
        /** 用对象流将生成的密钥写入文件 */
        ObjectOutputStream oos1 = new ObjectOutputStream(new FileOutputStream(PUBLIC_
        KEY_FILE));
        ObjectOutputStream oos2 = new ObjectOutputStream(new FileOutputStream
        (PRIVATE_KEY_FILE));
        oos1.writeObject(publicKey);
        oos2.writeObject(privateKey);
        /** 清空缓存,关闭文件输出流 */
        oos1.close();
```

```java
        oos2.close();
    }
    /**
     * 加密方法 source：源数据
     */
    public static String encrypt(String source) throws Exception {
        generateKeyPair();
        /** 将文件中的公钥对象读出 */
        ObjectInputStream ois = new ObjectInputStream(new FileInputStream(PUBLIC_
        KEY_FILE));
        Key key = (Key) ois.readObject();
        ois.close();
        /** 得到 Cipher 对象来实现对源数据的 RSA 加密 */
        Cipher cipher = Cipher.getInstance(ALGORITHM);
        cipher.init(Cipher.ENCRYPT_MODE, key);
        byte[] b = source.getBytes();
        /** 执行加密操作 */
        byte[] b1 = cipher.doFinal(b);
        BASE64Encoder encoder = new BASE64Encoder();
        return encoder.encode(b1);
    }
    /**
     * 解密算法 cryptograph:密文
     */
    public static String decrypt(String cryptograph) throws Exception {
        /** 将文件中的私钥对象读出 */
        ObjectInputStream ois = new ObjectInputStream(new FileInputStream(PRIVATE_
        KEY_FILE));
        Key key = (Key) ois.readObject();
        /** 得到 Cipher 对象对已用公钥加密的数据进行 RSA 解密 */
        Cipher cipher = Cipher.getInstance(ALGORITHM);
        cipher.init(Cipher.DECRYPT_MODE, key);
        BASE64Decoder decoder = new BASE64Decoder();
        byte[] b1 = decoder.decodeBuffer(cryptograph);
        /** 执行解密操作 */
        byte[] b = cipher.doFinal(b1);
        return new String(b);
    }
    public static void main(String[] args) throws Exception {
        String source = "Hello World!";//要加密的字符串
        String cryptograph = encrypt(source);//生成的密文
        System.out.println(cryptograph);
        String target = decrypt(cryptograph);//解密密文
        System.out.println(target);
    }
}
```

代码运行效果如图 17-8 所示。

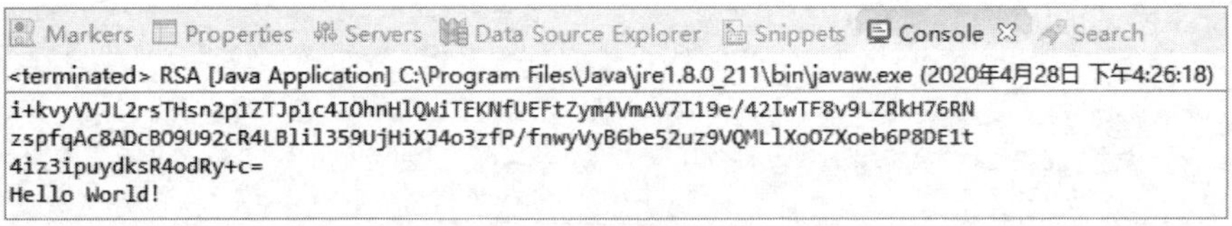

图 17-8　RSA 算法加密运行效果

2. DSA

DSA（Digital Signature Algorithm）是 Schnorr 和 ElGamal 签名算法的变种，被美国 NIST 作为数字签名标准（Digital Signature Standard，DSA）使用。简单地说，这是一种更高级的验证方式，用作数字签名。该算法不仅有公钥、私钥，还有数字签名。私钥加密生成数字签名，公钥用来验证数据及签名，如果数据和签名不匹配则认为验证失败。也就是说，传输中的数据可以不再加密，接收方获得数据后，拿到公钥与签名比对数据是否有效。

DSA 案例代码如下：

```java
package com.jumooc.dsa;
import java.security.KeyPair;
import java.security.KeyPairGenerator;
import java.security.Signature;
import java.security.interfaces.DSAPrivateKey;
import java.security.interfaces.DSAPublicKey;
public class DSA {
    public static void main(String[] args) throws Exception {
        String data = "世界你好";
        //创建秘钥生成器
        KeyPairGenerator kpg = KeyPairGenerator.getInstance("DSA");
        kpg.initialize(512);
        KeyPair keypair = kpg.generateKeyPair();    //生成秘钥对
        DSAPublicKey publickey = (DSAPublicKey) keypair.getPublic();
        DSAPrivateKey privatekey = (DSAPrivateKey) keypair.getPrivate();
        //签名和验证
        //签名
        Signature signature = Signature.getInstance("SHA1withDSA");
        signature.initSign(privatekey);            //初始化私钥,签名只能是私钥
        signature.update(data.getBytes());         //更新签名数据
        byte[] b = signature.sign();               //签名,返回签名后的字节数组
        //验证
        signature.initVerify(publickey);          //初始化公钥,验证只能是公钥
        signature.update(data.getBytes());        //更新验证的数据
        boolean result = signature.verify(b);//签名和验证一致返回 true 不一致返回 false
System.out.println(result);
    }
}
```

代码运行效果如图 17-9 所示。

图 17-9　DSA 算法加密运行效果

3. ECC

ECC（Elliptic Curves Cryptography）译为椭圆曲线密码编码学。和 RSA 算法一样，ECC 算法也属于公开密钥算法，最初由 Koblitz 和 Miller 两人于 1985 年提出，其数学基础是利用椭圆曲线上的有理点构成 Abel 加法群上椭圆离散对数的计算困难性。ECC 算法的数学理论非常深奥和复杂，在工程应用中比较难于实现，但它的单位安全强度相对较高，它的破译或求解难度基本上为指数级的，黑客很难用通常使用的暴力破解方法来对加密文件等进行破解。

RSA 算法的特点之一就是数学原理相对简单，在工程应用中比较易于实现，但它的单位安全强度相对较低。ECC 算法则可以用较少的计算机运算能力提供比 RSA 加密算法更高的安全强度，从而有效地解决了"提高安全强度必须增加密钥长度"的工程实现问题。

ECC 案例代码如下。

（1）ECC.java 代码：

```java
public class ECC {
    static E e;          //椭圆曲线
    Pare pare;           //椭圆上的已知点
    long privatekey;     //私钥
    Pare publickey;      //公钥
    public ECC() {
        super();
        Random rand = new Random();
        this.e = new E(BigInteger.probablePrime(30, rand).intValue(),rand.nextInt
        (1024),rand.nextInt(1024));
        this.privatekey = rand.nextInt(1024);//私钥——随机
        this.pare = new Pare(rand.nextInt(10000000),rand.nextInt(10000000));
        this.publickey = this.pare.multiply(privatekey);
    }
    class E {             //表示椭圆曲线方程
        Long p;           //模 p 的椭圆群
        Long a;
        Long b;
        public E(long p, long a, long b) {
            super();
            this.p = p;
            this.a = a;
            this.b = b;
        }
    }
    class Message {       //传送消息的最小单元
        Pare pa;
        Pare pb;
        public Message(Pare pa, Pare pb) {
            super();
            this.pa = pa;
            this.pb = pb;
        }
        public String toString() {
            return this.pa.toString() +" "+ this.pb.toString();
        }
```

```java
}
class Pare {//椭圆曲线上的点(x,y)
    long x;
    long y;
    public Pare() {
        super();
    }
    public Pare(long x, long y) {
        super();
        this.x = x;
        this.y = y;
    }
    //加法
    public Pare add(Pare pare) {
        if(this.x == Integer.MAX_VALUE) {//为无穷大时 O+P=P,O 代表圆点,P 代表已知的坐标
            return pare;
        }
        Pare res = new Pare();
        if(this.y==pare.y && this.x==pare.x) {//相等时
            long d = moddivision(3*this.x*this.x + ECC.e.a,ECC.e.p,2*this.y);
            res.x = d*d - 2*this.x;
            res.x = mod(res.x, ECC.e.p);
            res.y = d* (this.x - res.x) - this.y;
            res.y = mod(res.y, ECC.e.p);
        }
        else if(pare.x - this.x != 0) {
            long d = moddivision(pare.y - this.y,ECC.e.p,pare.x - this.x);
            res.x = d*d - this.x - pare.x;
            res.x = mod(res.x, ECC.e.p);
            res.y = d* (this.x - res.x) - this.y;
            res.y = mod(res.y, ECC.e.p);
        }
        else {//P 与 O 互逆,返回无穷大
            res.x = Integer.MAX_VALUE;
            res.y = Integer.MAX_VALUE;
        }
        return res;
    }
    //减法
    public Pare less(Pare p) {
        p.y *= -1;
        return add(p);
    }
    //乘法
    public Pare multiply(long num) {
        Pare p = new Pare(this.x,this.y);
        for(long i=1; i<num; i++) {
            p = p.add(this);
        }
        return p;
```

```java
        }
        //求余,解决负号问题
        public long mod(long a, long b) {
            a = a%b;
            while(a<0) {
                a += b;
            }
            return a;
        }
        public long moddivision(long a, long b, long c) {
            a = mod(a,b);
            c = mod(c,b);
            a = a*MyMath.exgcd(c,b);
            return mod(a,b);
        }
        public String toString() {
            return Tools.obox(Tools.long2hexStr(this.x), 4) + " " + Tools.obox(Tools.
            long2hexStr(this.y), 4);
        }
    }
}
//加密
public Message encryption(Pare g,Pare pbk,Pare word) {
    pbk = g.multiply(privatekey);         //公钥
    int d = new Random().nextInt(1024);   //随机数
    Pare dg = g.multiply(d);
    Pare dp = pbk.multiply(d);
    Pare send = word.add(dp);
    return new Message(dg,send);
}
public String encryption(Pare g, Pare pbk, String word) {
    StringBuffer sb = new StringBuffer();
    Pare[] words = Str2Pares(word);
    for(int i=0; i<words.length; i++) {
        sb.append(encryption(g,pbk,words[i]).toString());
        sb.append(" ");
    }
    return sb.toString();
}
public String encryption(String word) {
    StringBuffer sb = new StringBuffer();
    Pare[] words = Str2Pares(word);
    for(int i=0; i<words.length; i++) {
        sb.append(encryption(this.pare,this.publickey,words[i]).toString());
        sb.append(" ");
    }
return sb.toString();
}
//解密
public Pare decryption(Message m) {
    Pare pab = m.pa.multiply(this.privatekey);
```

```
        Pare result = m.pb.less(pab);
        return result;
    }
    public String decryption(String s) {
        StringBuffer sb = new StringBuffer();
        Message[] mes = hexStr2Messages(s);
        for(int i=0; i<mes.length; i++) {
            sb.append(decryption(mes[i]).toString());
        }
        return Tools.hexStr2Str(sb.toString().replace(" ", ""));
    }
    public static void print(Object o) {
        System.out.println(o);
    }
    public Pare[] Str2Pares(String string) {
        Pare[] pares ;
        if(string.length()%2 != 0)
        pares = new Pare[string.length()/2+1];
        else
        pares = new Pare[string.length()/2];
        char[] chars = string.toCharArray();
        int i=0;
        for(i=0; i<string.length()/2; i++) {
            pares[i] = new Pare(chars[i*2],chars[i*2+1]);
        }
        if(string.length()%2 != 0)
        pares[i] = new Pare(chars[i*2],0);
        return pares;
    }
    //将值对转换成十六进制字符串
    public String Pares2hexStr(Pare[] pares) {
        StringBuffer s = new StringBuffer();
        for(int i=0; i<pares.length; i++) {
            s.append(pares[i].toString());
        }
        return s.toString();
    }
    //将十六进制字符串转为消息串
    public Message[] hexStr2Messages(String s) {
        String[] ss = s.split(" ");
        Message[] mes = new Message[ss.length/4];
        for(int i=0; i<mes.length; i++) {
            long pax = Tools.hexStr2long(ss[i*4]);
            long pay = Tools.hexStr2long(ss[i*4+1]);
            long pbx = Tools.hexStr2long(ss[i*4+2]);
            long pby = Tools.hexStr2long(ss[i*4+3]);
            mes[i] = new Message(new Pare(pax,pay),new Pare(pbx,pby));
        }
        return mes;
    }
```

```
    //将消息串转为十六进制字符串
    public String Messages2hexStr(Message[] mes) {
        StringBuffer sb = new StringBuffer();
        for(int i=0; i<mes.length; i++) {
            sb.append(mes[i].toString());
            sb.append(" ");
        }
        return sb.toString();
    }
    public static void main(String[] args) {
        ECC ecc = new ECC();
        print("私钥:" + ecc.privatekey);
        print("公钥:" + ecc.publickey);
        print("基点:" + ecc.pare);
        print("");
        String s = "大家好啊 abc123aaaaa sadfasdfe asf";
        String jm = ecc.encryption(s);
        print("密文:    " + jm);
        String mw = ecc.decryption(jm);
        System.out.print("明文:  ");
        print("明文:    " +mw);
    }
}
```

（2）工具类 MyMath.java 代码：

```
package com.jumooc.ecc;
import java.math.BigInteger;
public class MyMath {
    //此方法求余数.prime 为素数,primitive 为本原元,random 为随机数
    public static long reaminder(long prime, long primitive, long random) {
        long reamin = primitive%prime;
        long currentreamin = reamin;
        String binary = Long.toBinaryString(random);
        System.out.println(binary);
        for(int i=0; i<binary.length()-1; i++) {
            if(binary.charAt(i+1) == '0') {
                currentreamin = (currentreamin * currentreamin) % prime;
            }
            else {
                currentreamin = (currentreamin * currentreamin * reamin) % prime;
            }
        }
    return currentreamin;
    }
    public static BigInteger reaminder(BigInteger prime, BigInteger primitive, long random) {
        BigInteger reamin = primitive.mod(prime);//primitive%prime;
        BigInteger currentreamin = reamin;
        String binary = Long.toBinaryString(random);
        for(int i=0; i<binary.length()-1; i++) {
```

```java
            if(binary.charAt(i+1) == '0') {
                currentreamin = currentreamin.multiply(currentreamin).mod(prime);
            }
            else {
                currentreamin = currentreamin.multiply(currentreamin).multiply(reamin).
                mod(prime);
            }
        }
        return currentreamin;
    }
    public static BigInteger reaminder(String prim, String primitiv, String rand) {
        BigInteger prime = new BigInteger(prim);
        BigInteger primitive = new BigInteger(primitiv);
        Long random = new Long(rand);
        BigInteger reamin = primitive.mod(prime);//primitive%prime;
        BigInteger currentreamin = reamin;
        String binary = Long.toBinaryString(random);
        for(int i=0; i<binary.length()-1; i++) {
            if(binary.charAt(i+1) == '0') {
                currentreamin = currentreamin.multiply(currentreamin).mod(prime);
            }
            else {
                currentreamin = currentreamin.multiply(currentreamin).multiply(reamin).
                mod(prime);
            }
        }
        return currentreamin;
    }
    //此方法判断素数
    public static boolean isPrime(long num) {
        boolean flag = true;
        for(long i=2; i<num/2; i++) {
            if(num == 2) break;
            if(num%i == 0) {
                flag = false;
                break;
            }
        }
        return flag;
    }
    //求最大公约数:欧几里得算法,辗转相除法
    public static long gcd(long a, long b) {
        long reamin = a % b;
        if(reamin==0) {
            return b;
        }
        else {
            return gcd(b,reamin);
        }
    }
```

```java
//扩展的欧几里得算法求逆元,如果有,返回值;如果没有,返回-1
public static long exgcd(long a, long b) {
    long x1=1,x2=0,x3=b,
    y1=0,y2=1,y3=a;
    while(true) {
        if(y3 == 0) {
            return -1;
        }
        if(y3 == 1) {
            return y2>0?y2:y2+b;
        }
        long t1,t2,t3;
        long q = x3/y3;
        t1 = x1-q*y1; t2 = x2 - q*y2; t3 = x3 - q*y3;
        x1 = y1; x2 = y2; x3 = y3;
        y1 = t1; y2 = t2; y3 = t3;
    }
}
public static BigInteger exgcd(BigInteger a, BigInteger b) {
    BigInteger x1=BigInteger.ONE,x2=BigInteger.ZERO,x3=b,
    y1=BigInteger.ZERO,y2=BigInteger.ONE,y3=a;
    while(true) {
        if(y3.equals(BigInteger.ZERO)) {
            return BigInteger.ZERO.subtract(BigInteger.ONE);
        }
        if(y3.equals(BigInteger.ONE)) {
            return y2;
        }
        BigInteger t1,t2,t3;
        BigInteger q = x3.divide(y3);//x3/y3;
        t1 = x1.subtract(q.multiply(y1));//x1-q*y1;
        t2 = x2.subtract(q.multiply(y2));//x2 - q*y2;
        t3 = x3.subtract(q.multiply(y3));//x3 - q*y3;
        x1 = y1; x2 = y2; x3 = y3;
        y1 = t1; y2 = t2; y3 = t3;
    }
}
public static void main(String[] args) {
    String a = "你好  好啊";
    char[] chars = a.toCharArray();
    for(int i=0; i<chars.length; i++) {
        String s = Integer.toHexString(chars[i]);
        s = Tools.obox(s, 4);
        System.out.println(s);
    }
}
}
```

（3）工具类 Tools.java 代码：

```java
package com.jumooc.ecc;
```

```java
public class Tools {
    //字符串左边补 0,直到长度为 i
    public static String obox(String s, int i) {
        String ss = s;
        while(ss.length()<i) {
            ss = "0"+ss;
        }
        return ss;
    }
    //字符串右边补 0,直到长度为 i
    public static String boxo(String s, int i) {
        String ss = s;
        while(ss.length()<i) {
            ss += "0";
        }
        return ss;
    }
    //将字符串变成十六进制字符串
    public static String Str2hexStr(String s) {
        StringBuffer sb = new StringBuffer();
        for(int i=0; i<s.length(); i++) {
            sb.append(obox(Integer.toHexString(s.charAt(i)),4));
        }
        return sb.toString();
    }
    //将十六进制字符串变成字符串
    public static String hexStr2Str(String s) {
        StringBuffer sb = new StringBuffer();
        int index = 0;
        int length = s.length();
        while(index+4 <= length) {
            String sh = s.substring(index, index+4);
            sb.append((char) Integer.parseInt(sh, 16));
            index += 4;
        }
        if(sb.charAt(sb.length()-1) == 0) {
            sb.deleteCharAt(sb.length()-1);
        }
        return sb.toString();
    }
    //String 数组转换为 char 数组
    public static char[] Ss2Cs(String[] s) {
        char[] result = new char[s.length];
        for(int i=0; i<s.length; i++) {
            result[i] =(char) Integer.parseInt(s[i], 16);
        }
        return result;
    }
    //String 转换为 char 数组
    public static char[] Str2Cs(String s) {
```

```
        char[] result = new char[s.length()/2];
        for(int i=0; i<s.length()/2; i++) {
            StringBuffer sb = new StringBuffer();//(char)s.charAt(i)+s.charAt(i+1);
            sb.append(s.charAt(i*2));sb.append(s.charAt(i*2+1));
            result[i] =(char) Integer.parseInt(sb.toString(), 16);
        }
        return result;
}
//hexString 转换为数组
public static char[] hexStr2Cs(String s) {
        char[] result = new char[s.length()/2];
        for(int i=0; i<s.length()/2; i++) {
            StringBuffer sb = new StringBuffer();//(char)s.charAt(i)+s.charAt(i+1);
            sb.append(s.charAt(i*2));
            sb.append(s.charAt(i*2+1));
            result[i] =(char) Integer.parseInt(sb.toString(), 16);
        }
        return result;
}
//char 数组转换为 String 数组
public static String[] Cs2Ss(char[] s) {
        String[] result = new String[s.length];
        for(int i=0; i<s.length; i++) {
            result[i] = Integer.toHexString(s[i]);
        }
        return result;
}
//char 数组转换为 hexString
public static String Cs2hexStr(char[] s) {
        StringBuffer sb = new StringBuffer();
        for(int i=0; i<s.length; i++) {
            sb.append(obox(Integer.toHexString(s[i]),2));
        }
        return sb.toString();
}
//long 转换为 hexString
public static String long2hexStr(long lo) {
        return Long.toHexString(lo);
}
//longs 数组转换为 hexString
public static String longs2hexStr(long[] lo) {
        StringBuffer sb = new StringBuffer();
        for(int i=0; i<lo.length; i++) {
            sb.append(Long.toHexString(lo[0]));
            sb.append(" ");
        }
        return sb.toString();
}
//hexString 转换为 long
public static long hexStr2long(String s) {
```

```
        return Long.parseLong(s, 16);
    }
    //hexString 转换为 long 数组
    public static long[] hexStr2longs(String s) {
        String[] ss = s.split(" ");
        long[] ls = new long[ss.length];
        for(int i=0; i<ls.length; i++) {
            ls[i] = Long.parseLong(ss[i], 16);
        }
        return ls;
    }
    public static void main(String[] args) {
        String hexs1 = long2hexStr(Long.MAX_VALUE);
        String hexs2 = long2hexStr(456);
        String s = hexs1+" " +hexs2;
        System.out.println(s);
        long[] l = hexStr2longs(s);
        for(int i=0; i<l.length; i++)
        System.out.println(l[i]);
    }
}
```

代码运行效果如图 17-10 所示。

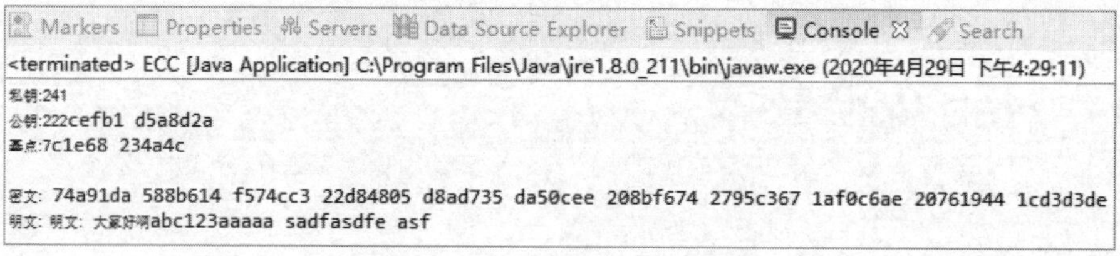

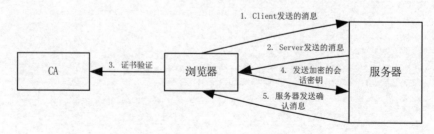

图 17-10　ECC 算法加密运行效果

17.3　HTTPS 证书加密技术

本节介绍 SSL 证书（HTTPS）背后的加密算法。SSL 的工作原理流程图如图 17-11 所示。

图 17-11　SSL 的工作原理流程图

SSL 的工作原理如下。

（1）客户机发送一条消息。消息中包括客户机的 SSL 版本号、密码设置、会话相关数据及其他信息。

（2）服务器发送一条响应消息。消息中包括服务器的 SSL 版本号、密码设置、会话相关数据、带有公钥的 SSL 证书及其他信息。

（3）客户机从 CA（Certificate Authority，证书颁发机构）验证服务器的 SSL 证书，并对服务器进行身份验证。如果身份验证失败，则客户机拒绝 SSL 连接并抛出异常。如果身份验证成功，则继续执行步骤（4）。

（4）客户机创建一个会话密钥，用服务器的公钥加密它并将其发送到服务器。如果服务器请求验证客户机身份（主要是在服务器到服务器通信中），则客户机将自己的证书发送给服务器。

（5）服务器使用其私钥解密会话密钥，并将确认消息（使用会话密钥加密）发送给客户机。

当在浏览器的地址栏上输入 https 开头的网址后，浏览器和服务器之间会在接下来的几百毫秒内进行大量的通信，就是浏览器与服务器之间协商一个在后续通信中使用的密钥算法。这个过程如下所示。

（1）浏览器把自身支持的一系列 Cipher Suite（密钥算法套件，以下简称 Cipher）[C1,C2,C3,…]发给服务器。

（2）服务器接收到浏览器的所有 Cipher 后，与自己支持的套件进行对比，如果找到双方都支持的 Cipher，则告知浏览器，浏览器与服务器使用匹配的 Cipher 进行后续通信；如果服务器没有找到匹配的算法，浏览器将给出错误信息。

17.4 Web 安全技术

在互联网时代，数据安全与个人隐私受到了前所未有的挑战，各种新奇的攻击技术层出不穷。如何才能更好地保护我们的数据呢？本节主要侧重于分析几种常见攻击的类型及防御的方法。

17.4.1 XSS 攻击

XSS（Cross Site Scripting，跨站脚本）攻击，因为其英文缩写和 CSS 重叠，所以只能叫 XSS。跨站脚本攻击是指通过在存在安全漏洞 Web 网站注册用户的浏览器内运行非法的 HTML 标签或 JavaScript 代码的一种攻击。

跨站脚本攻击有可能造成以下影响。

（1）利用虚假输入表单骗取用户个人信息。

（2）利用脚本窃取用户的 Cookie 值，被害者在不知情的情况下，帮助攻击者发送恶意请求。

1. XSS 攻击的原理

XSS 攻击的原理是攻击者往 Web 页面中插入恶意可执行网页脚本代码，当用户浏览该页面时，嵌入 Web 中的脚本代码会被执行，从而可以达到攻击者盗取用户信息或其他侵犯用户安全隐私的目的。

2. XSS 的攻击方式分类

XSS 的攻击方式千变万化，但还是可以大体细分为以下两种类型。

（1）非持久型 XSS。

非持久型 XSS（反射型 XSS）漏洞，一般是通过给别人发送带有恶意脚本代码参数的 URL，当 URL 地址被打开时，特有的恶意代码参数被 HTML 解析、执行。

（2）持久型 XSS。

持久型 XSS（存储型 XSS）漏洞，一般存在于 Form 表单提交等交互功能中，如文章留言、提交文本信息等。黑客利用 XSS 漏洞将内容经正常功能提交进入数据库持久保存，当前端页面获得后端从数据库中读出的注入代码时，恰好可以将其渲染执行。

3. 如何防御

下面介绍两种对 XSS 攻击进行防御的方式。

（1）CSP。CSP 本质上就是建立白名单，开发者明确告诉浏览器哪些外部资源可以加载和执行。我们只需要配置规则，如何拦截是由浏览器自己实现的。通过这种方式可以尽量减少 XSS 攻击。

（2）转义字符。

用户输入的内容永远不可轻易信任。最普遍的做法就是转义输入和输出的内容，对引号、尖括号、斜杠进行转义。

17.4.2　CSRF 攻击

CSRF（Cross Site Request Forgery，跨站请求伪造）攻击是一种常见的 Web 攻击。它利用用户已登录的身份，在用户毫不知情的情况下，以用户的名义完成非法操作。

完成 CSRF 攻击必须要有以下 3 个条件。

（1）用户已经登录站点 A，并在本地记录了 Cookie。

（2）在用户没有退出站点 A 的情况下（也就是 Cookie 生效的情况下），访问了恶意攻击者提供的引诱危险站点 B（B 站点要求访问站点 A）。

（3）站点 A 没有做任何 CSRF 防御。

防范 CSRF 攻击可以遵循以下几种规则。

（1）Get 请求不对数据进行修改。

（2）不让第三方网站访问到用户 Cookie。

（3）阻止第三方网站请求接口。

（4）请求时附带验证信息，如验证码或 Token。

17.4.3　点击劫持攻击

点击劫持是一种视觉欺骗的攻击手段。攻击者将需要攻击的网站通过 iframe 嵌套的方式嵌入自己的网页中，并将 iframe 设置为透明，在页面中提供一个按钮诱导用户单击。

点击劫持攻击的特点如下。

（1）隐蔽性较高，骗取用户操作。

（2）UI 覆盖攻击。

（3）利用 iframe 或者其他标签的属性。

1. 点击劫持攻击的原理

用户在登陆 A 网站的系统后，被攻击者诱惑打开第三方网站，而第三方网站通过 iframe 引入了 A 网站的页面内容，用户在第三方网站中单击某个按钮（被装饰的按钮），实际上是单击了 A 网站的按钮。

2. 如何防御

X-FRAME-OPTIONS 是一个 HTTP 响应头，在现代浏览器中对其有很好的支持。这个 HTTP 响应头就是为了防御用 iframe 嵌套的点击劫持攻击。

该响应头有以下 3 个值可选。

（1）DENY：表示页面不允许通过 iframe 的方式展示。

（2）SAMEORIGIN：表示页面可以在相同域名下通过 iframe 的方式展示。

（3）ALLOW-FROM：表示页面可以在指定来源的 iframe 中展示。

17.4.4　URL 跳转漏洞攻击

URL 跳转漏洞攻击是指借助未验证的 URL 跳转，将应用程序引导到不安全的第三方区域，从而导致安全问题的攻击。

1. URL 跳转漏洞攻击的原理

黑客利用 URL 跳转漏洞来诱导安全意识低的用户单击，导致用户信息泄露或者资金的流失。该攻击的原理是黑客构建恶意链接，并将其贴在 QQ 群或浏览量多的贴吧/论坛中，安全意识低的用户单击后，经过服务器或者浏览器解析，界面跳到恶意的网站中。恶意链接需要进行伪装，经常的做法是在熟悉的链接后面加上一个恶意的网址，用来迷惑用户。

2. 如何防御

（1）referer 的限制。如果确定传递 URL 参数进入的来源，我们可以通过该方式实现安全限制，保证该 URL 的有效性，避免恶意用户自己生成跳转链接。

（2）加入有效性验证 Token。要保证所有生成的链接都是来自可信域，可以通过在生成的链接中加入用户不可控的 Token 对生成的链接进行校验，以避免用户生成自己的恶意链接。但是如果功能本身要求比较开放，该方式可能会导致有一定的限制。

17.4.5　OS 命令注入攻击

OS 命令注入和 SQL 注入差不多，只不过 SQL 注入是针对数据库的，而 OS 命令注入是针对操作系统的。OS 命令注入攻击是指通过 Web 应用程序执行非法的操作系统命令以达到攻击的目的。只要在能调用 Shell 函数的地方就存在被攻击的风险。倘若调用 Shell 时存在疏漏，就可以执行插入的非法命令。

OS 命令注入攻击可以向 Shell 发送命令，让 Windows 或 Linux 操作系统的命令行启动程序。也就是说，通过 OS 命令注入攻击可执行操作系统上安装着的各种程序。

1. OS 命令注入攻击的原理

黑客构造命令提交给 Web 应用程序，Web 应用程序提取黑客构造的命令拼接到被执行的命令中（因黑客注入的命令打破了原有命令结构，导致 Web 应用程序执行了额外的命令），最后

Web 应用程序将执行的结果输出到响应页面中。

2．如何防御

（1）后端对前端提交内容进行规则限制（如正则表达式）。

（2）在调用系统命令前对所有传入参数进行命令行参数转义过滤。

（3）不要直接拼接命令语句，借助一些工具做拼接、转义预处理，例如 Node.js 的 shell-escapenpm 包。

17.5　本章小结

软件版本管理是软件开发者的必备工具，版本控制的作用是追踪文件的变化。简单地说，就是当程序出错了，可以很容易地回到没出错时的状态。大型、需频繁修改、多人编写的软件项目需要一个版本控制系统来追踪文件的变化，以避免出现混乱，所以使用版本的管理是有必要的。

在使用某一个程序时，为了保证用户的信息安全和数据安全，需要采用一些加密技术。数据的安全性在开发中是非常重要的一个环节，应该重视。